全国普通高等院校生命科学类"十二五"规划教材

植物组织培养教程

主　编　于丽杰　韦鹏霄　曾小龙

副主编　岳中辉　汤行春　马三梅　王有武

　　　　陆　胤　肖辉海　张君毅

编　委　（按姓氏笔画排序）

马三梅（暨南大学）

于亚军（湖南城市学院）

于丽杰（哈尔滨师范大学）

王有武（塔里木大学）

韦鹏霄（广西大学）

汤行春（湖北大学）

张君毅（华侨大学）

肖辉海（湖南文理学院）

岳中辉（哈尔滨师范大学）

金晓霞（哈尔滨师范大学）

陆　胤（浙江树人大学）

秦公伟（陕西理工学院）

曾小龙（广东第二师范学院）

蒋景龙（陕西理工学院）

熊仁次（塔里木大学）

U0305617

华中科技大学出版社

中国·武汉

内 容 提 要

本书系统、全面地介绍了植物组织培养的基本概念、基本原理、基本操作技术以及研究方法等,内容包括植物组织培养的基本原理和基本操作,植物组织培养实验室与仪器设备,植物营养培养基的组成、种类及配制,植物器官培养与离体快繁,植物脱毒与茎尖培养,植物胚胎培养和离体授粉受精,植物花药(粉)培养与单倍体育种,植物原生质体培养与体细胞杂交,体细胞无性系变异与突变体筛选,植物的人工种子,植物种质资源的离体保存,植物细胞遗传转化与转基因,植物细胞培养与次生代谢产物生产等。在大部分章基础理论之后都列举了应用实例,方便学生进行基本的技能训练。书中吸收了近年来植物组织培养技术中所取得的新成果和先进经验,有一定的新颖性、科学性和实用性。在每章前设置了知识目标和技能目标,每章后有小结和复习思考题,方便学生学习。

本书适合于农林、师范和综合性院校的生物科学类、生物技术类、园林类、农学类、草业科学类、森林资源类、环境科学和生态学等各专业不同层次学生作为教材使用,也可供生物类研究生、教师和相关行业科研人员以及从事植物组织培养工作的技术人员、经营管理人员作为参考书使用。

图书在版编目(CIP)数据

植物组织培养教程/于丽杰,韦鹏霄,曾小龙主编. —武汉:华中科技大学出版社,2015.4
全国普通高等院校生命科学类"十二五"规划教材
ISBN 978-7-5609-9711-7

Ⅰ.①植…　Ⅱ.①于…　②韦…　③曾…　Ⅲ.①植物学-组织培养-高等学校-教材　Ⅳ.①Q943.1

中国版本图书馆 CIP 数据核字(2015)第 079563 号

植物组织培养教程　　　　　　　　　　　　　　　　于丽杰　韦鹏霄　曾小龙　主编

策划编辑:王新华
责任编辑:王新华
封面设计:刘　卉
责任校对:刘　竣
责任监印:周治超
出版发行:华中科技大学出版社(中国·武汉)
　　　　　武昌喻家山　　邮编:430074　　电话:(027)81321913
录　　排:华中科技大学惠友文印中心
印　　刷:武汉市籍缘印刷厂
开　　本:787mm×109 mm　1/16
印　　张:15
字　　数:390 千字
版　　次:2018 年 7 月第 1 版第 2 次印刷
定　　价:36.00 元

全国普通高等院校生命科学类"十二五"规划教材
编 委 会

全国普通高等院校生命科学类"十二五"规划教材
组编院校

（排名不分先后）

北京理工大学
广西大学
广州大学
哈尔滨工业大学
华东师范大学
重庆邮电大学
滨州学院
河南师范大学
嘉兴学院
武汉轻工大学
长春工业大学
长治学院
常熟理工学院
大连大学
大连工业大学
大连海洋大学
大连民族学院
大庆师范学院
佛山科学技术学院
阜阳师范学院
广东第二师范学院
广东石油化工学院
广西师范大学
贵州师范大学
哈尔滨师范大学
合肥学院
河北大学
河北经贸大学
河北科技大学
河南科技大学
河南科技学院
河南农业大学
菏泽学院
贺州学院
黑龙江八一农垦大学

华中科技大学
华中师范大学
暨南大学
首都师范大学
南京工业大学
湖北大学
湖北第二师范学院
湖北工程学院
湖北工业大学
湖北科技学院
湖北师范学院
湖南农业大学
湖南文理学院
华侨大学
武昌首义学院
淮北师范大学
淮阴工学院
黄冈师范学院
惠州学院
吉林农业科技学院
集美大学
济南大学
佳木斯大学
江汉大学文理学院
江苏大学
江西科技师范大学
荆楚理工学院
军事经济学院
辽东学院
辽宁医学院
聊城大学
聊城大学东昌学院
牡丹江师范学院
内蒙古民族大学
仲恺农业工程学院

云南大学
西北农林科技大学
中央民族大学
郑州大学
新疆大学
青岛科技大学
青岛农业大学
青岛农业大学海都学院
山西农业大学
陕西科技大学
陕西理工学院
上海海洋大学
塔里木大学
唐山师范学院
天津师范大学
天津医科大学
西北民族大学
西南交通大学
新乡医学院
信阳师范学院
延安大学
盐城工学院
云南农业大学
肇庆学院
浙江农林大学
浙江师范大学
浙江树人大学
浙江中医药大学
郑州轻工业学院
中国海洋大学
中南民族大学
重庆工商大学
重庆三峡学院
重庆文理学院

前　　言

植物组织培养是当代生物科学中最有生命力的重要学科之一,它既是植物遗传工程、生理生态研究的重要工具,又是遗传育种、植物种子学、植物生产学的一种实用性极强的高新技术。为适应社会对植物组织培养人才的需要,目前许多高等院校已将其作为生物学相关专业的一门重要的应用基础课。该课程与植物学、植物生理学、微生物学、遗传学等学科有着密切的联系。通过该课程的学习,可以为许多生物基础理论的深入研究提供必要的方法和手段。学生掌握该技术后可以独立从事相关产业的研究工作,在经济植物的产业化发展中发挥自己所学专业知识的作用。

本书参编人员均是多年从事植物组织培养领域教学、科研工作的同仁,具有丰富的理论与实践经验。我们查阅了国内外大量的研究论文、专著和相关教材,归纳和总结了本学科最新技术、研究成果及发展动态,结合教学科研工作中的体验,进行本书的编写。

本书的特点是理论与实践相结合,既有较全面的植物组织培养基础知识和基本理论介绍,又有典型的离体培养的实用示范,理论性和实用性都很强。本书适合于综合性院校、师范院校以及农林院校的生物及相关专业的学生作为教材使用,也可供从事生命科学领域研究工作的相关人员阅读参考。

本书由于丽杰、韦鹏霄、曾小龙主编。编写分工如下:第一章由韦鹏霄编写;第二章由岳中辉编写;第三章由陆胤编写;第四章由曾小龙编写;第五章由金晓霞编写;第六章由张君毅编写;第七章由汤行春编写;第八章由王有武、熊仁次编写;第九章由于丽杰编写;第十章由肖辉海编写;第十一章由于亚军编写;第十二章由秦公伟编写;第十三章由马三梅编写;第十四章由蒋景龙编写。全书由于丽杰和岳中辉统稿、审稿和定稿。

植物组织培养研究涉及面广,内容和要求变化快,尽管我们倾注大量的心血,但因知识水平有限,书中难免会有不足之处,衷心希望各位专家、读者批评指正。

编　者
2015 年 4 月

目　　录

第一章

绪　论

【知识目标】

1. 掌握植物组织培养的基本概念和常用术语。
2. 掌握植物组织培养的类别和特点。
3. 了解植物组织培养的发展简史。
4. 了解植物组织培养的技术领域和应用前景。

【技能目标】

1. 运用所学的相关概念和术语,解释相关的植物组织培养现象。
2. 了解植物组织培养在实践中的具体应用。

第一节　植物组织培养的基本概念和常用术语

一、植物组织培养的基本概念

植物组织培养(plant tissue culture)是指在无菌(asepsis)和人工控制的环境条件下,利用人工配制的适宜培养基,对植物的胚胎(成熟和未成熟的胚)、器官(根、茎、叶、花、果实、种子等)、组织(分生组织、形成层、木质部、韧皮部、表皮、皮层、胚乳组织、薄壁组织、髓部组织、花药组织等)、细胞(体细胞、生殖细胞等)、原生质体等进行离体培养(culture in vitro),使其细胞分裂和生长增殖、细胞分化和再生发育成完整植株的过程。在这个过程中,用于培养的植物胚胎、器官、组织、细胞和原生质体等已脱离了母体植株,因此,植物组织培养又称为植物的离体培养。

植物组织培养的概念有广义和狭义之分。广义的植物组织培养是指对植物的器官、组织、细胞及原生质体等进行离体培养的技术。狭义的植物组织培养是指对植物的组织(如分生组织、表皮组织、薄壁组织等)及培养产生的愈伤组织进行离体培养的技术。

二、植物组织培养的常用术语

在植物组织培养的研究与发展过程中,形成了许多的专门术语。常用的植物组织培养术语如下:

(一) 植物细胞的全能性

植物细胞的全能性(totipotent of plant cell)是指植物细胞携带与母体植株相同的全部遗

传信息,因而在离体培养时,能被诱导发生器官分化并再生成与母体植株基本相同的新植株的能力。植物细胞的全能性是植物组织培养的基本原理和理论依据。

(二) 外植体

外植体(explant)是指离体培养用的器官、组织或其切段、细胞以及原生质体等,在体外培养中能增殖以及再生植株。

(三) 培养基

培养基(medium)是指在植物离体培养时,由人工配制的含有各种营养成分供培养物生长的基质。

(四) 接种

接种(inoculation)是指在无菌条件下,将培养物接入培养基中的过程。

(五) 细胞脱分化

细胞脱分化(cell dedifferentiation)是指已分化的细胞在一定因素的作用下,改变原来的发展方向而恢复分裂能力的过程。

(六) 细胞再分化

细胞再分化(cell redifferentiation)是指已脱分化的细胞经不断的细胞分裂而形成的愈伤组织或胚性细胞团,在合适条件(主要是激素和光照等)下重新分化出具有专一功能的组织、器官(根、芽等)或胚状体等的过程。

(七) 愈伤组织

愈伤组织(callus)是指外植体因受伤或在离体培养时,其未分化的细胞和已分化的细胞经脱分化,形成一团没有分化的、无特定结构的多细胞团。

(八) 胚性细胞团

胚性细胞团是指在植物组织培养中,具有强烈增殖和分化能力,并具有胚性发生且结构松散的细胞团块结构。

(九) 胚状体

胚状体(embryoid)是指在植物细胞和组织培养中,起源于一个非合子细胞,经过多次分裂而产生的一种与合子胚相似的结构。

(十) 初代培养

初代培养(primary culture)是指将植物体上分离得到的外植体进行最初培养的过程,又称启动培养或诱导培养(induced culture)。

(十一) 继代培养

继代培养(subculture)是指将初代培养诱导产生的培养物重新分割或分离,并转移至新鲜培养基继续培养,以保持培养物的连续生产和增殖的过程,又称增殖培养。

（十二）生根培养

生根培养（rooting culture）是指诱导组培苗生根,进而形成完整植株的过程,又称生根壮苗培养。

（十三）悬浮培养

悬浮培养（suspension culture）是指在液体培养基中对细胞及小细胞团进行培养,在此种条件下,细胞和小细胞团能保持良好的分散性,而且培养物组织化的水平通常较低。

（十四）器官发生或器官形成

器官发生或器官形成（organogenesis）是指组织培养物或悬浮培养物中芽、根或花等器官的分化与形成。

（十五）无性系

无性系（clone）是指一群经离体培养后,在遗传上基本一致的细胞、组织或植株（物种）。无性系又可分为单细胞无性系（single cell clone）、愈伤组织无性系（callus clone）和原生质体无性系（protoclone）。

（十六）细胞系

细胞系（cell line）是指对来自原初培养物的细胞（单细胞）连续进行一次、两次乃至多次继代培养的细胞群体。

第二节　植物组织培养的类别和特点

一、植物组织培养的类别

（一）根据培养材料分类

1. 植物培养

植物培养（plantlet culture）是指对幼苗及较大的植物体的培养。

2. 胚胎培养

胚胎培养（embryo culture）是指对成熟及未成熟胚胎的离体培养,包括合子胚、珠心胚、子房、胚乳培养及试管受精等。

3. 器官培养

器官培养（organ culture）是指把植物体某一器官如芽、花药、根、茎、胚、叶或切段在合成培养基上进行离体培养的过程。按所用于培养的器官的类型不同,又分为芽培养、茎端（茎尖）培养、根（尖）培养、茎（段）培养、叶（片）培养、胚（乳）培养、子房培养、花药（粉）培养等。

4. 愈伤组织培养

愈伤组织培养（callus culture）是指对植物离体部分通过培养增殖而形成的愈伤组织的培养。

5. 组织培养

组织培养(tissue culture)是指对构成植物体的各种组织的离体培养,如分生组织、表皮组织、输导组织、薄壁组织等离体组织的培养。

6. 细胞培养

细胞培养(cell culture)是指用单个细胞进行的液体培养或固体培养,其目的是诱导细胞增殖及分化以获得单细胞的无性系。

7. 原生质体培养

原生质体培养(protoplast culture)是指对去掉细胞壁后所获得的细胞原生质体的培养。

(二) 根据培养方式分类

1. 固体培养

固体培养(solid culture)是指利用固体培养基进行的培养。

2. 液体培养

液体培养(liquid culture)是指用不加任何凝固剂的液体培养基进行的培养。

液体培养方式又可分为以下几种:

(1) 静止培养　静止培养(stationary culture)是把培养物接入液体培养基,置于静止状态下进行培养。

(2) 纸桥培养　纸桥培养(paper bridge culture)是在液体培养基中放入滤纸形成纸桥,再将培养物置于滤纸上进行培养。

(3) 振荡培养　振荡培养(shake culture)是将盛有液体培养基和培养物的培养容器,置于往复摇床上,使培养液振荡的培养。

(4) 旋转培养　旋转培养(roller culture)是将盛有液体培养基和培养物的培养容器,置于转床上进行旋转的培养。

(三) 根据培养技术分类

1. 一般培养

一般培养(general culture)是对植物的各种组织、器官及愈伤组织的常规固体培养。

2. 悬浮培养

悬浮培养是在液体培养基中对细胞及小细胞团进行培养。

3. 看护培养

看护培养(nurse culture)是用离体组织和培养物(如花药、愈伤组织等)来看护单细胞(如花粉粒、原生质体等),使之生长和增殖的培养。

4. 微室培养

微室培养(micro-chamber culture)是将游离单细胞置于很少量的培养基和微室环境中的培养。

5. 平板培养

平板培养(plat culture)是将悬浮培养的细胞接种到一薄层固体培养基上的培养。

6. 发酵培养

发酵培养(fermentation culture)是指在发酵罐或生物反应器内对单细胞或小细胞团进行大规模的连续培养。

二、植物组织培养的特点

（一）培养材料来源广泛

由于植物细胞具有全能性，所以在一定的培养条件下，单个或小块组织的细胞都可以生长增殖和分化再生出完整植株。植物组织培养的外植体可来自植物组织、器官、细胞及原生质体，因此培养材料来源广泛、取材丰富。在实际研究和应用中，以茎尖、根、茎、叶、子叶、下胚轴、花芽、花瓣等作材料进行培养时，只需几毫米甚至不到 1 mm 大小的材料；在细胞及原生质体培养时，所需材料更少。由于取材少，培养效果好，对于植物"名、特、优"新品种的快速繁殖（快繁）和良种复壮、珍稀濒危植物种质资源的保存和利用，都具有重要的现实意义和很大的应用价值。如非洲紫罗兰（*Saintpaulia ionantha*），取 1 枚叶片培养，经 3 个月培养就可得到5 000株苗；甘蔗（*Saccharum officinarum*），取良种的 1 个腋芽培养，经 1 年就可以得到 50 万株以上的试管苗。

（二）培养条件可控

在植物组织培养中，培养材料所需的培养基质营养丰富且由人工进行配制，所需的温度、光照、湿度等均可以调控。因此，培养条件完善，不受大自然中四季、昼夜气候变化及灾害性气候影响，有利于植物生长和周年培养生产。

（三）生长周期短、繁殖效率高

由于植物组织培养可以人为地控制培养条件，并能满足植物生长所需的环境条件，因此，植物生长速度快，生长周期短，往往 1～2 个月即可完成一个生长周期。如马铃薯（*Solanum tuberosum*）茎尖培养的无菌苗，不到 2 个月即可结成试管微型薯；铁皮石斛无菌苗培养 2 个月，也可使其花芽分化和开花。在适宜的培养条件下，植物材料能以几何级数大量繁殖，繁殖效率高，比常规无性繁殖（如嫁接、扦插、分株等）的繁殖效率要高数百倍甚至上千倍。

（四）管理方便、利于自动化控制

植物组织培养是在一定的场所内，人为提供一定的温度、光照、湿度、气体、营养和激素等条件，进行高度集约化、微型化、精密化的科学培养和生产，比常规的盆栽、田间栽培等省去了中耕除草、浇水施肥、病虫防治等繁杂劳动，极大地节省了人力、物力及土地。同时，可通过有关仪器仪表进行自动化控制（如定时调温和照光等），有利于植物组织培养的程序操作和工厂化生产。

（五）条件可控、实验重复性好

植物组织培养是人工控制培养基中的各种成分，同时可以对培养环境进行调控，因此培养条件的误差小，实验处理易于安排调配，实验的重复性好。

（六）实验体系完善

植物组织培养的实验技术和方法系统完善，适用性强，是研究植物学、细胞学、生理学、遗传学、育种学、发育学、药物学和生物化学等学科的新的重要实验体系，有利于开展相关学科的基础研究和应用研究。通过开展植物组织培养的有关实验，可研究非合子细胞形成胚胎的机理、原生质体再生细胞壁的机制、激素控制器官分化的作用模式、小孢子离体发育再生植株的途径、细胞次生代谢产物形成的条件、细胞遗传转化的分子机制等,极大地丰富和促进相关学科的研究。

第三节 植物组织培养的发展简史

与其他新学科和新技术一样,植物组织培养也经历了一个发展的过程。虽然它的蓬勃发展只是近四十年来的事,但它的整个历史可以追溯到 20 世纪初。从那时起到现在,植物组织培养的发展过程大致可分为三个阶段,即探索阶段、奠基阶段、迅速发展和逐步实用化阶段。

一、探索阶段(20 世纪初至 30 年代中)

1902 年,在德国植物学家 M. J. Schleiden 和动物学家 T. Schwann 首创(1838—1839)的"细胞学说"的推动下,德国植物学家 G. Haberlandt(1854—1945)用 Knop 培养基培养紫花野芝麻(*Lamium purpureum*)和凤眼蓝(*Eichhornia arassipes*)的叶肉栅栏细胞,虎眼万年青属(*Ornithogalum*)的表皮细胞及紫露草(*Tradescantia*)的栅栏细胞、髓细胞、腺毛和雄蕊毛等单个离体细胞。结果他明显看到了培养细胞的生长、细胞壁的加厚和淀粉的形成等,并发现有的细胞能维持活力达 1 个月之久,但没有一个细胞在培养中能够分裂。就培养细胞未能分裂及分化而言,此实验没有成功。这是因为他所选用的实验材料都是已经高度分化了的细胞,同时所用的培养基过于简单,尤其是培养基中没有包含诱导成熟细胞分裂所必需的生长激素,而生长激素在当时还没有被发现和认识。然而,作为植物组织培养的先驱者,Haberlandt 的贡献不仅在于首次进行了离体细胞培养的实验,而且在于发表了第一篇有关植物细胞培养的经典性论文《植物离体细胞培养实验》。他在文中阐述了细胞培养的重要意义,并大胆提出"高等植物的器官和组织可以不断分割,直至单个细胞"的观点,提出了植物细胞"全能性"的设想。他还提出了一些重要的预言和设想,例如:用某种刺激因素作用,能使游离细胞恢复不断的生长;利用看护培养和胚囊液进行组织培养;从营养细胞培育出人造胚;等等。这些预言和设想,大多被后人的实验所证实。因此,Haberlandt 被誉为"植物组织培养之父"。

自 Haberlandt 的实验和经典性论文发表后,在植物组织培养领域还有一些探索性的工作,主要集中在胚培养和根培养两个方面。具体的研究如下:

1904 年,德国植物胚胎学家 E. Hanning 首次对一些十字花科植物进行"胚培养",他在无机盐和蔗糖溶液中培养了萝卜(*Raphanus sativus*)和辣根菜(*Cochlearia officinalis*)的胚,使这些胚在离体条件下长到成熟。

1908 年,S. Simon 培养白杨(*Populus bonatii*)幼茎的切段,产生了愈伤组织并发育出根和芽。

1922 年,德国的 W. Kotte 成功地培养了豌豆(*Pisum sativum*)和玉米(*Zea mays*)的离体根尖,美国的 W. J. Robbins 也报道了培养离体根尖获得成功,这是有关根培养的最早实验。

1924 年,R. Blumenthal 和 P. Meyer 观察到培养中的胡萝卜(*Daucus carota*)切片形成愈伤组织。

1925 年,F. Laibach 用"胚培养法"使亚麻属(*Linum*)的种间杂种胚培养成熟和成苗,克服了杂交不育障碍,从而证明了胚培养在植物远缘杂交中利用的可能性。

1927 年,L. Rehwald 也观察到胡萝卜、辣根菜等切片能产生愈伤组织。

二、奠基阶段(20 世纪 30 年代中至 50 年代末)

植物组织培养技术的真正建立是在 20 世纪 30 年代。当时世界上主要有两个中心从事植物组织培养研究:一是在法国,以 R. J. Gautheret 为首;二是在美国,以 P. R. White 为首。植物组织培养工作主要是在这两个国家发展起来的。在此期间,科学家们进行了一些重要的有意义的工作。

1934 年,K. V. Thimann 及其合作者对吲哚乙酸(IAA)的生理作用进行了广泛研究。

1935 年,R. Snow 报道了 IAA 能刺激形成层的活力。

1937 年,P. R. White 最先建立了人工合成的综合营养培养基(White 培养基)。

1937—1938 年,R. J. Gautheret 和 P. Nobecourt 把 IAA 和 B 族维生素用于植物组织培养,发现其能显著促进黄花柳(*Salix caprea*)形成层的生长。

1939 年,Gautheret、Nobecourt 和 White 等成功地对愈伤组织进行继代培养。Gautheret 连续培养胡萝卜根形成层首次获得成功。Nobecourt 由胡萝卜、White 由烟草(*Nicotiana tabacum*)-1212 种间杂种的瘤组织,也建立了类似的连续生长的组织培养物。因此,Gautheret、White 和 Nobecourt 一起被誉为"植物组织培养的奠基人"。我们现在所用的若干培养方法和培养基,原则上都是这 3 位科学家在 1939 年所建立的方法和培养基演变的结果。

20 世纪 40 年代和 50 年代初,活跃在植物组织培养领域里的研究者以 Skoog 为代表,他研究的主要内容是利用嘌呤类物质处理烟草髓愈伤组织以控制组织的生长和芽的形成。Skoog(1944 年)以及 Skoog 和崔澂(我国著名的植物学家)等(1951 年)发现,腺嘌呤或腺苷不但可以促进愈伤组织的生长,而且能解除培养基中 IAA 对芽形成的抑制作用,诱导芽的形成,从而确定了腺嘌呤与生长素的比例是控制芽和根形成的主要条件之一。

在 20 世纪 40 年代,植物组织培养技术的另一有价值的成果是 Overbeek 等首次把椰子汁作为补加物引入培养基中,使曼陀罗(*Datura stramonium*)的心形期幼胚离体培养至成熟。到 20 世纪 50 年代初,美国科学家 F. C. Steward 等在胡萝卜组织培养中也使用了椰子汁,从而使椰子汁在植物组织培养的各个领域中都得到了广泛应用。

20 世纪 50 年代,植物组织培养的研究日趋繁荣,10 年中引人注目的进展有以下 6 项:

(1) 1952 年,Morel 和 Martin 首次证实,通过茎尖分生组织的离体培养,可以由已受病毒侵染的大丽花(*Dahlia pinnata*)中获得无毒植株。

(2) 1953—1954 年,W. H. Muir 进行单细胞培养获得初步成功,创立了液体悬浮培养单细胞和细胞团的技术,并设计了看护培养技术,成功地使单细胞培养成愈伤组织,实现了 Haberlandt 培养单细胞这一设想。

(3) 1955 年,美国科学家 Miller 等由鲱鱼精子 DNA 中分离出一种首次为人所知的细胞分裂素,把它定名为激动素(kinetin,缩写为 KT)。现在,具有和激动素类似活性的合成或天然的化合物已有多种(如 6-BA、玉米素等),它们总称为细胞分裂素(cytokinin)。应用这类物质,就有可能诱导已经成熟或高度分化的组织(如叶肉和干种子胚乳)的细胞进行分裂。

(4) 1957 年,Skoog 和 Miller 提出了有关植物激素控制器官形成的概念,把控制器官分化的激素模式由"腺嘌呤/生长素"转为"细胞分裂素/生长素"。通过这一激素模式来调控芽和根的分化和形成。现已在植物组织培养中广泛地应用。

(5) 1958—1959 年,J. Reinert 和 F. C. Steward 分别报道,在胡萝卜愈伤组织培养中形成了体细胞胚,并且分化成完整植株,从体细胞证实细胞全能性,在人类历史上第一次实现了细胞全能性。

（6）1959 年，Gautheret 发表了第一本有关植物组织培养的内容广泛的手册，对于开展植物组织培养工作有着重要的指导作用。

在这一阶段，通过对培养条件和培养基成分的广泛研究，特别是对 B 族维生素、生长素和细胞分裂素在植物组织培养中作用的研究，已经实现了对离体细胞生长和分化的控制，从而初步确立了植物组织培养的技术体系，为以后的发展奠定了基础。

三、迅速发展和逐步实用化阶段（20 世纪 60 年代至今）

植物组织培养经探索阶段和奠基阶段后，到了 20 世纪 60 年代开始进入迅速发展和逐步实用化阶段。据统计，在 20 世纪 60 年代初期，全世界还只有十几个国家（如美、英、法、加、澳、德、意、日、印、新西兰、苏联和中国等）的少数实验室从事植物组织培养研究，但到了 20 世纪 70 年代，仍未涉足植物组织培养领域的国家已为数不多。

20 世纪 60 年代以来，植物组织培养迅速发展的典型工作有以下 15 项：

（1）1960 年，G. Morel 创立一个离体无性繁殖兰花（Cymbidium）的方法，"兰花工业"迅速兴起，此为植物组织培养微繁（快繁）工厂化生产的先例。

（2）1960 年，K. Kanta 对虞美人（Papaver rhoeas）进行试管受精首获成功，建立了试管受精技术。

（3）1960 年，E. C. Cocking 首次成功地用纤维素酶（cellulase）分离出植物原生质体，创立了原生质体分离培养技术。

（4）1962 年，T. Murashige 和 F. Skoog 建立和公布了一个由大量元素和微量元素、一些生理活性有机物质、蔗糖、生长素和细胞分裂素等组成的综合营养培养基，即 MS 培养基。

（5）1964 年，印度德里大学教授 S. Guha 和 S. C. Maheshwari 成功地培养曼陀罗属（Datura）的南洋金花（Datura innoxia）的花药，获得胚状体及单倍体植株，首次从性细胞证实了细胞全能性。

（6）1967 年，J. P. Bourgin 和 J. P. Nitsch 成功从烟草花粉培养出单倍体植株。

（7）1971 年，I. Takebe 等首次由烟草叶肉原生质体培养成完整植物。

（8）1972 年，P. S. Carlson 等以 $NaNO_3$ 为诱导剂，首次使两种烟草的原生质体融合并培养成第一个种间体细胞杂种烟草。

（9）1973 年，W. A. Keller 和 G. Melchers 创立了原生质体融合的高 pH（9.5～10.5）和高钙（0.05 mol/L $CaCl_2$）法。

（10）1974 年，K. N. Kao 和 M. R. Michayluk 创立了原生质体融合的 PEG 法，使原生质体融合率大大提高。

（11）1979 年，Mitsrgi Sendal 等发明了原生质体融合的电刺激法。

（12）1981 年，U. Zimmirmaa 和 P. Scheurich 对电刺激法作了改进，形成今天普遍采用的电诱融法。

（13）1977 年，M. D. Chilton 等将来自根癌农杆菌的 Ti 质粒 DNA 成功地整合到植物体内。

（14）1979 年，L. Marton 等为进行遗传转化建立了植物原生质体和根癌农杆菌共同培养的方法。

（15）1981 年，V. A. Sidorov 等从经过诱变剂处理的烟草单倍体原生质体再生的细胞无性系中,进行大规模筛选分离出营养缺陷型,开创了突变体筛选的先例。

进入 20 世纪 80 年代,植物组织培养在细胞培养和原生质培养以及遗传转化等方面又有了更大的进展。其中较有代表性的工作如下:

1980 年,A. W. Alfermann 等采用固定化完整细胞使毛地黄(*Digitalis purpurea*)毒苷生产获得成功。

1982 年,F. A. Krens 等发现原生质体可以掺入裸露的 DNA,从而可以用游离的 DNA 进行遗传转化。

1983 年,M. C. Byrne 等确定发根农杆菌(*Agrobacterium rhizogenes*)的 Ri 质粒也能转化植物细胞并形成冠瘿碱(opine)。

1984 年,J. Paszkowski 等利用来自花椰菜花叶病毒(CaMV)基因的遗传信息转化烟草原生质体,获得了转化细胞系。

1985 年,Horsch 等将叶子圆片用根癌农杆菌(*Agrobacterium tumefaciens*)侵染转化并再生转化植株。

1987 年,H. U. Koop 和 G. Spanganberg 用微室法培养单个原生质体再生植株获得成功。

1986 年,Redenbaugh 等首次报道了用藻酸钙包裹制成的苜蓿(*Medicago sativa*)和芹菜(*Apium graveolens*)的人工种子(artificial seeds),也称为体细胞种子(somatic seeds)。

1987 年,Fujita 和 Tabata 在生物反应器中,实现了紫草(*Lithospermum erythrorhizon*)和人参(*Panax ginseng*)的大规模细胞培养,并从中获得紫草素和人参皂苷,首先作为天然食品添加剂进入市场。

1989 年,Kyozuka 等利用细胞质杂种的供体-受体实验体系,成功地转移了水稻(*Oryza sativa*)细胞质雄性不育性状。

1994 年,Hiei 等首先建立了农杆菌转化水稻的技术,以粳稻品种 *Tsukinohikari* 的盾片愈伤组织为转基因受体,获得了 28.6% 的高转化率。

20 世纪 80 年代以来,植物组织培养还逐步向实用化方面发展,一些实用型新技术应运而生,具代表性的有:

1980 年,日本千叶大学的古在丰树教授等发明了植物无糖组培快繁技术,对传统的植物组培快繁技术有了很大的改进和提高。

自 Seibert 在 1975 年对烟草叶愈伤组织培养的光质效果研究后,到 20 世纪 90 年代国内外对光质培养进行了广泛的研究,形成了以 LED(light-emitting diode)技术为代表的光质培养技术。

1991 年,P. C. Debergh 和 R. H. Zimmermann 系统地介绍了植物组培瓶外生根技术(non-tube rootage technology),从而推动了瓶外生根技术的研究和发展。

1993 年,Tanaka 等利用岩棉块作为培养基支持培养蝴蝶兰(*Phalaenopsis amabilis*),使组培苗根系较好且减少移栽时对根的伤害。由此引发了对培养基支持物改良的广泛研究。

1993 年,Alvard 设计出一套间歇浸没控制系统,即气泵驱动 RITA 间歇浸没式生物反应器,有效地克服了常规液体培养和固体培养的不足,提高了培养效率。

1994 年,我国的崔刚、单文修等围绕杀菌剂的研制和使用、简化组培环节、降低组培成本等方面进行研究,建立了一套完整可行的组织培养模式(简称开放式组培),由此促进了植物开放式组培的深入研究和广泛应用。

1999 年,Escalona 在 RITA 的基础上进行改进,研制出 BIT 间歇浸没式生物反应器,为在大规模组培快繁中应用打下基础。

2002 年,我国的孙仲序等创立了植物组培快繁滤纸桥生根新技术,优于常规的固体培养和液体培养的生根技术。

进入 21 世纪以来,瓶外生根技术、开放式培养技术,以及新型培养容器和综合培养因子研究等方面不断发展,植物组织培养技术越来越简约化、可控化和实用化。

四、我国植物组织培养的发展概况

我国的植物组织培养工作早在 20 世纪 30 年代便已开始,应该说起步不算晚。在整个植物组织培养发展的历史中,我国科学家曾经作过多方面的重要贡献。

最早的工作是在 1933 年,李继桐和沈同开展的银杏(Ginkgo)胚培养,首次发现银杏胚的提取物能促进银杏离体胚的生长。接着,我国著名植物生物学家罗宗洛和罗士韦于 1935—1936 年,发现年幼桑树(Morus alba)提取液(富含维生素)能促进离体玉米等根的生长,这为利用维生素等活性物质作培养基重要成分提供了依据。

1951 年,崔澂和 Skoog 发现腺嘌呤和腺苷的作用,此后还有罗士韦关于幼胚和茎尖培养的工作,王伏雄(著名植物遗传育种学家)等关于幼胚培养的工作等。这些学者在植物组织培养有关领域发表了许多有价值的文献。

但是由于种种原因(如我国在 20 世纪 20 年代至 40 年代处于战争动乱年代),这些研究工作断断续续,没能有计划、系统地进行。所以在新中国成立以前,我国的植物组织工作未能很好地发展起来。

新中国成立以后,特别是 20 世纪 70 年代以来,我国的植物组织培养工作发展很快。20 世纪 70 年代初,当时主要由中科院遗传研究所和中科院上海植物生理研究所开展相关的研究工作,研究重点是植物的花药培养,另外有研究涉及了植物的体细胞杂交(somatic hybridization)。

我国的花药培养工作虽然起步较晚,但发展很快,在 20 世纪 70 年代,除新疆、西藏和宁夏外,全国各省(市、自治区)均有花药培养工作开展。1978 年,在北京召开了"中澳植物组织培养学术交流讨论会",与会的有著名的科学家如英国的 Cooking、Sanderland,还有澳大利亚、美国、西德、加拿大、日本等国的一些知名专家。会议主要交流讨论 3 个方面的内容,即花药培养、植物组培和细胞杂交。此会对我国植物组织培养工作有很大的促进,会议结集出版的《中澳植物组织培养学术讨论会文集》至今还有重要的参考价值。

在 20 世纪 70 年代,我国在植物组织培养方面比较出色的工作还有利用茎尖培养,去除马铃薯晚疫病毒,建立了无性繁殖系,这项工作在生产上取得了显著的经济效益。如中科院与内蒙古、黑龙江、甘肃等 20 多个省(市、自治区)60 余个单位协作攻关,用茎尖培养脱毒和快速育苗,很有效地解决马铃薯的病毒感染问题。至 1985 年,我国培育的马铃薯无病毒品种已超过 100 个,许多已在生产上大面积应用。目前,在我国利用茎尖培养脱除病毒的植物品种已达数百个,除马铃薯外,还有香蕉(Musa nama)、苹果(Malus pumila)、柑橘(Citrus)、草莓(Fragaria ananassa)、罗汉果(Siraitia grosvenorii)、甘蔗、石刁柏(Asparagus officinalis)、兰花、百合(Lilium)等,对脱毒苗进行快繁的产业化规模也越来越大。

进入 20 世纪 80 年代以后,我国的花药培养研究已逐渐转入稳步发展的阶段,主要在一些条件较好的科研院所(如中科院、中农院、北京和上海农科院等)和高等院校(如华中农业大学、福建农学院(现名福建农林大学)、广西农学院(现名广西农业大学)等)进行研究,探索提高籼稻花药培养效率的技术方法(因籼稻花药培养难度大,效率低),深入探讨花药培养及单倍体育种的遗传机理,应用花药培养及单倍体育种,不断选育新的作物品种(水稻、小麦等)。原国家科委、国家农业部把花药培养育种列入"七五""八五"和"九五"等重点攻关项目。据不完全统计,我国用花药或花粉培育出的植物已超过 22 科 52 属 160 多种,主要有小麦(*Triticum aestivum*)、玉米、水稻、葡萄(*Vitis vinifera*)、柑橘、龙眼(*Dimocarpus longan*)、橡胶(*Hevea brasiliensis*)、杨树(*Populus*)、辣椒(*Capsicum annuum*)、大白菜(*Chinese cabbage*)等,已培养出 80 多个水稻花粉新品系和新品种,20 多个小麦花粉新品系和新品种,栽培面积累计分别达到 2.6×10^6 hm² 和 6.0×10^5 hm² 以上。

20 世纪 90 年代以后,我国在植物组培快繁、原生质体培养与体细胞杂交、组织培养突变体筛选、植物的种质保存、植物人工种子、植物遗传转化与转基因、药用植物培养生产次生代谢产物等领域,均取得了很大的进展。

我国在植物离体培养快繁方面发展很快,硕果累累。到目前为止已报道有上千种植物的快繁获得成功,包括观赏植物、蔬菜、果树、大田作物及其他经济作物等,初步统计仅观赏植物就涉及 182 种以上,分属 58 科 124 属。目前,兰花、安祖花(*Anthurium andraeanum*)、马蹄莲(*Zantedeschia aethiopica*)、非洲菊(*Gerbera jamesonii*)、香石竹(*Dianthus caryophyllus*)、百合、菊花(*Dendranthema morifolium*)、马铃薯、甘薯(*Dioscorea esculenta*)、甘蔗、草莓、香蕉、葡萄、桉树(*Eucalyptus robusta*)、芦荟(*Aloe*)、罗汉果、铁皮石斛等经济植物已实现了工厂化生产。工厂化生产规模越来越大,年生产能力达几百万,甚至千万株。

我国的原生质体培养已在培养难度较大的禾本科植物(如水稻、玉米、小麦等)得到了突破,获得了一些体细胞杂种。至 1995 年,世界上约有 180 种植物的原生质体培养再生植株取得成功,其中约 50 种是由我国研究者首先完成的。

结合理化诱变和其他处理(如病毒、高盐、高糖等),我国学者也筛选出一批突变体及无性系,如水稻的耐盐突变体、甘蔗的高糖突变体、杨树的耐盐突变体等。

从"七五"开始我国将植物人工种子纳入国家高技术研究发展计划("863"计划),现已对胡萝卜、芹菜、黄连(*Coptis chinensis*)、苜蓿、西洋参(*Panax quinquefolius*)、云杉(*Picea asperata*)、四会贡橘、番木瓜(*Carica papaya*)、橡胶树等几十种植物进行了人工种子研究。

在药用植物培养生产次生代谢产物方面也取得了很大的进展,成功地进行了人参、紫草、三七(*Panax pseudoginseng*)、红豆杉(*Taxus chinensis*)、青蒿(*Artemisia carvifolia*)、红景天(*Rhodiola rosea*)和水母雪莲(*Saussurea medusa*)等植物的细胞大规模培养次生代谢产物的生产。

目前,我国是世界上从事植物组织培养研究的人数最多、实验室面积最大、工厂化规模最大、技术领域最广和应用成效最显著的国家。因此,我国的植物组织培养技术普及程度、发展程度和成果均居世界领先水平。

第四节　植物组织培养的技术领域及应用

植物组织培养在其形成和发展过程中,涉及的技术领域和应用范围广泛。通过与细胞学、生理学、遗传学、植物学、育种学、生物学、工程学、药物学和生物化学等诸多学科的有机结合和交叉渗透,植物组织培养的技术领域有了很大发展,应用范围也越来越广泛。

一、植物器官培养与离体快繁

植物器官培养包括对植物的根、茎、叶、花、芽、果实等所有器官的离体培养。因其材料来源丰富，操作简便，用途广泛，且易于与离体快繁(rapid propagation in vitro)结合，故是植物组织培养中研究最多、应用最广泛的主要技术领域。至今，植物器官培养已涉及上千种植物的各种器官或同一种植物的不同器官培养。植物器官培养中的茎尖培养脱毒和花药(粉)培养及单倍体育种，因其具有独特的作用和意义，已分别形成新的技术领域，相应开展了有关的研究和应用。

植物离体快繁又称植物微型繁殖(plant micropropagation)或植物试管繁殖(plant propagation in test-tube)，是指把植物离体材料(如茎尖、芽等)置于试管(培养瓶)内，给予人工配制的培养基和合适的培养条件(包括温度、光照和湿度等)，从而达到高速繁殖和大量繁殖，属于离体培养无性繁殖。植物离体快繁的突出优点是快速、材料来源单一、遗传背景均一、不受季节和地区的限制、重复性好。植物离体快繁比常规繁殖方法快数万倍至百万倍。例如，1株试管苗(test-tube plantlet)培养1个月能增加4倍，经继代培养1年后，则能产生$(1\times4)^{12}$即1 678万株苗。因此，对于一些繁殖系数低、不能用种子繁殖的"名、特、优、新、奇"的植物品种，以及脱毒苗，新育成、新引进或稀缺种苗，优良单株，濒危植物和转基因植株等都可通过离体快繁，短期内大量再生，有利于在生产上大规模推广应用。植物离体培养快繁技术始于1960年G. Morel对兰花的离体培养快繁技术，到目前为止，已对几千种植物成功地进行离体培养快繁，特别对观赏植物、园艺作物、经济林木、药用植物等无性繁殖植物和作物大部分实现了离体快繁和工厂化生产。

二、植物茎尖培养与脱毒苗培养

植物茎尖培养属于植物器官培养中的一种特有方式。根据植物茎尖(茎生长点)不带或极少带有植物病毒的基本原理，对感染的植物分离出茎尖(一般大小在0.2～0.3 mm)并进行离体培养，可获得不带病毒的组培脱毒苗。这一植物脱毒技术与离体快繁技术结合，能有效地培育大量的植物脱毒苗。自Morel和Martin于1952年通过茎尖培养获得大丽花的无病毒植株以来，该技术领域的研究和应用越来越广泛。据不完全统计，通过茎尖培养获得无病毒的植物种类已达上千种。

利用植物组织培养技术有效地除去植物病毒后，可使植物复壮、恢复种性，提高产量和质量。例如，脱毒后的马铃薯、甘薯、甘蔗、香蕉、草莓、罗汉果等作物可大幅度提高产量，改善品质，最高可增产300%，平均增产也在30%以上；兰花、水仙(*Narcissus tazetta* var. *chinensis*)、大丽花、石竹(*Dianthus chinensis*)、百合等观赏植物脱毒后，植株生长势强，花朵变大、产花量上升，且色泽艳丽。无病毒种苗在生产上与快繁技术结合应用，可取得显著的经济效益。

三、植物花药(粉)培养与单倍体育种

植物花药(粉)培养属于植物器官培养中的一种特殊方式。这一技术领域主要是通过对离体的植物花药(粉)进行培养，获得花粉植株，通过单倍体加倍纯合，能较快地选育出植物新品种(品系)。花药(粉)培养及单倍体育种的应用是广泛而又独特的。从花粉植株中不但可获得

大量单倍体和纯合二倍体植株,还可获得异倍体、非整倍体、混倍体和染色体结构变异的植株。因此,花药培养为植物染色体工程开创了新的途径。大量单倍体植株不仅是创造各种非整倍体的原材料,又是快速获得遗传纯系的有效途径,可以缩短杂交育种年限,加快育种进程。单倍体植株还是遗传学和细胞学研究的一种理想实验材料,也是了解植物物种系统发育的很有意义的资料,花药(粉)培养及由此而兴起的单倍体育种在植物改良上更具有广泛的应用前景。自 S. Guha 和 S. C. Maheshwari 于 1964 年首次成功培养曼陀罗属的南洋金花花药并获得单倍体植株以来,国内外对其研究和应用越来越广泛和深入。据不完全统计,国内外已有近千种植物通过花药(粉)培养获得了花粉植株。

四、植物胚胎培养与远缘杂交

植物胚胎培养是植物组织培养早期研究的一个技术领域,因其能对幼胚进行离体培养,可很有效地克服远缘杂种胚的败育,获得远缘杂种植株,故在远缘杂交及其育种中的研究和应用越来越广泛。自 1925 年 F. Laibach 首次成功地用胚培养法获得亚麻属的种间杂种植株以来,国内外通过胚培养法,对数十种植物进行远缘杂交获得了杂种植株,并将其应用到育种中,取得了显著成效。如国际水稻研究所(IRRI)通过对栽培稻与野生稻远缘杂交的幼胚培养,获得不同基因组型的杂种后代植株,从中选育出了抗性提高、综合性状好的水稻新品种(品系)。

五、植物体细胞胚培养与植物人工种子研制

植物人工种子是指将植物离体培养中产生的胚状体(主要为体细胞胚)包裹在含有养分和具有保护功能的物质中并在适宜条件下能够发芽出苗的颗粒体。通过植物体细胞培养产生类似合子胚结构的胚状体,亦为体细胞胚。

自 Murashige 于 1977 年首次提出研制植物人工种子的设想以来,国内外对此给予了极大的关注,展开了相关的研究和应用。从 20 世纪 80 年代初开始,美国、日本、法国等国相继开展了植物人工种子的研究。尔后,植物人工种子研究纳入了欧洲的"尤里卡计划"。目前,国内外已对胡萝卜、苜蓿、芹菜、莴苣(*Lactuca sativa*)、花旗松(*Pseudotsuga menziesii*)、西洋参、云杉、杨树、百合、红鹤芋(*Anthurium andraeanum*)、小麦、大麦(*Hordeum vulgare*)、水稻、葡萄、柑橘等 30 多种植物进行了人工种子的研究。植物人工种子在推广良种与无性系品种、固定杂种优势、脱毒、简化育种程序等方面具有很好的应用前景。

六、植物细胞诱变与突变体筛选

对离体培养的单细胞或小细胞团,容易进行物理诱变处理(主要为各种射线,如 X 射线、γ射线、紫外线等)和化学诱变处理(如用 EMS、秋水仙素等),能提供大量可供选择的各种变异类型群体,筛选方便,诱变的频率高,筛选时间短,有利于从分子生物学、细胞生物学与生物化学等方面研究和选择突变体。

以培养细胞进行突变体筛选的研究工作始于 1964 年,由 Tulecke 首先从银杏花粉培养物中分离出需要精氨酸的细胞突变体(cell mutant)。此后,不断报道了具有各种明确目的性的细胞突变体的筛选研究,主要是各种抗性细胞突变体的筛选,如抗病、抗除草剂、抗盐碱、抗酸壤、抗重金属离子、抗干旱、抗低温等的细胞突变体,营养缺陷型以及为提高细胞氨基酸的含量而进行抗氨基酸及其类似物的细胞突变体的筛选等。在抗性突变体筛选方面,目前已从近百

种植物中获得抗性变异株。

七、植物原生质体培养与体细胞杂交

植物原生质体培养是指对已脱除细胞壁的具有生活力的裸露的植物细胞(原生质体)的离体培养。体细胞杂交是指植物不经过有性杂交过程,只通过体细胞(原生质体)融合创造杂种的方法。它是打破物种间生殖隔离,实现有益基因的种间交流,改良植物品种,创造植物新类型的有效途径。植物原生质体培养为体细胞杂交提供了必要的条件,体细胞杂交则是植物原生质体培养的主要目的。

自 1960 年 E. C. Cocking 创立酶法脱除细胞壁和培养原生质体技术以来,至今已有 49 科 146 属 320 多种高等植物的原生质体培养再生出植株。在原生质体融合(protoplast fusion)技术的研究方面,经历了 $NaNO_3$ 法、高 pH 和高钙法、PEG 法、电刺激法和电诱融法等,为细胞融合即体细胞杂交打下了坚实的基础。迄今为止,应用细胞融合(体细胞杂交)技术已在许多植物中获得了成功,如矮牵牛(*Petunia hybrida*)×龙面花(*Nemesia strumosa*)、百合×延龄草(*Trillium tschonoskii*)等。目前植物原生质体培养与体细胞杂交已成为植物组织培养中最具发展前景的热门技术领域之一。

八、植物细胞组织培养与次生代谢产物生产

利用植物细胞组织的大规模培养,可以高效生产各种天然化合物,如蛋白质、脂肪、糖类、天然药物、香料、生物碱、天然色素及其他活性物质等。因此,虽然这一技术领域起步较晚(始于 20 世纪 80 年代初),但已越来越引起人们的广泛兴趣和高度重视。目前,采用植物细胞组织培养的方法,已对 400 多种植物进行了研究,从植物培养物中分离出 600 多种次生代谢产物,其中有 60 多种在含量上超过或等于其原植物。利用植物细胞组织培养生产次生代谢产物也开始进行工业化生产,如利用人参、红豆杉、长春花(*Catharanthus roseus*)、毛地黄(*Digitalis purpurea*)、紫草、三七等细胞悬浮培养结合发酵罐培养,大规模生产人参皂苷、紫杉醇、长春碱、毛地黄毒苷、紫草素、三七皂苷元等。

九、植物离体培养与种质资源保存

种质资源是植物遗传和育种的重要基础。自然灾害、生物间竞争和人类活动已造成大量物种的消失,尤其是一些珍贵濒危植物资源的损失更是不可估量。利用植物离体培养技术保存植物种质,可大大节约人力、物力和土地,同时还可避免病虫害侵染和外界不利气候及其他栽培因素的影响,并可长期保存,有利于种质资源的国内外交换和交流。自 1975 年 Nag 和 Street 首次成功地用超低温保存胡萝卜悬浮培养细胞以来,已对 100 余种植物材料进行了离体培养超低温保存的研究,并开发了快速冷冻法、缓慢降温法、分步降温法、干燥冷冻法等多种降温冷冻保存方法。近年来又发展了操作简单而快速的玻璃化冷冻保存法,可以克服以前各种方法操作烦琐以及降温设备昂贵而难以推广的缺陷。通过离体培养保存的植物材料包括茎尖、芽、胚状体、幼胚、花粉、悬浮培养细胞、原生质体等。

十、植物组织培养与植物转基因

植物转基因育种(plant transgenic breeding)是应用分子生物学的方法,把有实用价值的

基因如抗病虫、抗病毒、高品质、雄性不育、花色基因以及贮存基因等分别导入植物,创造新的植物品种(转基因植物)的方法。自 1983 年第一例转基因植物培养成功后,植物转基因一直是现代生物技术领域中的研究热点和重点。到 1996 年,世界上已有上千种转基因植物商品,包括转基因抗虫棉、抗虫玉米、抗除草剂大豆、抗虫油菜、抗虫水稻等。到 2010 年,全球转基因农作物种植面积达 $1.48 \times 10^8 \ hm^2$,相当于全球农作物种植总面积的 10%,是 1996 年的 87 倍,14 年间平均每年约增加 $1 \times 10^7 \ hm^2$。植物基因转化的受体为植物原生质体、愈伤组织、悬浮细胞等,几乎所有的植物基因工程的研究最终都离不开植物组织培养技术的应用。因此,植物组织培养是植物基因工程中不可缺少的技术手段。

第五节 植物组织培养的新技术及应用

植物组织培养自进入蓬勃发展阶段以后,逐步往简约化和实用化方向发展。一些有别于传统植物组织培养的新技术不断出现并被加以应用。

一、植物无糖培养技术

植物无糖培养技术(sugar-free culture technology of plant),又称为光自养微繁殖技术(photo autotrophic micropropagation technology)。该技术主要是通过输入 CO_2 气体代替传统植物组织培养中的糖作为碳源,并采用微环境控制系统技术,提供适宜植物生长的温度、湿度、光照、气体、营养等条件,使培养容器中的小植物在人工光照下,吸收 CO_2 进行光合作用,是环境控制技术和组织培养技术的有机结合。

植物无糖培养技术自 1980 年提出后,至今已经受到广泛关注,在许多国家和地区,特别是我国得到了推广应用。该技术由于具有降低污染率、适于大规模培养、成本低等优点,目前已经在许多植物中得到应用。在花卉方面,如云南省农业科学院花卉研究所科研人员对康乃馨(*Dianthus caryophyllus*)、非洲菊、满天星(*Gypsophila paniculata*)等植物的培养,屈云慧等对情人草(*Limonium latifolium*)的培养等;在中草药方面,如对石斛(*Dendrobium nobile*)、薯蓣(*Dioscorea opposita*)、丹参(*Salvia miltiorrhiza*)、半夏(*Pinellia ternata*)、灯盏花(*Erigeron breviscapus*)等的培养;在作物方面,如对马铃薯、草莓、花椰菜(*Brassica oleracea*)等的快繁培养。

二、植物光质调控培养技术

植物光质调控培养技术(light quality regulation technology of plant culture),主要是根据光质对植物离体再生培养过程中组培苗的生长控制、形态发生、光形态建成及其各反应机理所具的显著影响,通过用新的光源对光质的调控,达到提高植物组培的效率和组培苗的质量的目的。自 1975 年 Seibert 报道对烟草叶愈伤组织培养的光质研究结果后,国内外科学工作者相继开展了这方面的研究工作。在大量研究不同光质对植物离体再生培养影响的同时,改进传统的组培光源(如金属卤化物灯、白炽灯等),采用先进的组培新光源,如 LED 灯等。LED灯作为第四代新型照明光源,具有节能环保、安全可靠、使用寿命长、体积小、重量轻、发热量少、易于分散和组合控制等许多不同于其他光源的重要特点。此外,LED 光源能提供不同的光质,不同的光质对植物生长的影响显著不同。因此,国内外已有一些科学家尝试用 LED 光源作为组培光源来提高组织培养效果。近年来,随着 LED 技术的不断发展,各种波段及不同亮度的 LED 光源越来越多地用于植物组织培养,如我国开展对苍山蒜(*Allium sativum*)、萝卜、辣椒、一品红(*Euphorbia pulcherrima*)、石刁柏、葡萄、雪莲、甘蔗、冬凌草(*Rabdosia rubescens*)、铁皮石斛、油菜(*Brassica campestris*)、菊花、洋桔梗(*Eustoma grandiflorum*)、菩提树(*Ficus religiosa*)、黄芩(*Scutellaria baicalensis*)、枸杞(*Lycium chinense*)、长春花、薯蓣、水仙、喜树(*Camptotheca acuminata*)等组织培养的应用研究。

三、植物开放式培养技术

植物开放式培养技术(open-style culture technology of plant)是指在抑生素的作用下,使植物组织培养脱离严格无菌的操作环境,不需高压灭菌和超净工作台,利用塑料杯代替组培瓶,在自然、开放的有菌环境中进行植物的组织培养。这种方法可以从根本上简化组培环节,降低组培成本,便于技术的推广。由于植物开放式组培技术能够省去营造无菌环境的成本,因此,该方法是植物组织培养最有应用前景的发展方向之一。

四、试管苗瓶外生根技术

试管苗瓶外生根技术是将试管苗的生根和驯化结合起来,即继代苗在瓶外经过一定的处理(主要为生长素处理)后,直接移入移栽基质,使其在适宜的环境下生根的技术。始于 20 世纪 90 年代末的试管苗瓶外生根技术,由于其具有节约成本、节约室内培养空间、缩短育苗周期和提高移栽成活率等特点,越来越受到人们的重视。国内外已经对罗汉果、桉树、魔芋(*Amorphallus konjac*)、风箱果(*Physocarpus amurensis*)、满天星、草莓、葡萄和甘蔗等一大批植物试管苗瓶外生根进行了广泛的研究,并开始将该技术应用于生产,取得了很大的成功。按照使用基质的不同,试管苗瓶外生根可以分为基质培、水培和气雾培 3 种,其中基质培是目前最理想的培育方式。通过提供过渡炼苗、生长素处理、适宜的介质和环境条件以及防止杂菌滋生等措施,可显著提高试管瓶外生根率。

五、生物反应器培养技术

生物反应器培养技术(bioreactor culture technology)是新兴的一种植物组织培养技术,其主要代表有间歇浸泡式生物反应器培养技术等。间歇浸泡式生物反应系统是国际上新创造的一种用于植物组织培养快繁及次生代谢产物生产的系统。该系统将培养材料在培养液中间隔浸泡培养,从而达到快繁的目的。这种培养方式结合了固体培养和液体培养的优点,使培养材料达到最大增殖数,且培养的组培苗有更强的抗性,能提高后期驯化阶段幼苗的成活率。该培养方式与传统的培养方式比较,具有自动化程度高,减少培养基配制、组培苗转接等程序,节省人力、物力等优点,且繁殖系数高,一代增殖可达到几万倍。目前,间歇浸泡式生物反应器培养技术已成功地应用于香蕉、甘蔗等植物的组织培养快繁,取得了显著的成效。

小　　结

植物组织培养是指在无菌和人工控制的环境条件下,利用人工配制的适宜培养基,对植物的胚胎、器官、组织、细胞、原生质体等进行离体培养,使其细胞分裂和生长增殖、细胞分化和再生发育成完整植株的过程。

根据培养材料的不同,可将植物组织培养分为植物培养、胚胎培养、器官培养、愈伤组织培养、组织培养、细胞培养和原生质体培养;根据培养方式的不同,可分为固体培养和液体培养;根据培养技术的不同,还可分为一般培养、悬浮培养、看护培养、微室培养、平板培养和发酵培养。植物组织培养具有材料来源广泛,经济实用;培养条件完善,可人为调控;生长周期短,繁殖效率高;管理方便,利于自动化控制;条件可控、误差小,实验重复性好;实验体系完善,利于开展有关研究等优势。

植物组织培养的发展大体经历了三个阶段,即探索阶段、奠基阶段、迅速发展和逐步实用化阶段。20 世纪初至 30 年代中是植物组织培养的探索阶段,20 世纪 30 年代中至 50 年代末是奠基阶段,20 世纪 60 年代初至今是迅速发展和逐步实用化阶段。

目前植物组织培养已成为现代生物技术中最活跃、应用最为广泛的技术之一,在植物器官培养与离体快繁、茎尖培养与无毒苗培育、花药培养与单倍体育种、胚胎培养与远缘杂交、体胚培养与植物人工种子研制、细胞诱变与突变体筛选、原生质体与体细胞杂交、细胞组织培养与次生代谢产物生产、离体培养与种质资源保存、组织培养与植物转基因等方面有着广泛的应用,并且发展了植物无糖培养技术、光质调控培养技术、开放式培养技术、试管苗瓶外生根技术以及生物反应器培养技术等,取得了巨大的经济效益和社会效益,并已在农业、林业、工业、医药等领域展现出诱人的前景。

复习思考题

1. 试述植物组织培养的基本概念。
2. 植物组织培养包括有哪些类型?有何特点?
3. 植物组织培养的发展历史可分为哪三个阶段?各阶段的主要进展有哪些?
4. 植物组织培养的技术领域及其应用有哪些?
5. 如何应用植物组织培养的原理和方法开展有关实验和研究工作?

第二章

植物组织培养的基本原理和基本操作

【知识目标】
1. 掌握植物细胞全能性,植物离体细胞的脱分化、再分化的原理。
2. 掌握激素对植物离体培养的效应及机理。
3. 掌握植物组织培养的基本操作方法。
4. 掌握植物组织培养过程中常出现的问题及解决方法。

【技能目标】
1. 通过查阅文献,了解激素在不同植物培养中的重要作用及运用方法。
2. 运用植物组织培养的原理,学会进行离体培养的基本操作方法。
3. 在植物离体培养过程中,学会判断出现的问题及解决问题的方法。

第一节　植物组织培养的基本原理

一、植物细胞的全能性

植物细胞全能性是指植物的每个细胞都包含着该物种的全部遗传信息,从而具备发育成完整植株的遗传能力。在适宜条件下,任何一个细胞都可以发育成一个新的个体。植物细胞全能性是植物组织培养的理论基础。

为什么植物细胞具有全能性呢?我们知道,一个植物体的全部细胞,都是从受精卵经过有丝分裂产生的。受精卵是一个特异性的细胞,它具有本种植物所特有的全部遗传信息。因此,植物体内的每一个体细胞也都具有和受精卵完全一样的 DNA 序列和相同的细胞质环境。当这些细胞在植物体内的时候,由于受到所在器官和组织环境的束缚,仅仅表现出一定的形态和局部的功能。可是它们的遗传潜力并没有丧失,一旦脱离了原来器官组织的束缚,成为游离状态,在一定的营养条件和植物激素的诱导下,就会表现出全能性,即由单个细胞形成愈伤组织或胚状体,进而长成完整的植株。植物离体培养之所以能够成功,就是由于植物细胞具有全能性。

二、植物离体细胞的脱分化和再分化

如果把已分化组织中不分裂的静止细胞从母体植株上分离下来,置于一种能促进细胞增殖的培养基上培养,细胞内就会发生某些变化,例如在休止期间由于溶酶体的破坏活动而丧失

了功能的细胞组分又恢复了功能等,从而使细胞进入分生状态。一个成熟细胞转变为分生状态并形成未分化的愈伤组织的现象称为脱分化。在组织培养中,把如上所述由活植物体上切取下来进行培养的那部分组织或器官叫做外植体。外植体通常都是多细胞的,并且组成它们的细胞常常包括各种不同的类型,因此由一个外植体所形成的愈伤组织也是异质性的,其中不同的组分细胞具有不同的形成完整植株的能力,即不同的再分化能力。

细胞在植物体内即使已进行了最终的分化,仍有可能保持着全能性。一个已分化细胞若要表现其全能性,首先要经历脱分化过程,然后经历再分化过程。再分化的方式有两种:一种是器官发生,另一种是胚胎发生。在大多数情况下,再分化过程是在愈伤组织细胞中发生的,但在有些情况下,再分化可以直接发生于脱分化的细胞中,无须经历愈伤组织阶段。

三、激素对植物离体培养的效应及机理

(一)各种激素对植物离体培养的效应

1. 生长素

生长素的主要生理作用是影响细胞分裂、伸长和分化,也影响营养器官和生殖器官的生长、成熟和衰老。在组织培养中,生长素主要被用于诱导愈伤组织的形成、根的分化以及细胞的分裂和伸长等。此外,生长素与一定量的细胞分裂素配合用于不定芽的诱导,生长素还常常用于诱导胚状体的产生。

在组织培养中常用的生长素有 IAA、吲哚丁酸(IBA)、α-萘乙酸(NAA)、萘氧乙酸(NOA)、对氯苯氧乙酸(P-CPA)、2,4-二氯苯氧乙酸(2,4-D)、2,4,5-三氯苯氧乙酸(2,4,5-T)和 ABT 生根粉等。IAA 是天然的植物激素,也可人工合成,其活力较低,对器官形成的副作用小,但稳定性差,易受高温、高压、光、酶等的作用而降解。IBA 和 NAA 广泛用于生根培养,并与细胞分裂素互作促进茎芽的增殖和生长,NAA 的启动能力比 IAA 要高出 3~4 倍。2,4-D 和 2,4,5-T 对于愈伤组织的诱导和生长非常有效,但强烈抑制芽的形成,影响器官发育,适用范围较窄,过量常有毒害效应,2,4-D 的启动能力一般比 IAA 高 10 倍。ABT 生根粉是一种复合型的植物生长调节剂,有多个型号。其主要作用是提供插条生根所需的生长促进物质,促进插条内源激素的合成。能促进一个根原基分化形成多个根尖,以诱导插条不定根的形态建成。

生长素使用时一般溶于 95％乙醇或 0.1 mol/L NaOH(或 KOH)溶液中,后者的溶解效果更好。

2. 细胞分裂素

细胞分裂素的主要作用是促进细胞分裂,侧芽生长,叶绿体发育,养分移动,种子发芽,形成层活动,果实生长,延缓衰老等。细胞分裂素在组织培养中的主要作用是促进细胞分裂和分化,诱导胚状体和不定芽的形成,延缓组织的衰老并增强蛋白质的合成等。由于细胞分裂素能使腋芽从顶端优势的抑制下解放出来,促进芽的增殖,因此常用它来进行继代和增殖培养,也用于离体成花的调控。

在组织培养中常用的细胞分裂素有 6-苄基腺嘌呤(6-BA)、异戊烯氨基嘌呤(2-ip)、玉米素(ZT)和呋喃氨基嘌呤(KT,也称激动素)。其中 ZT 是天然的,活性最强,但价格昂贵。除此之外,近年来又发现了一种人工合成的具有细胞分裂素活性的物质 TDZ,其化学名称为 N-苯基-N-1,2,3-噻二唑-5-脲,这种物质起初被用作棉花(Gossypium spp)落叶剂,后来发现,在培

养基中添加低浓度 TDZ 能促进愈伤组织生长,证明了 TDZ 具有很强的细胞分裂素活性。在培养基中添加 TDZ,还可强烈促进侧芽及不定芽发生,促进胚状体形成。一般来说,TDZ 的使用浓度比其他细胞分裂素(如 6-BA、KT 和 ZT 等)要低得多,通常在 0.002～0.2 mg/L 的范围内,也有使用更高浓度的。不过,一些研究发现,随着 TDZ 浓度的增加,玻璃化苗出现的频率增加,玻璃化程度加重。

细胞分裂素一般溶于 0.5 mol/L 或 1 mol/L 的 HCl 或 NaOH 溶液中。

3. 赤霉素和脱落酸

与生长素和细胞分裂素相比,赤霉素(GA)和脱落酸(ABA)在组织培养中不常使用。天然的赤霉素有 100 多种,在组织培养中主要用 GA_3。赤霉素的主要作用是加速细胞的伸长生长,也促进细胞分裂。在大多数情况下,赤霉素对组织培养的器官和胚状体的形成表现为抑制作用,但对已形成的器官和胚状体的生长则通常有促进作用。赤霉素易溶于水,每升水最多可溶解 1 000 mg,但 GA_3 溶于水后不稳定,易分解,因此最好用 95％乙醇配成母液,并在冰箱中保存。

脱落酸(ABA)具有抑制细胞分裂和伸长、促进脱落和衰老、促进休眠和提高抗逆能力等作用。近年来的一些研究表明,在植物组织培养中,ABA 对植物体细胞胚的发生、发育具有重要作用,适量外源 ABA 可明显提高体细胞胚发生的频率和质量,抑制异常体细胞胚的发生。在多数植物的组织培养中,ABA 还可促进胚状体的发育成熟,但不能萌发。ABA 对部分植物组织培养的不定芽分化也有一定的促进作用。

4. 多胺

多胺是生物体代谢过程中产生的具有重要生理作用的低相对分子质量脂肪族含氮碱,对植物的生长发育、形态建成和抗逆性等具有重要的调节作用,被认为是一类新的植物激素,但更多的人认为多胺像环腺苷酸(cAMP)一样起着"第二信使"的作用。近年来,多胺在植物组织培养中的应用逐渐增多,已有的研究表明,多胺在调控部分植物外植体不定根、不定芽、花芽、体细胞胚的发生、发育以及延缓原生质体衰老、促进原生质体分裂及细胞克隆形成方面具有明显的效果。多胺在组织培养中的部分作用(如体细胞胚发生)可能与乙烯有关,多胺与乙烯的生物合成具有共同的前体(甲硫氨酸),外源多胺可以抑制内源乙烯的合成。

5. 多效唑

多效唑又名氯丁唑,是一种高效、低毒的植物生长调节剂,也是近年来应用最普遍的植物生长延缓剂,兼有广谱内吸杀菌作用。多效唑一般具有控长矮化、促进分枝、分蘖、促进生根、促进成花和坐果,延缓衰老,提高叶绿素含量,增强植物抗逆性等生理效应。在组织培养中,主要用于试管苗的壮苗、生根,提高抗逆性及移栽成活率等方面。多效唑主要通过抑制赤霉素的生物合成发挥生理效应,同时也对其他内源激素的含量以及一些生理过程产生影响。

(二)激素调控器官分化的模式及机理

各类植物生长调节物质的生理作用具有相对专一性,但每一种生理现象的控制因素都是极其复杂的,各类生长调节物质专一性作用又是相对的。在植物组织培养过程中的各种生理效应往往是多种内、外源生长物质综合作用的结果。具体表现在以下几个方面。

1. 不同生长调节物质间浓度和比例的影响

20 世纪 50 年代中期发现激动素后,Skoog 和崔澂等人提出了芽和根的形成受培养基中生长素和激动素两类激素相互作用调节的观点。尽管有一些例外的情况,但这一激素平衡控制器官形成的模式还是在多种植物的组织培养中得到了验证。生长素与细胞分裂素共同控制着多种植物愈伤组织的生长与器官分化,这种作用取决于生长素与细胞分裂素的各自浓度和适当比例,表现出两种激素的相辅相成作用。

2. 不同生长调节物质间的拮抗作用

生长素与细胞分裂素对植物顶端优势有相反的效应;生长素与乙烯对叶片的脱落也有相反的作用;脱落酸抵消生长素的延缓器官脱落效果;赤霉素促进种子萌发,而脱落酸对此有拮抗作用;细胞分裂素延缓衰老,脱落酸抵消该作用。在组织培养中常利用细胞分裂素解除顶端优势,促进芽的分化,而利用生长素促进根的生长,以达到快繁的目的。

3. 外源生长调节物质对内源激素的影响

一些研究结果显示,施用外源生长调节物质可以影响内源激素的合成、代谢、分布以及存在状态(活化态和钝化态)等,从而改变内源激素的平衡。外源生长调节物质也可被外植体直接吸收,并在体内进行修饰和转化,形成多种分子形式共存的状态,其中有活化形式,也有贮藏和运输形式。活化与钝化分子间的转化和平衡调节着细胞的分裂和形态发生。

4. 不同生长调节物质间的连锁性作用

在细胞分化与发育过程中,不同内源激素的含量会发生显著的变化,在不同发育阶段内不同激素起着特定作用,各种激素起着连锁性作用。外源生长调节物质对植物离体培养形态发生也起着连锁性作用。如茴香(*Foeniculum vulgare*)组织培养中,在不同发育时期,对外源生长调节物质的要求不同,幼茎外植体在附加 2,4-D 的 MS 培养基上诱导脱分化产生大量愈伤组织,在含 6-BA 的条件下,愈伤组织再分化形成颗粒状的胚性愈伤组织。当胚性愈伤组织转入附加 NAA 和 6-BA 的培养基后,体细胞胚生长、发育,形成再生植株。

虽然植物生长调节物质在植物组织培养中的重要性已成为人们的共识,但对其在组织培养中的调控机制所知尚少,在诸如外源生长调节物质对内源激素的影响、内源激素的动态变化,尤其在激素作用的分子机制方面尚缺乏足够的了解。在调控方面,往往由一种植物得到的一些经验有时在另一种植物中,甚至同一种植物的不同品种或不同器官中也不一定适用。一般认为植物激素作为信号物质通过调控基因表达调节植物的生长发育,但事实上,已有一些实验表明,像光、温度等外界条件因素也是通过调节内源激素的水平而起作用的。植物激素作用机理的研究离不开组织培养的实验系统,反之,植物激素作用机理的阐明将为植物离体培养的调控提供基础,从而减少植物组织培养生产及研究工作的盲目性。

四、体细胞胚胎的形成机理

植物体细胞胚胎发生就是已经分化的植物体细胞经过激素诱导脱分化,再经过胚性细胞分化过程,形成外部形态和内部机制均已完善的胚状体的过程。了解体细胞胚发生的机制,需研究细胞的分化及增殖这两个关键环节。

研究表明,脱分化的植物体细胞分化为胚性细胞是受细胞内外多种因子所调控的,其作用的终点是调控特定基因的有序表达,完成体细胞胚的分化和发育。众所周知,植物激素对胚性细胞的分化起重要的调控作用,而 cAMP 是一个重要的基因表达调控物质,通过 cAMP 的作用,经过一系列生物信息传递途径,细胞内 pH、Ca^{2+} 浓度等的变化最终调节靶基因的表达,诱导胚性细胞的分化。

细胞的增殖是通过细胞周期实现的,即细胞通过一系列有序发生的细胞内事件实现细生长和分裂增殖的过程。有证据表明，Ca^{2+}参与植物细胞周期的调控过程，钙调蛋白（CaM）在细胞外也可促进细胞增殖，在白芷（*Angelica dahurica*）和胡萝卜悬浮培养细胞的细胞壁区及介质中检出并纯化了钙调素结合蛋白（CaMBPs），这说明细胞壁上有 CaM 的结合位点，通过胞外钙调素结合蛋白及其他跨越细胞壁、质膜的途径传递外界信号，就可以调节细胞的生长与分化。

极性的形成是胚性细胞完成分化和发育的主要特点之一。外源生长调节物质既是体细胞分化为胚性细胞的诱导因子，也是诱导胚性细胞极性形成的重要因素。在外源生长调节物质的作用下，可能是通过诱导相应基因的表达改变细胞的分裂状况，启动体细胞向胚性细胞转变。

第二节　植物组织培养的基本操作方法

一、外植体灭菌剂的选择和使用

（一）乙醇（C_2H_5OH）

一般使用浓度为 70%～75%，这一浓度范围的乙醇具有较强的穿透力和杀菌力。利用乙醇处理材料时，处理时间要视外植体大小、软硬及幼嫩程度而定，一般处理时间不超过 30 s。乙醇除了对外植体表面有灭菌作用外，还有浸润组织材料的作用。许多植物的外植体都需要先通过乙醇的浸润，然后使用其他药品进一步灭菌。如对于有些带毛的材料，由于茸毛间有空气常常使消毒液不易侵入，则可以在材料放入消毒剂之前，先用 70% 乙醇漂洗数秒或更长一点时间，但时间稍久容易把材料杀死，因此严格掌握好时间是必要的。

（二）升汞（$HgCl_2$）

一般使用浓度为 0.1%～0.2%，经过 6～10 min 的处理，都可以达到很好的外植体表面灭菌的效果，但具体处理时间也要根据植物材料的大小、成熟程度而定。由于升汞在外植体表面的残留会导致外植体在培养过程中坏死，所以必须在升汞处理之后，用无菌水冲洗干净，一般要冲洗 5 次以上，才可以保证外植体表面残留的升汞极少。升汞对环境污染严重，是重要的环境污染物，所以在使用后要回收。最有效的办法是在回收的升汞溶液中加入硫化钠，使升汞失活，以减少对环境的污染。

（三）次氯酸钠（NaClO）

一般将商品名为"安替福民"（为黄色澄明液体，每 100 mL 含有 5.68 g 活性氯、7.8 g 氢氧化钠和 32 g 碳酸钠，有氧化性和腐蚀性）的溶液稀释，配制成 2%～10% 的次氯酸钠溶液。处理外植体时，时间一般在 15～30 min。用次氯酸钠溶液处理的外植体同样也要用无菌水冲洗 3～4 次。

（四）漂白粉

漂白粉中含次氯酸钙 10%～20%。用溶解的漂白粉的上清液处理植物的外植体 20～30 min，就有很好的灭菌效果。这种处理对组织的损伤程度小，也容易清洗。

（五）过氧化氢（H_2O_2）

使用浓度为 6％～12％，通过过氧化氢处理过的材料，外植体本身损伤程度低，而且容易将外植体体表的残留除去。一般用于叶片的灭菌。

（六）其他灭菌剂

除上述灭菌剂外，还可以用 1％～2％溴水或 1％硝酸银（$AgNO_3$）溶液处理外植体，前者处理时间为 5～10 min，后者处理时间为 15～30 min。

在使用灭菌剂处理外植体时，为了更好地使杀菌药品浸润整个组织，一般还需在药液中添加表面活性剂，常用的是吐温 80（Tween 80）或吐温 20（Tween 20），也可使用家用洗涤剂。吐温的使用浓度为 0.1％。在进行外植体表面灭菌时，常使用磁力搅拌、超声波等方法，这样可以达到使外植体彻底灭菌的目的。

二、外植体的接种

将消过毒的外植体在超净工作台上进行分离，切割成适当大小，并将其转移到培养基上，这个过程就是外植体的接种。

为了保证接种工作是在无菌条件下进行，每次接种前应进行接种室的清洁工作，可用 70％乙醇喷雾使空气中的细菌和真菌孢子随灰尘的沉降而沉降。接种前超净工作台面用 70％乙醇擦洗后，再用紫外灯照射 20 min。接种使用的解剖刀、镊子、培养皿、三角瓶等要事先经过高压灭菌处理。操作中，使用过的镊子、解剖刀要经常在酒精灯上灼烧灭菌。操作者在接种时应戴上口罩，双手、双臂也要使用 70％乙醇进行表面灭菌。接种时，动作要轻，以防气流中带着细菌进入培养容器内，造成污染。

外植体接种的具体步骤如下：

（1）无菌条件下，在培养皿或载玻片上切取消毒后的外植体，较大的材料可肉眼直接观察切离，较小的外植体需要在双筒实体显微镜下操作。

（2）将装有培养基的三角瓶瓶口（或试管管口，下同）靠近酒精灯火焰，瓶口倾斜（以免空气中的微生物落入瓶中），将瓶口外部在火焰上烧数秒钟，然后轻轻取出封口物（如铝箔、棉塞等）。

（3）将去掉封口物的瓶口在火焰上旋转灼烧后，用灼烧后冷却的镊子将外植体均匀分布在培养容器内的培养基上，将封口物在火焰上旋转灼烧数秒钟，封住瓶口。

（4）材料接种完毕，在封口膜上标注接种植物名称、接种日期、处理方法等以免混淆。

三、愈伤组织的诱导与分化

（一）愈伤组织的诱导

植物细胞、组织及器官培养，总的目标是获得新生的个体，即在人工控制的条件下，把从植物体上切割分离下来的一个细胞、一种组织或一个器官置于适宜的营养和环境条件下，使之继续生长分化并发育成完整的再生植株。在这样一个培养周期中，植物材料要发生一系列复杂的变化，包括外部形态特征上的变化及内在的生理代谢特性的变化等。在培养材料（外植体）的变化过程中，愈伤组织的出现是一个十分重要的现象。几乎所有的高等植物的各种器官，离体后在适当的条件下都能产生愈伤组织。因此,诱导愈伤组织的关键不是外植体的来源和种类,而是培养条件,其中生长调节物质的种类和浓度最为重要。当然,外植体的类型和外植体原来在植株上所处的位置对愈伤组织诱导的影响也不容忽视。

诱导愈伤组织常用的生长素是 2,4-D、NAA、IAA,常用的细胞分裂素是 KT 和 6-BA。在禾谷类作物中,多数情况下只用 2,4-D 就能成功诱导愈伤组织,但以 NAA 代替 2,4-D 则可能只生根,而不愈伤化。当以烟草茎髓、胡萝卜贮藏根和马铃薯块茎作外植体时,诱导愈伤组织则既需要生长素,也需要细胞分裂素。只需要一种细胞分裂素就可诱导愈伤组织的植物较少,白芜菁(*Brassica rapa*)是其中一种。

(二) 愈伤组织的分化

外植体细胞在外源激素的诱导下,经过脱分化形成愈伤组织,其过程一般可分为诱导期、分裂期和分化期(图 2-1)。

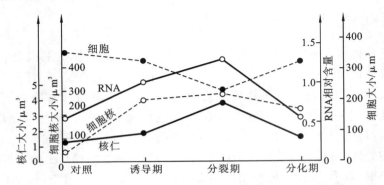

图 2-1 油橄榄愈伤组织形成过程中各期细胞形态和 RNA 含量的变化
(王凯基等,1981)

1. 诱导期

外植体刚从植株体上分离下来时,细胞一般都处于静止状态,在诱导期进行细胞分裂的准备,这时外植体细胞大小没有明显变化,但细胞内的代谢很活跃,是蛋白质及核酸的合成代谢迅速增加的过程,这时细胞的特点如下:①呼吸作用加强,耗氧量明显增加;②核糖体数量增加并大多形成多聚核糖体;③RNA 和蛋白质的量迅速增加。诱导期的长短由一系列内外因素决定,如胡萝卜诱导要好几天,新鲜的菊芋块茎则只要 22 h,但菊芋块茎经过 5 个月的贮藏后,诱导期就延长到 40 h 以上。

2. 分裂期

经过诱导期之后,外植体细胞外层细胞开始迅速分裂,使细胞数目大量增加,如一块菊芋外植体在 7 d 之内细胞数目可增加 10 倍以上。不过外植体中间部分的细胞不分裂,形成了一个静止的芯。由于此时期细胞的分裂速度远大于生长速度,因而细胞体积迅速变小,逐渐回复到分生状态。当细胞体积最小,核和核仁最大,RNA 含量最高时,标志着细胞分裂进入高峰期,从外部形态来看,就是外植体外层细胞的迅速分裂。

3. 分化期

经诱导期和分裂期后,外植体形成无序结构的愈伤组织,进入分化期,进一步发生一系列形态和生理生化变化。表现为细胞形态大小保持相对稳定,体积不再减小,细胞由原来的平周分裂转变为内部的局部细胞分裂,形成片状或瘤状结构,称为分生组织结节,成为愈伤组织的生长中心;同时细胞内多种酶的活性加强,累积淀粉,RNA 和组蛋白合成速度加快。

愈伤组织在分化时会出现体细胞胚胎发生及营养器官(如芽或根)的发生,出现哪种情况取决于植物种类、外植体类型及生理状态,还有环境因子的影响等,有时也出现难以分化的情况。

四、培养物的继代培养与增殖

愈伤组织在培养基上生长一段时间后,营养物质枯竭,水分散失,代谢产物积累,需将其转移到新鲜的培养基上进行继代培养。继代培养时间的长短因植物材料、培养方法和实验目的不同而有差别。一般说来,液体培养的继代时间短些,1 周左右继代 1 次;固体培养的继代时间可长些,2～4 周继代 1 次。继代培养使用的培养基及培养条件因培养阶段不同而不同,如在甘薯茎尖组织培养中,愈伤组织的增殖培养是在添加了 2,4-D(2 mg/L)的 MS 液体培养基中振荡培养,光照强度为 500 lx,光照时间为 13 h,培养温度为(27±1) ℃;而体细胞胚的诱导阶段则培养在添加 ABA(1 mg/L)的 MS 固体培养基上,光照强度为 3 000 lx,光照时间为 13 h,培养温度为(27±1) ℃。

在新鲜培养基上,愈伤组织块能够维持长期生长。例如,将烟草的愈伤组织切成小块,放到培养基上培养,9 周后,愈伤组织块的鲜重由培养初期的 5.8 mg 增至 105 mg,增加 18.1 倍。通过继代培养,可使愈伤组织无限期地保持在不分化的增殖状态。如果让愈伤组织留在原来的培养基上继续培养而不继代,则它们会不可避免地发生分化。

五、无菌芽的生根培养与壮苗

将增殖得到的不定芽转移到生根培养基上,诱导根的分化和根系的形成,最终成为有根有芽的完整小植株,即完成了由外植体到植株再生的过程。枝条在离体条件下生根所需的时间由 10 d 到 15 d 不等。一般根长 5 mm 左右时移栽最为方便,更长的根在移栽时易断,导致植株的成活率降低。有些植物需要将无根苗进行嫁接生根。如无籽西瓜快繁时,试管内能 100% 生根,但根系很弱移栽不能成活,将试管苗嫁接在杂种西瓜或瓠瓜(*Lagenaria siceraria* var. *hispida*)上,就能得到健壮的定恒苗,这是利用了砧木的根系。在果树中,采用大树高接法可大大提高成活率,如苹果在试管中根的分化率为 56.47%,沙插成活率为 41.47%,土插成活率为 38.64%,而高接成活率为 90%。还有些植物可以将无根试管苗直接扦插到基质中,也能生根。扦插用的基质有糠灰、泥炭、蛭石、珍珠岩、苔藓、园土、沙等,扦插前要将插条切口用生根粉或混有滑石粉的 IBA 进行处理,然后插入基质中。

试管苗生根形成完整小植株后,移栽就是离体快繁的最后一个环节,由于试管植株生长在高湿、恒温、低照度、完全营养供给这样的特殊环境中,幼小的植株也还处于异养生长状态,把幼小植株移出试管,从异养变成完全自养生长,环境条件发生巨变,处理不好,会很快失水萎蔫,导致死亡。因此,移栽前必须进行壮苗锻炼。

壮苗是移栽成活的首要条件,但培育壮苗的方法则因材料和情况的不同而异。如果在培养基中加入一定量的生长延缓剂,如多效唑(PP333)、B9 或矮壮素(CCC),可以使试管苗茎高下降、茎秆增粗。如在培养基中加入 PP333 后,玉米试管苗株高降低,茎粗加大,根数增多,叶色更加浓绿,移栽后成活率比对照大幅提高。

壮苗之后需将试管苗移到室温下,打开瓶口炼苗,以使试管内湿度下降,并增加光照强度,促使叶片表面形成角质和气孔开关机制,促使叶片启动光合作用功能。不同植物的炼苗措施是不同的,如有些单子叶植物炼苗很简单,只要将封口打开,在培养基表面加一薄层自来水,置散射光下 3～5 d 就可移栽。而有些植物试管苗极易萎蔫,如满天星和刺槐(*Robinia pseudoacacia*),炼苗时封口膜开始时只能半打开,而且要求环境有较高的相对湿度。喜光植物如枣(*Ziziphus jujuba*)和刺槐等可在全光下炼苗,而耐阴植物如玉簪(*Hosta plantaginea*)和白鹤芋(*Spathiphyllum kochii*)等则要在较荫庇的地方炼苗,月季(*Rosa chinensis*)、福禄考(*Phlox drummondii*)、油茶(*Camellia oleifera* Abel)等要在 50%～70% 的遮阳网下炼苗。

经过锻炼之后的试管苗便可移出试管了,移栽时首先把幼小植株从试管中小心取出,仔细洗净根系上所带的琼脂和培养基,以防栽后发霉,然后移栽到排水、通气性好又能保湿的基质中。基质分为有机基质和无机基质两大类,有机基质主要有泥炭和炭化稻壳,无机基质有炉渣、沙、蛭石、珍珠岩等。基质可单独使用,也可多种基质混合使用。使用前基质要进行消毒处理,以防止病虫害对移栽试管苗的侵染。

移栽初期,要求空气湿度高,土壤通气好,太阳光不要太强。移栽 4～6 周以后,植物即能在正常的温室或田间条件下生长。

六、培养条件的选择

(一)培养温度的选择

在植物组织培养中,不同植物繁殖的最适温度不同,大多数在 20～30 ℃,通常控制在 (25±2) ℃恒温条件下培养。温度过低(<15 ℃)或过高(>35 ℃),都会抑制细胞、组织的增殖和分化,对培养物生长是不利的。但利用细胞培养,低温保存植物资源时,可在−196 ℃条件下限制其生长,延长贮存时间。在烟草花药培养中,5 ℃下预处理 48 h 后,能促进体细胞胚的形成。在考虑某种培养物的适宜温度时,应考虑原植物的生态环境,如生长在高海拔和较低温度环境的松树(*Pinus*),若在较高温度条件下培养则试管苗生长缓慢。

(二)培养光照的选择与确定

光照对植物细胞、组织、器官的生长和分化都有很大的影响。光效应主要表现在光照强度、光照时间和光质等方面。

通常黑暗条件有利于细胞、愈伤组织的增殖,但器官的分化往往需要一定的光照。一般培养室要求的光照时间是 12～16 h/d,光照强度是 1 000～5 000 lx。但不同的培养物对光照有不同的要求,一些植物如荷兰芹(*Petroselinum crispum*)在组织培养中其器官形成不需要光,而光可显著提高黑穗醋栗(*Ribes nigrum*)幼苗的增殖。百合原球茎在黑暗条件下,长出小球茎;在光照条件下,则长出叶片。在试管苗生长的后期,加强光照强度,可使小苗生长健壮,提高移苗成活率。对短日照敏感的葡萄品种,其茎切段的组织培养只有在短日照条件下才能形成根;反之,对日照长度不敏感的品种则在任何光周期下都能生根。

不同光波和器官分化有密切关系,如在杨树愈伤组织的生长中,红光有促进作用,蓝光则有阻碍作用。与白光和黑暗条件相比,蓝光明显促进绿豆(*Vigna radiata*)下胚轴愈伤组织的形成。在烟草愈伤组织的分化培养中,起作用的光谱主要是蓝光区,红光和远红光有促进芽苗分化的作用。还有研究发现,黄光诱导花叶芋(*Caladium bicolor*)后,芽发生的频率高,且对类胡萝卜素合成最有利。光质不同,对生物总量、器官发生先后及多少也都有影响。

（三）培养湿度的选择

组织培养中的湿度影响主要指培养容器内的湿度及培养室的湿度。前者湿度常可保证100%，后者的湿度变化随季节有很大变动。湿度过高、过低都不利于培养物生长。过低会造成培养基失水干枯而影响培养物的生长分化；过高则会造成杂菌滋长，导致大量污染。一般组织培养室内要求保持70%～80%的相对湿度，以保证培养物正常地生长和分化。湿度不够可经常拖地或利用增湿机增湿，湿度过高可利用去湿机或通风除湿。

（四）培养通气条件的选择

组织培养中，培养容器内的气体成分会影响到培养物的生长和分化。继代转接时烘烤瓶口时间过长、培养基中生长素浓度过高等，都可诱导乙烯合成。高浓度的乙烯能抑制生长和分化，趋向于使培养的细胞无组织结构地增殖，对正常的形态发生是不利因素。如乙烯能使棉花胚珠在含有赤霉素的培养基上长出过多的愈伤组织，不利于纤维的形成。

外植体的呼吸需要氧气，氧在调节器官的发生中起重要作用。当培养基中溶解氧的数量低于临界水平（1.5 mg/L）时，促进体细胞胚胎发生，这可能是低溶解氧使细胞内 ATP 的水平提高引起的；而溶解氧数量高于临界水平时，则有利于根的形成。

除此之外，培养物本身也产生二氧化碳、乙醇、乙醛等气体，数量过高会影响培养物的生长发育。一般培养容器（如三角瓶、试管、培养皿等）常使用棉塞、铝箔、专用盖等封口物封口。容器内外的空气是流通的，不必专门充氧，但在液体中静止培养时，不要加过量的培养基，否则氧气供给不足，会导致培养物死亡。

（五）培养基渗透压的选择

培养基中添加的盐类、蔗糖、甘露醇及聚乙二醇类等高分子化合物会影响培养基渗透压的变化。培养细胞是通过培养基的渗透压来吸取营养的，只有培养材料的渗透压与培养基的渗透压相等或略低于培养基的渗透压时，培养材料才有可能从培养基中汲取养分和水分。培养基的渗透压影响着植物细胞脱分化、再分化及器官的形成。

糖对培养基的渗透压起决定性作用，因此调节渗透压常常从糖着手。糖不仅是渗透压调节物质，还是培养基的碳源和能源，这也是用糖较多的原因。离体培养中用得最多的是蔗糖，也可以用葡萄糖和果糖。培养基中的糖浓度因植物种类和培养目的不同而设定，多数植物的适宜浓度为2%～6%。根分化所用糖浓度较低，一般为2%～3%。体细胞胚胎发生所用糖浓度较高，最高为15%。

（六）培养基 pH 的选择

植物在自养条件下是可以自行调节体内酸碱度的，但在离体条件下，则失去自行调节能力，因此配制培养基时，调节培养基 pH 是必要的。

不同的植物对培养基 pH 的要求是不同的，大多在5.0～6.5，一般培养基的 pH 常调整到5.6～5.8，这样基本上能适应大多数植物培养的需要。pH 的确定因材料而异，也因培养基的组成而不同。如番茄根的培养，铁盐用 $Fe_2(SO_4)_3$ 和 $FeCl_3$ 时，pH>5.2 时生长就差，这是因为 pH 为中性时，铁就变成不溶性的氧化物沉淀，造成材料缺铁。而若采用螯合铁，铁成为有机盐，则 pH＝7.2 也不会产生缺铁现象。

第三节　植物组织培养的常见问题与对策

一、微生物的污染

植物组织培养中的微生物污染主要是细菌污染和真菌污染。

细菌污染的主要特点是在材料附近的培养基中出现混浊和云雾状痕迹。一般在接种后1～2 d即可发现。若在接种前发现培养基有细菌污染，可能是培养瓶不干净而带有不易被杀死的耐高压、高温的杂菌，或者是培养基灭菌不彻底造成的；若在接种后外植体周围发现细菌污染，很可能是由于使用了没有消毒好的接种工具以及操作者操作不规范造成的，或者是接种者未能及时发现污染苗，在接种过程中由于交叉感染造成的。

真菌污染的特点是在培养瓶内往往出现白色、黑色或绿色等不同颜色的菌丝块。一般在3～10 d就能发现。若在接种前培养基表面存在大量真菌污染，多数情况是由于培养瓶瓶口封得不严或培养基存放的环境中真菌孢子浓度过大；若在培养基内部存在大量真菌污染，则可能是母液贮备液已经被污染。接种后培养基表面存在真菌污染而且位置不定，如果是初期，可能是因为接种室内真菌孢子浓度过大或超净工作台的滤网已经不干净；如果是接种时间较长才出现，主要是因为封口不严或是培养材料本身就携带内生菌。在培养过程中发现外植体周围出现真菌污染，可能是因为外植体材料本身就带有菌，只是菌源太小，在接种时肉眼无法识别，当接种到培养基以后才能引起感染；若在培养基中发现污染的真菌是零星地分散在培养基中，则可以确定是人为因素造成的，如培养基灭菌不彻底、超净工作台长时间不更换滤膜、接种器具灭菌不彻底、操作不规范等。

在植物大规模快繁期间，即使外植体在一开始进行了严格的表面消毒，某些慢速生长的病原菌可能依然存在，但只有在培养物经过多次继代之后，这些污染物才表现出来并被人们发现。如在某些木本植物离体快繁中常见的一种内生污染源是迟缓芽孢杆菌（*Bacillus lentus*），它一般在接种数周或数月后才表现症状，在培养物周围的培养基中形成乳白色云雾状污染。这种内生菌外被荚膜，用各种灭菌方法都很难将其杀死。

污染物的长期存在会引起试管苗生活力下降，叶片缺绿，甚至死亡。在培养基中添加抗生素或杀菌剂有可能抑制这些污染物的进一步扩展，但不可能杀灭这些污染物，同时还可能暂时抑制培养物的生长。所以应从未受病原菌污染的或已经过脱毒检验的植株上切取外植体。

二、培养物的褐变

（一）褐变的产生

褐变(allochroic)是指外植体在培养过程中，自身组织向表面培养基释放褐色物质，以致培养基逐渐变成黑色，外植体也随之进一步变褐而死亡的现象。褐变的发生与外植体组织中所含的酚类化合物数量多少及多酚氧化酶活性有直接关系。很多植物，尤其是木本植物都含有较高的酚类化合物。在切割外植体时，酚类化合物外溢，在多酚氧化酶催化下，迅速氧化成褐色的醌类物质和水，醌类物质又会在酪氨酸酶等的作用下，与外植体组织中的蛋白质发生聚合，进一步引起其他酶系统失活，从而导致组织代谢活动紊乱，生长停滞，最终衰老死亡。此外,组织的老化病变也会使多酚氧化酶激活而引起褐变。

(二)影响褐变的因素及预防

褐变的影响因素是多方面的,随植物种类、基因型、外植体的部位及生理状况等的不同而产生不同程度的危害。

1. 植物种类及基因型

不同植物、同种植物不同类型或不同品种在组织培养中褐变发生的频率、严重程度都存在很大差别。木本植物、单宁或色素含量高的植物容易发生褐变,如核桃(*Juglans regia*)单宁含量很高,组织培养难度很大,往往会因为褐变而死亡。苹果中,普通型品种"金冠"茎尖培养时褐变相对较轻;而柱型的 4 个"芭蕾"品种褐变都很严重。这是由于后者酚类化合物含量明显高于前者。因此,在植物组织培养中应尽量采用褐变程度轻的材料进行培养。

2. 外植体部位及生理状态

外植体的部位及生理状态不同,接种后褐变的程度也不同。一般来说,幼龄材料比成龄材料褐变轻,因前者比后者酚类化合物含量少。在荔枝(*Litchi chinensis*)无菌苗不同组织的诱导实验中,茎诱导出的愈伤组织很少发生褐变,而叶诱导出的愈伤组织中度褐变,根诱导出的愈伤组织全部褐变。培养苹果时顶芽作外植体比侧芽作外植体褐变程度轻。

由于植物体内酚类物质含量和多酚氧化酶的活性一般在春季较小,随着生长季节的到来酶活性逐渐增强,酚类化合物含量增加。因此,取材时期不同,则褐变程度不同。核桃在夏季取材要比在其他季节取材更容易氧化褐变,欧洲栗(*Castanea sativa*)在一月份酚类形成较少,到了五六月份酚类含量明显提高。

3. 外植体受伤害程度

外植体受伤害程度可影响褐变。为了减轻褐变,在切取外植体时,应尽可能减少其伤口面积,伤口剪切尽可能平整些。除了机械伤害外,接种时各种化学消毒剂对外植体的伤害也会引起褐变。乙醇消毒效果很好,但对外植体伤害很严重;升汞对外植体伤害比较轻。一般来说,外植体消毒时间越长,消毒效果越好,但褐变程度也越严重,因而应将消毒时间掌握在一定范围内,才能保证较高的外植体成活率。

4. 培养基成分及培养条件

在初代培养时,培养基中无机盐浓度过高可引起酚类物质的大量产生,导致外植体褐变,降低盐浓度则可减少酚类外溢,减轻褐变程度。无机盐离子(如 Mn^{2+}、Cu^{2+})参与酚类合成,是氧化酶类的组成成分或辅因子,因此盐浓度过高会增加这些酶的活性,酶又进一步促进酚类合成与氧化。为了抑制褐变,应尽量使用低盐培养基。

激素使用不当,也会使组织培养材料褐变。6-BA 或 KT 不仅能促进酚类化合物的合成,还能刺激多酚氧化酶的活性,而生长素类(如 2,4-D 和 1AA)可延缓多酚的合成,减轻褐变发生,在甘蔗、荔枝、柿树(*Diospyros kaki*)等的组织培养中表现明显。

培养基中低 pH 可降低多酚氧化酶活性和底物利用率,从而抑制褐变。升高 pH 则明显加重褐变。此外,培养条件不适宜,如高温、光照过强或高浓度 CO_2,均可使多酚氧化酶活性提高,从而加速培养物的褐变。

接种后,材料培养时间过长,未及时转移,也会引起材料的褐变,甚至导致全部死亡,因而缩短转瓶周期常常可减轻褐变程度。在液体培养中也可能有助于摆脱酚类物质和其他生长抑制物质的毒害作用。如在山月桂(*Kalmia latifolia*)茎尖培养中,在接种的第 1 周,每天更换一次液体培养基,使褐化得到了有效的控制。在培养基中加入一些氧化剂或用抗氧化剂进行材料(外植体)的预处理或预培养,也可大大减轻醌类物质的毒害。常用的抗氧化剂有维生素C、聚乙烯吡咯烷酮(PVP)、血清清蛋白、柠檬酸、硫代硫酸钠等。如在倒挂金钟(*Fuchsia hybrida*)茎尖培养中加入 0.01% PVP 对褐变有抑制作用。在卡特利亚兰(*Cattleya hybrida*)茎尖培养中,将 5 mmol/L 氰化钾、抗坏血酸、半胱氨酸和硫脲加入液体培养基中,对多酚氧化酶的活性有明显的抑制作用。在静止的液体培养基中加入抗氧化剂比在固体培养基中加入的效果要明显得多。此外,在培养基中加入活性炭(0.1%~0.5%)也能有效地抑制褐变。

三、试管苗的玻璃化

玻璃化(vitrification)是植物组织培养过程中特有的一种生理失调或生理病变现象,多发生在植物茎尖培养和离体快繁中。它会使试管苗生长缓慢或出现畸形,繁殖系数下降,不能移栽成活。自从 Debergh 等(1981 年)报道洋蓟(*Cynara scolymus*)培养过程中出现这种现象以后,有关玻璃化成因和防治措施的研究受到了广泛的注意。

(一)玻璃化苗的特点

1. 形态解剖学特点

正常的组培苗,茎叶呈绿色,叶片平展,表面有蜡质层,生长健壮,分株继代后可很快形成新的芽丛,生根力强,移栽易成活。与正常试管苗相比,玻璃化苗在形态解剖学上发生了一系列变化。在形态上表现为植株矮小肿胀,呈半透明状;茎短而粗,几乎无节间,茎尖顶端分生组织相对较小,茎尖发育部分保持分生组织性的时期也缩短;叶片皱缩并纵向卷曲,脆弱易破碎。在解剖学特点上表现为叶表缺少角质层蜡质或蜡质发育不全,无功能性气孔;不具栅栏组织,仅有海绵组织,叶肉细胞间隙大;茎叶液泡化程度高,细胞质较稀,核变小,细胞无明显长轴,在细胞壁的某些区域会出现空洞,使细胞壁结构不完整。从形态解剖学特征可以准确地判定玻璃化苗,可在细胞水平上判断早期玻璃化苗。

2. 生理生化特点

与正常苗比较,玻璃化苗各组分含量发生了明显变化。表现为体内含水量与可溶性糖含量增加,但干物质、叶绿素、蛋白质、纤维素和木质素含量降低。玻璃化苗在水分代谢方面存在着障碍,导致细胞肿胀。由于组织畸形,吸收养分和光合功能的器官发育不全,分化能力大大降低,不适宜继续作为继代培养和扩大增殖的材料;另外,生根困难,很难移栽成活。

(二)玻璃化发生的机理

到目前为止,对引起玻璃化苗的原因及其生理机制仍无统一看法。不过,可以肯定的是玻璃化苗是一种生理病害。

张洪胜等(1991 年)认为乙烯与玻璃化苗的形成有关。当培养环境水势不当、通气不畅时会导致乙烯产生。乙烯过饱和,引起解氨酶活性降低,阻碍木质化进程,从而降低了细胞壁的压力而使水分大量进入,导致形成玻璃化苗。但张昆瑜(1991 年)发现培养基中添加 ACC(乙烯前体)和乙烯利能提高香石竹试管苗的蛋白质和干物质含量,有利于组织和器官的发育。这说明乙烯对玻璃化苗的影响是复杂的。也有人认为细胞激动素或铵离子过剩也是一种最初的胁迫源。李云等(1996 年)发现植物的磷酸戊糖代谢途径与玻璃化苗的产生有关,瓶口密封、细胞分裂素浓度高、温度过高导致试管苗生长加速,增加了瓶中 CO_2 的浓度,抑制了磷酸戊糖代谢途径的进程,从而使核酸、纤维素合成量减少。

(三)玻璃化现象的预防

1. 控制细胞分裂素的用量

细胞分裂素可以促进芽的分化,但是为了防止玻璃化现象,应适当减少其用量,或提高生长素的比例。在继代培养时,要逐步减少细胞分裂素的含量,尤其是 6-BA 的含量,可将 6-BA 改为 2-ip 等其他类型的细胞分裂素或交替使用。

2. 选用适当的培养基

大多数植物在 MS 培养基上生长良好,玻璃化苗的比例较低,这是由于 MS 培养基的 Ca、Mg、Mn、Fe、Zn 等元素含量较高。在适宜培养基的基础上,改变供氮形态,适当增加培养基中 Ca、Mg、Mn、K、P、Cu、Fe、Zn 等元素含量,降低 N 和 Cl 元素的比例,特别是降低铵态氮含量,提高硝态氮含量,可有利于减轻玻璃化苗的发生。

适当提高琼脂浓度,尤其是在高温季节,更应使用固化程度好的琼脂,同时适当提高培养基中蔗糖含量或加入渗透剂,降低培养基中的渗透势,减少培养基中植物材料可获得的水分,造成水分胁迫,降低培养瓶内部环境的相对湿度,都能明显减轻玻璃化程度。

在培养期间要保证培养物有良好的透气状况,有足够的气体交换,如果培养瓶容积小,应及时转移,不要培养时间过长,同时培养瓶的封口材料要选择透气性好的棉塞、牛皮纸或有透气孔的封口膜等。

有研究表明,在一些植物的培养过程中,在培养基内加入间苯三酚、聚乙烯醇、多效唑、活性炭及青霉素 G 钾等附加物,可有效减轻或防止试管苗玻璃化。如用 0.5 mg/L 多效唑可有效减少重瓣丝石竹(*Gypsophila paniculata*)试管苗玻璃化的发生,而青霉素 G 钾能有效防止菊花试管苗的玻璃化。

小　结

植物细胞的全能性是植物组织培养的理论基础,这是因为植物细胞含有该个体的一套完整基因组,并具有其全部遗传信息,在一定条件下能够生长分化成一个完整植株。无论体细胞,还是性细胞,离体之后在一定的培养条件下都有可能像受精卵一样发育成一个完整的植株。一个已分化细胞若要表现其全能性要经历脱分化和再分化过程。再分化的方式有两种:一种是器官发生,另一种是胚胎发生。要定向调控离体细胞的发育过程,就必须利用植物生长调节物质,常用的有生长素、细胞分裂素、赤霉素、脱落酸以及多胺、多效唑等。在植物离体培养过程中的各种反应往往是内、外源生长调节物质综合作用的结果。植物体细胞胚胎发生就是已经分化的植物体细胞经过激素诱导脱分化,再经过胚性细胞分化,形成外部形态和内部机制均已完善的胚状体的过程。

利用植物细胞全能性的原理进行植物材料的培养时,首先要选择合适的灭菌剂,进行外植体的消毒,然后将外植体进行分离切割,转移到培养基上,就完成了外植体的接种。接种后的材料在合适的条件下一般会形成愈伤组织,愈伤组织再分化培养一段时间后,要及时将材料接种到新鲜培养基中进行继代培养,以防止老化或积累有毒代谢产物。经继代培养增殖后,植物材料一般都先形成不定芽,将其转移到生根培养基上生根,即形成完整小植株。小植株经过壮苗、炼苗后可移栽进行正常的营养生长。在整个组织培养过程中,选择合适的培养条件是成功的关键,这些条件包括温度、光照、湿度、通气条件、渗透压、培养基 pH 等。

在组织培养过程中,也常会出现培养物及外植体的污染及褐变或玻璃化等现象,在生产中,要积极探索合适的培养条件来控制这些有害现象的发生。

复习思考题

1. 通过查阅文献,了解激素对不同植物离体培养的效应和机理。

2. 植物组织培养的基本操作方法有哪些?这些方法间有何联系?

3. 进行植物组织培养时,要控制好哪些外部条件?在选择外部条件时,是否要考虑材料本身的特性?

4. 植物组织培养的常见问题有哪些?如何进行预防?

第三章

植物组织培养实验室与仪器设备

【知识目标】

1. 了解植物组织培养实验室的设计原则及主要功能。

2. 掌握植物组织培养所需要的仪器设备、玻璃器皿、操作工具等的使用及其主要功能。

【技能目标】

1. 通过观摩植物组织培养实验室的布局,学会利用不同条件进行植物组织培养实验室的设计工作。

2. 通过学习和实践,熟练掌握植物组织培养各种仪器设备的操作技术。

第一节　植物组织培养实验室的组成与设置

植物组织与细胞培养对环境控制和操作技术要求很高。环境控制包括营养、温度、光照、湿度等的控制,操作技术包括洗涤技术、培养基配制技术、灭菌技术、无菌操作技术以及外植体消毒、接种、培养技术等。因此,必须具备一定的设备和条件,方能顺利开展实验研究及生产。植物组织培养实验室与其他各类实验室相似,但在操作技术方面有特殊要求,在连续的操作过程中保持无污染是其特点及关键。

一、实验室的组成

用于植物组织培养操作的场所称为植物组织培养实验室(简称组培室),它是由一组执行不同功能的区间组成,并且按组织培养操作程序进行设置和排列,通常包括准备室、无菌操作室、培养室等部分,并且在准备室与无菌操作室之间留有缓冲空间。植物组织培养实验室的功能主要是用来进行培养基的配制、灭菌、接种和外植体的培养。此外,工业化生产还需有相应的大型组织培养实验室(即组培车间或组培工厂)、发酵设备及用于栽培试管苗的炼苗室、温室或大棚等,用于进行试管苗的规模化生产。

实验室(图 3-1)的大小和设置可根据工作的性质和规模自行设计,无统一的标准。基本要求包括:①房间面积依规模而定,房间排列要遵从工作的自然程序,使之成为流畅的工作线,如准备室→无菌操作室→培养室→炼苗室;②实验室应清洁,远离尘埃;③实验室能有效地进行温度、光照和湿度的控制;④实验室设计应最大限度地节省能源,减少消耗,降低费用。

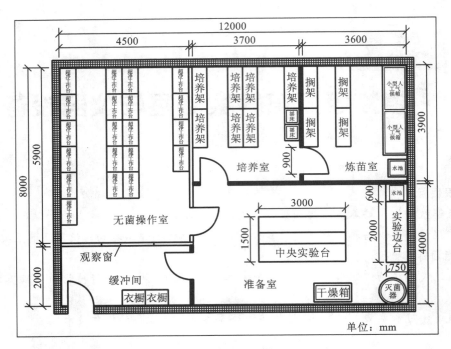

图 3-1　植物组织培养实验室总体布局示意图

二、实验室的设置

（一）准备室

准备室也称化学实验室或通用实验室（图 3-2），主要进行植物组织培养的一些常规实验操作，包括植物组织培养所需器具的洗涤、干燥和保存，培养基的配制、分装和灭菌，试管苗的出瓶及整理，化学试剂的存放及配制，蒸馏水的生产，待培养植物材料的预处理及培养物的常规生理生化分析等。

图 3-2　准备室概貌

准备室要求宽敞明亮，通风条件好。室内一般应有实验台、水槽、超声波清洗仪、晾干架、放置各种培养器具的橱柜、药品柜、电热鼓风干燥箱、冰箱、天平、液氮罐、酸度计、移液器、电炉、水浴锅、微波炉、磁力搅拌器、培养基分装装置、灭菌消毒器、蒸馏水器等。

准备室根据实验操作的性质，可进行适当的分区：

1. 洗涤功能区

洗涤功能区应备有工作台、上水管和下水管、水池、电源、干燥箱等。主要用于培养容器、玻璃器皿、接种用具和培养材料的清洗。新购进的玻璃器皿一般应先用 1% HCl 溶液除去可溶性无机物,再用中性洗涤剂洗涤;使用后的玻璃器皿可先用洗涤剂清洗,再用自来水冲净,最后用无菌水淋洗三遍;对较难洗涤的器皿(如移液管等),应用洗液进行洗涤。

2. 试剂贮存功能区

试剂贮存功能区用于存放无机盐、维生素、酶类、糖类、琼脂、生长调节物质、抗生素等化学试剂。该区域要求干燥、通风、避光,同时要求设有试剂柜、冰箱等设备。各类化学试剂应按要求分类存放,需要低温保存的试剂应置于冰箱保存,特殊试剂应置于冷冻箱保存。有毒试剂应按相应规定存放和管理,以确保存放和使用安全。

3. 称量功能区

称量功能区用于各类药品和试剂的称量。该区域要求干燥、密闭、无直射光照。至少应配备精度为 0.01 g 的普通天平和精度为 0.000 1 g 的分析天平。除电源外,应设有固定的防震台座。

4. 培养基配制功能区

培养基配制功能区用于配制、分装培养基以及培养基的暂时存放。该区域应配有各种烧杯、量筒、容量瓶、移液管、移液器等计量器具,并设有实验台以及存放药品和器皿的药品柜、器械柜、物品存放架,还应配有水浴锅、微波炉、电磁炉、过滤装置、酸度计、分装器以及贮藏母液的冰箱等。

5. 灭菌功能区

灭菌功能区用于培养基、培养器皿及器械、封口材料等的消毒灭菌。要求该区域墙壁清洁、耐湿、耐高温,最好有排气装置。室内需备有高压灭菌设备。

有条件的实验室可将上述功能区各自隔离,如可分为药品室、天平室、洗涤室和灭菌消毒室等,以防天平、药品受潮。

(二)无菌操作室

无菌操作室也叫接种室(图 3-3),其功能是进行植物材料的分离、消毒、接种和培养材料的继代接种、转移等。由于植物组织与细胞培养往往需长时间的无菌操作,防止细菌、真菌等的感染,因此保持接种操作时的无菌条件就显得十分重要。

无菌操作室一般设内、外两间:外间是缓冲间,是工作人员进入接种室前的一个过渡空间,供操作人员更换工作服、工作帽、拖鞋,洗手,进行器皿准备、培养材料处理等,应避免将病菌带入无菌室;内间为接种间,供接种使用,一般应配备离心机、抽气泵等基本设备。缓冲间与接种间一般以玻璃相隔,以便于观察和参观。

无菌操作室要洁净、无菌、密闭、空气干燥、光线良好,室内不宜安装风扇,最好安装移动式推拉门,并且门与窗或门与门错开,以保证人员进出时空气不剧烈流动,防止外界尘埃及菌物的侵入。此外,还要求墙壁平整光滑,地面平坦无缝,以便于清洁工作;室内应安装紫外灯,以便于灭菌;还应配有超净工作台、移动式载物台(医用平板推车),台面放置酒精灯、消毒瓶、消毒液、接种工具、培养瓶等。室内应定期用甲醛和高锰酸钾蒸气熏蒸,或用 70%~75% 乙醇喷雾降尘和消毒;无菌操作前至少开紫外灯 20 min;使用前先用 20 mL/L 新洁尔灭溶液擦洗操作台面。

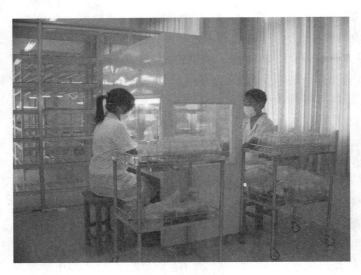

图 3-3　无菌操作室概貌

无菌操作室一般有直接使用和间接使用两种方式。直接使用是指所有的操作在无菌操作室内的操作台面上完成,因此要求封闭性好,干燥、清洁,能较长时间保持无菌;每次使用前必须对无菌操作室空间、操作台面进行彻底消毒灭菌;操作人员进入室内必须穿戴消毒衣帽、口罩及拖鞋,进出无菌操作室不能过于频繁;植物材料则应在室外整理、清洗后方能带进室内。直接使用法使用空间大,要求无菌条件极其严格,适于大规模接种。间接使用是指无菌操作室内放置超净工作台,所有的操作是在超净工作台内完成,因而无菌操作室只需定期灭菌,使用前清扫、擦洗干净即可。间接使用法对无菌操作室的要求相对宽松,是目前广为采用的方法。

（三）培养室

培养室是植物组织和细胞培养物生长、发育的场所,主要用于满足培养物生长繁殖所需的温度、光照、湿度和气体等条件。培养室要经常保持干净,定期进行消毒、清洗,进出时要更换衣、帽、鞋等,以免将尘土、病菌带入室内。

为了充分利用空间,培养室内应设置多层培养架(图 3-4),通常在每层培养架上安装 40 W

图 3-4　培养室概貌

的白色日光灯照明,每层安放 2～4 支灯管,每管相距 20 cm,光强为 2 000～3 000 lx,以满足每层外植体生长需要。此外,培养室还应配备摇床、转床、光照培养箱等培养设备,以满足不同的培养要求。培养室温度一般应保持在 20～27 ℃,具体温度的设置要依植物材料不同而定,室内温度变动太大,易使培养材料遭受菌类污染,因此最好保持恒定。为防止培养基变得干燥或受到菌类污染,相对湿度以保持在 70%～80%为好。温度、湿度可用空调机或加湿器进行控制,有条件的实验室可安装空气过滤装置,以有效控制污染。

不同植物组织培养物所需光照、温度条件不同,当同时培养多种植物材料时,可设置多个小房间,这样便于根据不同植物的需要来控制光照与温度。培养室可分隔出一定的空间放置光照培养箱或小型的人工气候箱(有的置于炼苗室),用于植物原生质体培养、单细胞培养及遗传转化材料的培养。

(四) 其他部分

1. 细胞学实验室

为了进行细胞学研究,便于显微观察、拍摄及细胞学鉴定培养物的生长发育与分化状态和过程,如生长点、愈伤组织、不定芽、不定根、胚性细胞等在形态解剖方面的变化,需要设立细胞学实验室(显微工作室)。室内可根据需要配置体视显微镜、普通显微镜、倒置显微镜、荧光显微镜及配套显微照相装置,数码相机,切片机及配套制片、染色用品等。室内环境应保持安静、清洁、明亮,保证光学仪器稳定,不受潮、无污染。

2. 炼苗室

试管苗对外界自然环境适应性较差,若直接将试管苗从培养容器移入田间,很难成活。因此,在移栽之前应创造与移栽后生长条件相似的环境,使试管苗在适宜场所进行一段时间的适应,有利于提高移栽成活率,这个场所称为炼苗室。炼苗室的环境条件应介于组织培养室和移栽温室(大棚)之间,通常在温室的基础上营建,要求清洁无菌,配有空调机、加湿器、恒温恒湿控制仪、喷雾器、光照调节装置、通风口以及必要的杀菌剂等,面积大小视生产规模而定。

3. 温室

为了保证试管苗可不分季节地常年生产,必须有足够面积的温室或者大棚与之配套。其内应配备温度控制装置、通风口、喷淋装置、光照调节装置、杀菌杀虫工具及相应药剂。室内最低温度应控制在 15 ℃以上,相对湿度在 70%以上。

第二节 植物组织培养的仪器设备及其使用

一、仪器设备

(一) 灭菌设备

植物组织培养的关键是无菌,因此灭菌设备对于组织培养是必需的。常用的灭菌设备为高压蒸汽灭菌锅,此外还有高温干燥箱、紫外灯、过滤灭菌器等。

1. 高压蒸汽灭菌锅

高压蒸汽灭菌锅(图 3-5)是植物组织培养中最基本的设备之一,用于培养基、蒸馏水和各种用具的灭菌消毒等。高压蒸汽灭菌锅分大型卧式、中型立式、小型手提式和电脑控制型等不同类型，应根据生产规模选用。灭菌锅有手动控制，也有自动和半自动控制，目前普遍使用的是由微电脑控制的全自动高压蒸汽灭菌锅。

如果不是进行试管苗的工厂化生产，在植物组织培养实验室中通常采用手提式蒸汽灭菌锅和全自动立式灭菌锅。手提式蒸汽灭菌锅大多为内热式（发热管在锅内），若配一个调压变压器和定时钟，即可提高工作效率，实现半自动高压蒸汽灭菌操作。全自动立式灭菌锅种类较多，灭菌原理与手提式蒸汽灭菌锅相同，但自动化程度高，压力和时间可事先设定，使用更为方便。高压蒸汽灭菌时，一般在温度达到 121 ℃时，维持 15～40 min，然后缓慢降压至读数为 0，随后取出灭菌物即可。

图 3-5　高压蒸汽灭菌锅　　　　　　　图 3-6　高温干燥箱

2. 高温干燥箱

高温干燥箱又称烘箱（图 3-6），是利用高温干燥的热空气进行消毒的设备，用于玻璃、金属、木制品和瓷器等各种用具的干燥灭菌，属于干热灭菌设备。高温干燥箱包括数字显示和温度计显示两种。通常高温干燥箱的外壳是由双层金属壁做成，在金属壁间填充石棉用于隔热。顶部有温度计和通气孔。高温干燥箱装有温度调节器，可以自动控制温度，并设有鼓风设备，可使热气均匀流动。箱底装有电阻丝作热源。通常采用 160～180 ℃持续 60～120 min 来进行干热灭菌。温度越高，灭菌时间越短。

3. 紫外灯

紫外灯是对实验室、超净工作台、培养室等空间进行消毒的一种重要消毒装置，可固定在室内墙壁或棚顶，也可固定在移动架上。紫外光能诱发生物遗传物质 DNA 的变异，强剂量照射能杀死微生物从而达到除菌的目的，紫外灯主要用于对空气和环境进行表面灭菌。一般每 5 m² 左右安装一支 30 W 左右的紫外灯，照射 30 min 即可达到良好的除菌效果。

4. 过滤灭菌器

过滤灭菌器是利用过滤的原理进行灭菌的装置。组织培养中常用的过滤灭菌器是滤膜过滤器，主要由微孔滤膜（由醋酸纤维素和硝酸纤维素制成）和支座构成（图 3-7）。常用滤膜微孔直径有 0.22 μm 和 0.45 μm 两种。过滤灭菌器的原理是将带菌的液体或气体通过微孔滤膜，使杂菌受

图 3-7　过滤灭菌器

到阻隔留在滤膜上而液体或气体进入无菌容器内,从而达到除菌目的。滤膜过滤器常用于热不稳定物质的除菌,如某些植物生长调节剂(IAA、ZT、ABA)、抗生素、天然有机添加物、酶制剂等的除菌。

(二)接种设备

在植物组织培养中,将外植体或培养物接种到培养容器内的培养基上,需要专门的接种设备和工具。另外,随着科技的发展,越来越多的微观操作设备也广泛应用于组织培养技术。

1. 超净工作台

与接种箱及无菌室相比,超净工作台(clean bench)(图 3-8)使用方便,无菌效果好,现已成为植物组织培养上最常用的无菌操作装置。按使用方式,超净工作台可分为单人单面式、双人单面式、双人双面式和多人式等几种;也有开放式和密封式之分;根据风幕形成的方式,又分为垂直式和水平式两种。超净工作台的工作原理是通过风机送风,送入的空气经过滤装置滤除尘埃和微生物,再流过工作台工作面,并在操作人员和操作台之间形成风幕,使杂菌不能进入,形成一个无菌的工作面。为了提高超净工作台的效率,超净工作台应放置在空气干燥、地面无灰尘的地方。应定期检测工作台工作面的空气流速,定期清洗和更换过滤装置。

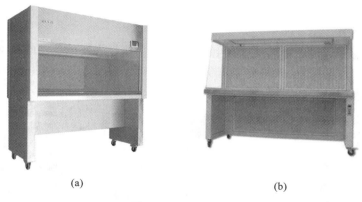

(a)   (b)

图 3-8　超净工作台

2. 细胞融合仪

细胞融合仪(cell fusion apparatus)是进行细胞、原生质体电融合的基本设备(图 3-9(a))。它的基本原理是将一定密度的细胞或原生质体悬浮液置于细胞融合仪的融合小室中,开启单波发生器,使融合室处于低电压的非均匀交变电场中,促进细胞或原生质体发生极化并彼此靠近,然后给以瞬间的高压直流电脉冲,使细胞或原生质体膜接触面发生可逆性的击穿而导致细胞或原生质体的融合。电融合的主要参数有交流电压、交变电场及其作用时间、直流高频电压、脉冲宽度、脉冲次数等。细胞融合仪的种类较多,不同细胞融合仪的参数可调范围不同,供试的植物材料不同,原生质体电融合的参数也不一样,这些都需要在实践中不断摸索。

3. 基因枪

基因枪(gene gun)是高等植物遗传转化的基本设备(图 3-9(b))。目前使用的基因枪有几种类型,其中高压放电、压缩气体驱动的基因枪使用广泛。基因枪转化的基本原理是通过高压气体等动力,高速发射携带重组 DNA 的金属颗粒(金粉或钨粉),轰击植物组织、细胞等受体,将外源基因直接导入受体细胞并整合在受体细胞染色体上。

最早商品化的是以氦气作动力的基因枪 PDS-1000,它是利用高压氦气推动携带微粒的塑料大颗粒载体盘朝目标细胞方向加速。推进大颗粒载体的氦气压力由所使用的不同破裂盘决定,破裂盘是一种可在特定压力下破裂的塑料密封体,终止屏可阻止大颗粒载体,而微粒可以通过并转染靶细胞。为了提高这一进程的效率,可抽空转化室,使其压力低于大气压力,从而当微粒打向靶细胞时可减少其摩擦阻力。经高压气体驱动的携带重组 DNA 的金弹或钨弹,能穿透任何细胞或组织,可对小的完整植物个体、培养物和外植体等施行基因转移。

(a) 细胞融合仪　　　　　　　　(b) 基因枪

图 3-9　微观操作设备

（三）培养设备

培养设备是指专为培养物提供适宜生长的光、温、水、气等环境条件的设备,主要包括培养架、光照培养箱、恒温振荡器、生物反应器等(图 3-10),以满足不同器官、愈伤组织、细胞和原生质体对固体和液体培养的需要。

(a) 培养架　　　　　　　(b) 光照培养箱　　　　　　　(c) 恒温振荡器

图 3-10　培养设备

1. 培养架

进行固体培养和试管苗大量繁殖时,培养材料通常摆放在培养架上。培养架材料可用塑钢、铝合金、不锈钢或木材等,一般漆成白色或银灰色,每层隔板可用玻璃、木板或不锈钢丝网制成。为使用方便,提高利用率,培养架通常设计为 5～7 层,最低一层离地面高约 20 cm,以上每层间隔 40～45 cm。培养架上一般采用白色日光灯作为光源,光源位于每层培养物的上方或侧方,培养架长度通常根据日光灯的长度确定。

2. 光照培养箱

为了提供更适宜的培养条件,对于一些对环境条件要求严格的培养物,应使用自动调控温度、湿度和光照的智能型光照培养箱。光照培养箱多用于小规模培养,如原生质体培养、单细胞培养、遗传转化及一些名优珍稀植物的外植体分化培养和试管苗生长实验,有时也可在组培苗驯化过程中使用。光照培养箱有可调湿和不可调湿两种规格。在选择时,主要应考虑培养箱的容积、光照度、控温范围、控温精度等技术指标。条件许可的话,还可采用全自动调温、调湿、控光的人工气候箱来进行植物组织培养和试管苗快繁。对于细胞培养、原生质体培养及转基因植物培养的某些环节,还需要生化培养箱。

3. 恒温振荡器

恒温振荡器包括摇床及旋转床,常用来进行细胞悬浮培养,以改善培养过程中氧气的供应情况。旋转床是将培养容器固定在缓慢垂直旋转的转盘上,作 360°回旋式振荡,通常每分钟转一周。随着旋转,培养材料时而浸入培养液里,时而露于空气中。摇床是作水平往复式振荡,每分钟约 120 次,通过振荡促进空气的溶解,同时使培养材料上下翻动,消除植物的向重力性。

4. 生物反应器

生物反应器是用于较大规模细胞培养及毛状根培养的装置,规格型号较多。应用于植物细胞悬浮培养的生物反应器主要分为 3 种,即机械搅拌式、鼓泡式和气升循环式,用于实验室的生物反应器一般在 5~100 L 范围内。

5. 其他设备

为了给植物组织培养实验室创造适宜的温度、光照、湿度等环境条件,需要在培养室安装空调机、日光灯、加热器、加湿器等设备。有时,为了获得不同光质的光源,还需备有产生不同光质的滤光膜或滤光片。

（四）细胞学观察设备

在植物细胞和组织培养过程中,常需随时观察和记录培养物的细胞学和形态解剖学的变化,故要进行显微观察、显微摄影和普通摄影、组织切片、细胞染色等工作。

1. 显微镜

显微镜是植物组织与细胞培养中进行组织培养、细胞制片观察、细胞与原生质体生长动态观察,以及微小组织、细胞解剖分离的重要设备(图 3-11)。显微镜的种类比较多,可根据需要分别采用双目体视显微镜、倒置显微镜等。双目体视显微镜主要用于剥离茎尖、幼胚,以及在瓶外观察培养物的生长、分化情况等。倒置显微镜多用于隔瓶观察、记录外植体及悬浮培养物(细胞团、原生质体等)的生长情况。此外,通过相差显微镜可以观察到细胞中透明物的微结构

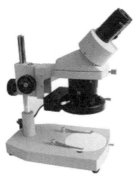

(a) 双目体视显微镜　　　　(b) 双目光学显微镜　　　　(c) 倒置显微镜

图 3-11　显微镜

及凹凸面。通过干涉显微镜可以测定各种细胞结构的光程差,据此测定细胞、组织的干重。电子显微镜则可用于更精细结构的观察。显微镜最好带有监视器或摄像装置,可根据需要随时对所需材料进行摄影记录。

2. 细胞器分离和计数设备

植物单细胞培养、原生质体培养、体细胞融合以及单倍体的培养都需要进行细胞破碎、细胞分离以及细胞计数,这就要求有专门的仪器和设备。其中,研钵用于机械法进行细胞和小孢子的分离;过滤网是在机械法或酶解法对细胞分离后,用以进行细胞过滤的装置,材质一般选择尼龙或金属;血细胞计数器用于细胞计数;振荡器用于细胞分离。

3. 组织切片染色用设备

常用的组织切片染色设备,包括普通或超薄切片机、磨刀机、染色缸、烘片器等。

(五) 常规设备

植物细胞与组织培养过程中,除了需要一些用具、小型器具外,还包括一些常用的基本实验设备。

1. 天平

天平是用于药品及琼脂等物品称量的设备,常用的天平有药物天平、扭力天平、分析天平和电子天平等。大量元素、琼脂、蔗糖等可用感量为 1 g 的药物天平或 0.01 g 的扭力天平进行称量。微量元素、维生素和植物生长调节剂等应采用感量为 0.000 1 g 的分析天平或者电子天平进行称量。植物组织培养实验室多使用各种类型和规格的电子天平(图 3-12(a)),其具有精度高且称量方便、准确、快捷的优点。

2. 酸度计

酸度计在培养基配制时用于测定和调整培养基及酶制剂的 pH,有台式、笔式、便携式等不同类型。一般实验室用小型酸度计(图 3-12(b))测量 pH,可在配制培养基时使用,也可在培养过程中测量 pH 的变化。测定培养基 pH 时,应在搅拌均匀后再测量。在使用酸度计前,要调节温度到当时的室温,并用标准溶液(pH 7.0 或 pH 4.0)校正,用蒸馏水充分洗净后,才能进行 pH 的测定。若是用于大规模生产,通常采用 pH 为 4.0~7.0 的精密试纸来代替酸度计。

3. 蒸馏水器

一般自来水中含有无机物和有机杂质,如不除去,势必影响植物组织培养的效果。因此,在植物组织与细胞培养中常要求使用蒸馏水或去离子水。蒸馏水可用金属蒸馏水器大批制备。假若需要更高纯度的重蒸馏水,可用硬质玻璃重蒸馏水器(图 3-12(c))制备。去离子水是用离子交换器制备的,成本较低,但不能除去水中的有机物。

4. 离心机

离心机(图 3-12(d))用于分离培养基中的细胞,解离细胞壁内的原生质体,还可以进行细胞密度的调整,收集、去除杂质等操作。一般选用 1 000~4 000 r/min 的低速离心机即可,速度太高可能破坏细胞。

5. 冰箱和冰柜

冰箱或冰柜是植物组织培养实验室必备的仪器设备,主要用于常温下易变性或失效的试剂、母液及贵重药品的保存,也用于细胞组织和实验材料的冷冻保藏,某些材料的低温预处理也需使用冰箱。有条件的实验室除配备普通冰箱外,还应配备低温冰箱和超低温冰柜。普通冰箱主要用于存放母液或培养材料的低温处理,低温冰箱在 $-25\sim-18$ ℃存放酶制剂,超低温冰箱主要用于重要材料的超低温保存。

6. 移液枪

移液枪用于配制培养基时添加各种母液及吸取定量植物生长调节物质等溶液,有固定式和可变式两种。常用的规格有 25 μL、100 μL、200 μL、500 μL、1 mL、5 mL、10 mL 等(图 3-12(e))。

7. 电磁炉、微波炉等加热设备

电磁炉、微波炉等加热器具用于加热溶解生化试剂或加热琼脂时使用。

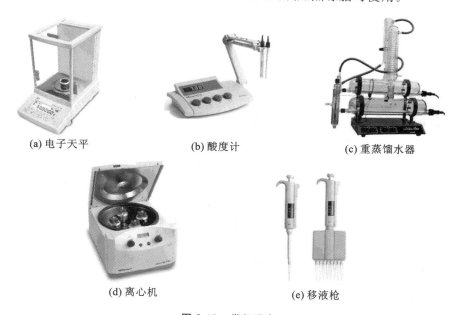

(a) 电子天平　　　　(b) 酸度计　　　　(c) 重蒸馏水器

(d) 离心机　　　　(e) 移液枪

图 3-12　常规设备

（六）其他设备

除上述设备外,植物组织培养操作过程中还需要真空泵、恒温箱、玻璃仪器烘干器、磁力搅拌器、培养基分装器等设备。

二、玻璃器皿

（一）培养器皿

在植物组织培养中,培养基和培养物均需装在无菌、透明、相对密闭、结实耐用、耐高温高压的容器中。根据培养目的和要求的不同,可选用不同类型的培养容器,有试管、三角瓶、培养皿、角形培养瓶、细胞微室等。

1. 试管

试管是植物组织培养中常用的一种玻璃器皿,占据空间小,单位面积可容纳的数量较多,多在初代培养及批量处理时使用。试管特别适合在少量培养基及试验各种不同配方时选用,在茎尖培养及花药和单子叶植物分化长苗培养时更显方便。试管(图 3-13(a)(c)(d))有圆底和平底两种,通常以 2 cm×15 cm、2.5 cm×15 cm 和 4 cm×15 cm 为宜。若进行器官培养,由组织分化茎叶时,则需更大口径和较长的特殊试管。

2. 三角瓶

三角瓶(锥形瓶,图 3-13(b))是植物组织培养中最常用的培养容器,适合于进行各种培养,如固体培养或液体培养、大规模培养或一般培养等。三角瓶的优点是培养面积大,受光好,瓶口较小,不易失水和污染,主要适用于愈伤组织诱导、芽和幼苗培养。其缺点是易破损,且瓶矮,不适于单子叶植物的长苗培养。常用的规格有 50 mL、100 mL、150 mL、250 mL、300 mL 和 500 mL 等,口径一般要求在 2 cm 以上。初代培养时常用 50 mL 三角瓶,一般情况下用 100 mL三角瓶,工厂化生产时可选用 150 mL 或更大规格的三角瓶。

3. 培养皿

培养皿(图 3-13(g))适于作单细胞、原生质体、胚和花药培养,愈伤组织等的静止培养、看护培养,无菌种子的发芽、毛状根的诱导及培养、植物材料的分离及滤纸等材料的灭菌等。常用的规格有直径 40 mm、60 mm、90 mm 和 120 mm,要求上、下能密切吻合。

培养容器还可采用一些代用品,如果酱瓶、罐头瓶等,其特点是瓶口大,操作方便,培养物生长健壮,且成本低,常用于试管苗的大量繁殖。一般使用 200~500 mL 的规格,可加盖半透明的塑料盖。此外,工厂化生产时也常采用以耐热高分子材料 PC 为主要原料的太空玻璃杯,它具有在高压灭菌条件下反复使用而不破裂、不变形、寿命长、透光率高等特点,符合机械化洗瓶要求,有利于降低损耗。

4. 角形培养瓶

角形培养瓶(图 3-13(h))主要用于液体培养,如单细胞和原生质体的浅层培养。常用规格有 20 mL 和 25 mL,也可采用其他形状的培养瓶(图 3-13(e)(f)(i))。其优点是可以在瓶外用显微镜观察细胞的分裂和生长情况,并便于摄影记录。

5. 细胞微室

细胞微室适于显微观察。将硬质玻璃切成小环,用凡士林和石蜡(1∶3)将其固定在载玻片上,上面再覆以盖玻片,盖玻片用凡士林封闭,即成细胞微室。细胞微室的优点是可以在显微镜下观察培养物的生长过程。也可以在载玻片上制一个或两个凹面,上覆盖玻片后四周用凡士林和石蜡封闭,以保持微室内湿度。这种方法主要用来做细胞悬滴培养,同样可以观察培养物的生长过程。

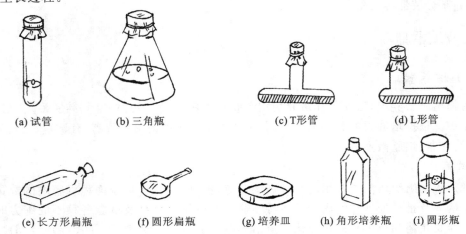

| (a) 试管 | (b) 三角瓶 | (c) T形管 | (d) L形管 |

| (e) 长方形扁瓶 | (f) 圆形扁瓶 | (g) 培养皿 | (h) 角形培养瓶 | (i) 圆形瓶 |

图 3-13 植物组织培养常用玻璃器皿

（二）计量玻璃器皿

在配制母液、分装药液、吸取液体时需要计量玻璃器皿，如 10 mL、25 mL、50 mL、100 mL、200 mL、500 mL、1 000 mL 的量筒，25 mL、50 mL、100 mL、200 mL、500 mL、1 000 mL、2 000 mL 的容量瓶，以及 0.1 mL、0.2 mL、0.5 mL、1 mL、5 mL、10 mL 的移液管等。

三、其他用品

（一）器械用具

组织培养所需要的器械用具，可选用医疗器械和微生物学实验所用的器具。主要包括切割和剪切用的解剖刀、手术剪，接种用的枪型镊子和接种针，分离植物组织的尖头镊子，用于接种工具消毒的酒精灯、消毒器以及盛放接种材料的培养皿等。

1. 镊子

常见的不锈钢镊子（图 3-14(a)）有 20～25 cm 的长型镊和枪型镊，10 cm、12 cm、15 cm 长的眼科直型镊和弯头镊、鸭嘴镊、尖头镊、钝头镊等。尖头镊适用于解剖和分离茎尖、叶表皮；枪型镊由于其腰部弯曲，适于用来转移外植体和培养物；钝头镊适用于接种操作及继代培养时移取植物材料。

2. 剪刀

剪刀（图 3-14(b)）有大、小解剖剪和弯头剪，一般在剪取、转移外植体材料时使用。

3. 解剖刀（针）

解剖刀（图 3-14(c)）有长柄和短柄之分，刀片有单面和双面之分，主要用于对大型材料如块茎、块根的分离。解剖刀（针）有活动和固定两类，前者可以更换刀片（针），较适于分离培养物，而后者则适于较大外植体的解剖。

4. 钻孔器

钻孔器（图 3-14(d)）一般为 T 形，口径分若干规格，主要用于钻取肉质茎、块茎和肉质根内部的组织，如钻取胡萝卜的形成层。取小组织时可采用眼科用套管。

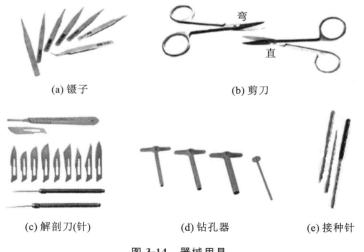

(a) 镊子　　　　　　　　(b) 剪刀

(c) 解剖刀(针)　　　　(d) 钻孔器　　　　(e) 接种针

图 3-14　器械用具

5．接种针

接种针(图 3-14(e))主要用于接种花药或转移植物组织,一般为长柄,前端安装白金丝或镍制成的细丝,转移愈伤组织或细胞团时可用不锈钢制成的小型接种铲(匙)。

(二)封口材料

培养容器需要封口,以达到防止培养基失水干燥和杜绝污染的目的。容器封口所使用的材料尺寸应为被覆盖容器上口直径的 3～4 倍见方。

瓶口封塞有多种形式,原则是能防止培养基干燥和杂菌污染,并适宜植物生长、分化。传统的封口方法是用棉塞,有时在棉塞外层包被一层纱布或牛皮纸,用皮筋或线绳扎住,可反复多次使用,经济合算。利用耐高温高压的透明聚丙烯塑料膜封口,也是一种经济有效的办法。在市场上已有经高压灭菌的"菌膜",即聚丙烯膜,可按瓶口大小裁切成块(一般用双层),包扎在瓶口上。目前广泛使用的封口材料还有封口膜、铝箔、双层硫酸纸、耐高温的塑料纸、塑料盖等。国外较多使用的是耐高温、塑料制的连盒带盖的培养容器。各实验室及单位可根据自己的实际情况选择适宜的封口材料。

小　　结

植物组织培养工作的顺利进行需要满足一定的条件,首先要有符合规格的实验室。通常实验室是由准备室、无菌操作室和培养室组成的,并且在准备室与无菌操作室之间留有缓冲空间,各实验室的设计要符合一定的标准和要求。有条件的地方还可以配备细胞实验室、炼苗室、温室等。

植物组织培养实验室常用的仪器设备按其功能可分为灭菌设备、接种设备、培养设备、细胞学观察设备、常规设备等类型。灭菌设备有高压蒸汽灭菌锅、高温干燥箱、紫外灯、过滤灭菌器等;接种设备包括超净工作台、细胞融合仪、基因枪等;培养设备包括培养架、光照培养箱、恒温振荡器、生物反应器等;细胞学观察设备包括显微镜、细胞器分离和计数设备、组织切片染色用设备等;常规设备包括天平、酸度计、蒸馏水器、离心机、冰箱和冰柜、移液枪、加热设备等。

植物组织培养过程中,还需要玻璃器皿及一些小型器具等。玻璃器皿有试管、三角瓶、培养皿等培养器皿,还有量筒、容量瓶、移液管等计量器皿;小型器具包括镊子、剪刀、解剖刀(针)、钻孔器、接种针等;另外,还有封口材料等。

复习思考题

1．因地制宜建一个植物组织培养实验室,需要哪些分实验室?各分实验室的作用是什么?

2．植物组织培养常用的灭菌设备有哪些?分别适用于什么情况?

3．植物组织培养常用的培养器皿有哪些?分别适用于什么情况?

4．植物组织培养常用的接种工具有哪些?分别适用于什么情况?

第四章

植物营养培养基的组成、种类及配制

【知识目标】

1. 了解植物组织培养常用营养培养基的成分及作用。

2. 掌握常用营养培养基的制备方法。

【技能目标】

1. 通过查阅文献，学会根据培养的要求，选择合适的培养基配方。

2. 通过学习和实践，能熟练制备培养基。

第一节　植物营养培养基的组成

一、培养基的基本成分及作用

（一）无机成分

无机盐类对于外植体的生长发育十分重要。按照它们在培养基中的浓度不同，可分为大量元素和微量元素。

大量元素是植物细胞中构成核酸、蛋白质、酶系统、叶绿体以及生物膜所必需的元素，包括碳（C）、氢（H）、氧（O）、氮（N）、磷（P）、钾（K）、硫（S）、钙（Ca）、氯（Cl）和镁（Mg）。

氮是培养物生长的必需元素，也是胚胎发生的必需因素之一。培养基中的氮主要是硝态氮（NO_3^-）和铵态氮（NH_4^+），一般以两者混合使用的效果较好。培养基中多以 KNO_3 或 $Ca(NO_3)_2$ 的硝态氮形式来满足培养物对氮素的需求。也有培养基以铵态氮为主，通过添加 $(NH_4)_2SO_4$ 来满足酸性植物的需要。营养培养基中通常至少含 25 mmol/L 的硝酸盐和 25 mmol/L的钾盐。若铵含量超过 8 mmol/L，则会对培养物产生毒害作用。如果常规的愈伤组织培养和细胞悬浮培养的培养基中同时含有硝态氮和铵态氮，培养基的总氮量可以增加至60 mmol/L。

磷也是植物生长发育的必需元素，培养基中需要加入大量的磷。磷参与 DNA 和 RNA 的生物合成、蛋白质的生物合成、光合作用、呼吸作用，能量的贮存、转化与释放，以及细胞分化增殖等重要的生理生化过程。

钾是培养基中主要的阳离子，与酶活力有关。近年来钾在培养基中的用量呈逐渐提高的趋势。

硫、钙、钠、镁、氯等元素影响培养物中酶的活力和新陈代谢的过程。钙、钠和镁的用量相对较少,一般适宜的浓度范围为 $1\sim3$ mmol/L。培养基所需的氯和钠由钙盐、磷酸盐或微量营养成分提供。

微量元素的需要量较少,一般为 $10^{-4}\sim10^{-2}$ mmol/L。微量元素包括铁(Fe)、硼(B)、锰(Mn)、锌(Zn)、钴(Co)、钼(Mo)、铜(Cu)、碘(I)等。微量元素含量稍多会对培养物产生毒害作用。铁对培养物叶绿素的合成以及延长生长起重要作用,培养基中的铁一般以硫酸亚铁($FeSO_4$)与乙二胺四乙酸二钠(Na_2EDTA)螯合物的形式存在。

(二) 有机成分

1. 碳源和能源

植物组织培养中外植体的光合作用能力比较低,为满足外植体生长发育所需的能源,通常在培养基中加入一些碳水化合物。糖类在培养基中既可作为能源,也可作为碳源,还能维持培养基的渗透压。常用的糖类物质有蔗糖、葡萄糖和果糖。

蔗糖是最常用的碳源,效果也最好。如果实验对药品的纯度要求不高,为降低成本,可用市售白糖代替蔗糖。培养基中蔗糖的浓度一般是 $1\%\sim5\%$,常用浓度为 3%(30 g/L)。有的培养基蔗糖浓度高达 7%,甚至 15%,如玉米、油菜等植物的花药培养。一般而言,蔗糖作为碳源和渗透剂的比例为 3:($1\sim2$),即有 $1/4\sim2/5$ 的蔗糖用于保持培养基的渗透压。

培养基中也可用葡萄糖、果糖、山梨醇、麦芽糖、半乳糖、甘露糖、乳糖等作为碳源。红杉属植物和玉米胚乳的组织培养物甚至可以利用淀粉作为唯一碳源。

2. 维生素

维生素是参与生长发育与代谢所必需的一类微量小分子有机化合物,在调节物质代谢和维持生理功能等方面发挥着重要作用。大多数培养的细胞都能合成必需的维生素,但数量上显著不足。为使培养物很好地生长,通常在培养基中补加一种或一种以上的维生素。在植物组织培养中常用的有维生素 B_1(盐酸硫胺素)、B_3(烟酸)、B_5(泛酸钙)、B_6(盐酸吡哆醇)和肌醇。其中维生素 B_1 是所有细胞和组织必需的基本维生素,其作用是促进愈伤组织生长,提高愈伤组织分化能力,参与有机体的物质转化,活化氧化酶,促进生长发育,诱导不定根的发育等。维生素 B_3、B_6 虽然也常用来促进培养物的生长,尤其能促进含氮物质的转化,但在许多植物中它们对细胞的生长可能并非必需。肌醇(环己六醇)本身不促进外植体的生长,但可能有助于活性物质发挥作用,提高维生素 B_1 的效果,从而促进外植体生长、胚状体及芽的形成。其他几种维生素如维生素 B_9(叶酸)、维生素 E(生物素)和维生素 B_2(核黄素)等,植物对它们的需要几乎微乎其微,主要是在极低密度的细胞培养中应用。而维生素 C 主要是在防止愈伤组织褐化时使用。

培养基中维生素的浓度范围一般为 $0.1\sim1.0$ mg/L。各种维生素几乎都溶于水,唯有叶酸例外,先要用少量稀氨水溶解,然后加蒸馏水定容。

3. 氨基酸

在正常情况下,离体培养的细胞都能合成各种代谢过程需要的氨基酸。但对于原生质体培养和细胞系的建立而言,在培养基中添加氨基酸对于刺激细胞生长仍具有重要意义。培养基中常用的氨基酸有甘氨酸(Gly)、丝氨酸(Ser)、酪氨酸(Tyr)、谷氨酰胺(Gln)、天冬酰胺(Asp)等,它们是培养基中重要的有机氮源。甘氨酸有利于离体根的生长,对培养物的生长也有良好的促进作用,在培养基中的含量一般为 $2\sim3$ mg/L。丝氨酸、谷氨酰胺能促进花药胚状体或不定芽的分化。酪氨酸可不同程度地替代水解酪蛋白或水解乳蛋白的作用。在植物组织培养时各种氨基酸的用量不同,其中除天冬酰胺需用酸或碱溶解外,其他几种皆可水溶。

二、植物生长调节物质的种类及作用

植物生长调节物质对外植体愈伤组织的诱导和细胞、组织、器官的生长、分化具有重要的调节作用。虽然植物生长调节物质在培养基中的用量极少,但通常是必需的。不同培养物对于植物生长调节物质的要求不同。使用时还需考虑培养物的内源激素水平。最常用的植物生长调节物质是生长素类和细胞分裂素类(见第二章)。

三、培养基的附加物种类及作用

(一)琼脂

琼脂是从海藻中提取的一种高分子碳水化合物,主要作用是使培养基在常温下固化,起支持的作用,不参与植物代谢过程。琼脂在组织培养中一直被作为首选的固体培养基质而广泛应用。

实际使用时,琼脂纯净度、培养基的 pH、加热时间与温度等因素均会影响琼脂的凝固能力。新买来的琼脂应先试其凝固能力后再决定用量。通常纯净度高、含杂质少、色浅、透明、质量好的琼脂用量在 $0.6\% \sim 1\%(6 \sim 10 \text{ g/L})$。有些琼脂纯度低,用量就相应多一些。当培养基偏酸时,琼脂用量要增加。此外,加热时间过长、温度过高均会使琼脂的凝固力下降。

琼脂条便宜,但煮起来麻烦;琼脂粉使用方便,杂质少,但价格较高。对质量差的琼脂(如色黄、杂质多),在使用前最好用蒸馏水洗涤,以减少其中的无机盐和可溶性有机物的含量。在经济条件有限时,可用琼脂的替代品。例如,将洗净晒干的海藻石花菜(*Gelidium amansii*)或江蓠(*Gracilaria verrucosa*)剪碎,每升培养基称取 $30 \sim 40$ g 海藻,加热熔化。还可以称取 $50 \sim 60$ g 市售食用淀粉,在 1 L 培养基中热溶,冷却即成简化的凝固剂。

(二)有机附加物

在某些植物组织培养中有时还加入一些有机附加物,主要是一些化学成分不明的混合物。其作用是提供一些必要的微量营养成分、生理活性物质和生长调节物质等。例如,水解酪蛋白(CH)和水解乳蛋白(LH)是多种氨基酸的混合物,对胚状体、不定芽或多胚的分化有良好的促进作用。椰子汁(椰乳,CM)、酵母提取物(YE)、番茄汁(TJ)、香蕉泥、麦芽浸出物(ME)、玉米胚乳等是天然的有机附加物。椰子汁常用浓度为 $10\% \sim 50\%$。椰子汁从椰子(*Cocos nucifera*)中倒出后应立即煮沸过滤除去蛋白质,高压消毒后贮存于 -20 ℃冰箱中备用。酵母提取物常用浓度为 0.5%,番茄汁常用浓度为 $5\% \sim 10\%$。香蕉泥常用浓度为 $10\% \sim 20\%$,具有较大的 pH 缓冲作用,主要用于兰花的组织培养,对幼苗发育有促进作用。

有机附加物在植物组织培养中往往具有很好的效果。但在实验过程中,只要可能,应尽量避免使用这些天然物质(尤其是果实提取物),因为这些天然有机物成分复杂而且不确定,在样品间的差异将会影响实验的重复性。因而在培养基的配制中应尽量选用成分已知的合成有机物。

四、培养基的添加物种类及作用

（一）活性炭

培养基中常加入活性炭,目的主要是利用其吸附能力,减少一些有害物质的影响,如在兰花培养中可防止酚类物质污染而引起组织褐化死亡;活性炭对培养物的形态发生和器官形成有良好的效应,如在失去胚状体发生能力的胡萝卜悬浮培养细胞中加入1%~4%的活性炭,可使胚状体的发生能力得到恢复;活性炭的加入使培养基变黑,还有利于某些植物生根。但活性炭对物质的吸附无选择性,既吸附有害物质,也吸附有利物质,如植物生长调节物质、培养基的营养成分(如维生素)等。因此在使用时应慎重考虑,浓度不宜过高,一般在0.02%~1.0%,以0.1%~0.5%较为常用。在高压灭菌之前加入活性炭会降低培养基的pH,使琼脂不易凝固,在配制培养基时应加以注意。

（二）硝酸银

培养物在培养过程中会产生乙烯,乙烯影响培养物的生长和分化,严重时甚至导致培养物的衰老和落叶。硝酸银($AgNO_3$)中的Ag^+能竞争性地与细胞膜上的乙烯受体蛋白结合,从而抑制乙烯的活性。在单子叶植物如小麦和玉米,双子叶植物如向日葵(*Helianthus annuus*)、拟南芥(*Arabidopsis thaliana*)及许多芸薹属植物的培养基中加入适量的硝酸银,能促进愈伤组织的器官发生或体细胞胚胎的发生,并能使某些原来再生困难的物种分化出再生植株。硝酸银的使用浓度一般为1~10 mg/L。硝酸银有毒性,应注意不要把培养物长期保存在含有硝酸银的培养基上。

（三）抗生素

添加抗生素至培养基中的主要目的是防止外植体内生菌引起的污染。常用的抗生素有青霉素、链霉素、土霉素、四环素、氯霉素、利福平、卡那霉素和庆大霉素等。使用浓度一般为5~20 mg/L。抗生素大多需过滤灭菌。使用抗生素时,须注意有针对性地选择抗生素的种类,有时甚至需要几种抗生素结合使用。抗生素对培养物的生长发育往往有一定的抑制作用。

第二节　植物营养培养基的种类

植物组织培养是否成功,在很大程度上取决于对培养基的选择。不同培养基有不同的配方和特点,适用于不同的培养物和培养条件。培养基中生长调节物质的种类和数量,随着不同培养阶段和不同材料而有变化,因此各配方中均不列入。

一、基本培养基的种类及特点

（一）MS培养基

MS培养基(表4-1)是1962年Murashige和Skoog为培养烟草材料而设计的。它的特点是无机盐的浓度较高,为较稳定的平衡溶液。其养分的数量和比例较合适,可满足植物的营养和生理需要。它的硝酸盐含量较其他培养基为高,可广泛地用于植物器官、花药、细胞和原生质体的培养。有些培养基是由 MS 培养基演变而来的,如 LS 培养基(Linsmaier 和 Skoog, 1965 年)及 RM 培养基(田中,1964 年),其基本成分均与 MS 培养基大致相同。LS 培养基去掉了甘氨酸、盐酸吡哆醇和烟酸;RM 培养基是把硝酸铵的含量提高到了 4950 mg/L,把磷酸二氢钾的含量提高到了 510 mg/L。

表 4-1 MS 培养基的成分及用量

成 分	用量/(mg/L)	成 分	用量/(mg/L)
硝酸铵(NH_4NO_3)	1650	氯化钴($CoCl_2 \cdot 6H_2O$)	0.025
硝酸钾(KNO_3)	1900	硫酸锰($MnSO_4 \cdot 4H_2O$)	22.3
磷酸二氢钾(KH_2PO_4)	170	硫酸锌($ZnSO_4 \cdot 7H_2O$)	8.6
硫酸镁($MgSO_4 \cdot 7H_2O$)	370	硼酸(H_3BO_3)	6.2
氯化钙($CaCl_2 \cdot 2H_2O$)	440	甘氨酸	2.0
硫酸亚铁($FeSO_4 \cdot 7H_2O$)	27.8	盐酸硫胺素	0.1
乙二胺四乙酸二钠(Na_2EDTA)	37.3	盐酸吡哆醇	0.5
碘化钾(KI)	0.83	烟酸	0.5
钼酸钠($Na_2MoO_4 \cdot 2H_2O$)	0.25	肌醇	100
硫酸铜($CuSO_4 \cdot 5H_2O$)	0.025	蔗糖	30 000

pH 5.8

(二) White 改良培养基

White 培养基是 1943 年由 White 为培养番茄根尖而设计的。1963 年又作了改良,称为 White 改良培养基(表 4-2),在培养基中提高了 $MgSO_4$ 的浓度并增加了硼素,其特点是无机盐含量较低,适合于生根培养,对胚胎培养或一般组织培养也有很好的效果,也适合于木本植物的组织培养。

表 4-2 White 改良培养基的成分及用量

成 分	用量/(mg/L)	成 分	用量/(mg/L)
硝酸钾(KNO_3)	80	硼酸(H_3BO_3)	1.5
硝酸钙($Ca(NO_3)_2 \cdot 4H_2O$)	300	硫酸铜($CuSO_4 \cdot 5H_2O$)	0.001
硫酸镁($MgSO_4 \cdot 7H_2O$)	720	氧化钼(MoO_3)	0.000 1
硫酸钠(Na_2SO_4)	200	甘氨酸	3
氯化钾(KCl)	65	盐酸硫胺素	0.1
磷酸二氢钠($NaH_2PO_4 \cdot H_2O$)	16.5	盐酸吡哆醇	0.1
硫酸铁($Fe_2(SO_4)_3$)	2.5	烟酸	0.3
硫酸锰($MnSO_4 \cdot 4H_2O$)	7	肌醇	100
硫酸锌($ZnSO_4 \cdot 7H_2O$)	3	蔗糖	20 000

pH 5.6

(三) B_5 培养基

B_5 培养基(表 4-3)是 1968 年由 Gamborg 等为培养大豆根细胞而设计的。其主要特点是含有较少的铵盐,因为铵盐可能对不少培养物的生长有抑制作用。研究发现,有些植物的愈伤组织和悬浮培养物在 MS 培养基上生长得比在 B_5 培养基上要好,而有些植物如双子叶植物特别是木本植物,更适合生长在 B_5 培养基上。SH 培养基(Schenk 和 Hidebrandt,1972 年)与 B_5 培养基相似,但不用 $(NH)_2SO_4$ 而改用 $NH_4H_2PO_4$,用于一些单子叶植物和双子叶植物的培养,具有较好的效果。

表 4-3　B_5 培养基的成分及用量

成　分	用量/(mg/L)	成　分	用量/(mg/L)
磷酸二氢钠($NaH_2PO_4 \cdot H_2O$)	150	钼酸钠($Na_2MoO_4 \cdot 2H_2O$)	0.25
硝酸钾(KNO_3)	3000	硫酸铜($CuSO_4 \cdot 5H_2O$)	0.025
硫酸铵(($NH_4)_2SO_4$)	134	氯化钴($CoCl_2 \cdot 6H_2O$)	0.025
硫酸镁($MgSO_4 \cdot 7H_2O$)	700	碘化钾(KI)	0.75
氯化钙($CaCl_2 \cdot 2H_2O$)	150	盐酸硫胺素	0.4
硫酸亚铁($FeSO_4 \cdot 7H_2O$)	27.8	盐酸吡哆醇	1.0
乙二胺四乙酸二钠(Na_2EDTA)	37.3	烟酸	1.0
硫酸锰($MnSO_4 \cdot 4H_2O$)	10	肌醇	100
硼酸(H_3BO_3)	3	蔗糖	20 000
硫酸锌($ZnSO_4 \cdot 7H_2O$)	2		

pH　5.5

(四) N_6 培养基

N_6 培养基(表 4-4)是 1974 年由我国朱至清等为水稻等禾谷类作物花药培养而设计的。其特点是成分较简单,KNO_3 和 $(NH_4)_2SO_4$ 含量高,不含钼元素。目前在国内已广泛应用于小麦、水稻等的花药培养和其他植物的组织培养。

表 4-4　N_6 培养基的成分及用量

成　分	用量/(mg/L)	成　分	用量/(mg/L)
硝酸钾(KNO_3)	2 830	硫酸锌($ZnSO_4 \cdot 7H_2O$)	1.5
硫酸铵(($NH_4)_2SO_4$)	463	硼酸(H_3BO_3)	1.6
磷酸二氢钾(KH_2PO_4)	400	碘化钾(KI)	0.8
硫酸镁($MgSO_4 \cdot 7H_2O$)	185	甘氨酸	2.0
氯化钙($CaCl_2 \cdot 2H_2O$)	166	盐酸硫胺素	1.0
硫酸亚铁($FeSO_4 \cdot 7H_2O$)	27.8	盐酸吡哆醇	0.5
乙二胺四乙酸二钠(Na_2EDTA)	37.3	烟酸	0.5
硫酸锰($MnSO_4 \cdot 4H_2O$)	4.4	蔗糖	50 000

pH　5.8

(五) VW 培养基

VW 培养基(表 4-5)是 1949 年由 Vacin 和 Went 设计的,用于气生兰的组织培养。其特点是总的离子强度稍低些,磷以磷酸钙形式供给,由于磷酸钙的水溶性差,在配制时要先用 1 mol/L HCl 溶液溶解后再加入混合溶液中。

表 4-5　VW 培养基的成分及用量

成　分	用量/(mg/L)	成　分	用量/(mg/L)
磷酸钙($Ca_3(PO_4)_2$)	200	硫酸镁($MgSO_4 \cdot 7H_2O$)	250
磷酸二氢钾(KH_2PO_4)	250	酒石酸铁($Fe_2(C_4H_4O_6)_3 \cdot 2H_2O$)	28
硝酸钾(KNO_3)	525	硫酸锰($MnSO_4 \cdot 4H_2O$)	7.5
硫酸铵(($NH_4)_2SO_4$)	500	蔗糖	20 000
pH　5.0～5.2			

（六）马铃薯简化培养基

在经济条件较差的农科站和中学中可以使用马铃薯简化培养基。其价格只相当于 MS 培养基的 20% 左右,既经济又实用,而且容易取材,有利于植物组织培养技术的推广和普及。配制时每 1 L 培养基称取 200 g 马铃薯,不削皮,洗净,切成小块,加一定量的蒸馏水煮沸 30 min,用两层纱布过滤。余下的渣滓同法再煮一次,过滤。两次滤液加在一起不超过培养基总体积的 45%。然后加入其他附加成分,如小麦花药培养基加入 9% 蔗糖,铁盐同 MS 培养基,pH 为 5.8 左右。

二、培养基的选择

在建立一个新的实验体系时,为了能研制出一种适合的培养基,最好先从一种已被广泛采用的基本培养基(如 MS 培养基)开始。当通过一系列的实验,对这种培养基进行了某些定性和定量的小变动之后,即有可能得到一种能满足实验需要的新培养基。在改变一种培养基的时候,无机成分和有机成分应当分别处理。

在植物组织培养基中常变动的因子是生长调节物质,尤其是生长素和细胞分裂素。例如,各有 5 种不同浓度(0 μmol/L、0.5 μmol/L、2.5 μmol/L、5 μmol/L、10 μmol/L)的某种生长素(如 NAA)和某种细胞分裂素(如 BAP),这 2 种激素 5 种浓度的所有可能组合,即构成了一个具有 25 项处理的实验(表 4-6)。由这 25 项处理中选出最好的一个,然后在保持浓度不变的情况下,再试验其他种类的生长素和细胞分裂素。当改变细胞分裂素的种类时,保持生长素不变,反之亦然。另外,虽然高浓度盐分培养基对若干实验体系来说都已证明效果很好,但有某些培养物在低浓度盐分培养基上生长得更好,因此就还有必要试验在保持生长调节物质最佳组合不变的情况下,1/2 和 1/4 水平的基本培养基盐分的效果。最后,还要进行一系列的实验以确定适合的蔗糖浓度。

表 4-6　2 种激素 5 种浓度的组合

		BAP 浓度/(μmol/L)				
		0	0.5	2.5	5	10
NAA 浓度/(μmol/L)	0	1	2	3	4	5
	0.5	6	7	8	9	10
	2.5	11	12	13	14	15
	5	16	17	18	19	20
	10	21	22	23	24	25

第三节　植物营养培养基的配制

　　由于培养基在植物组织培养中的作用非常重要,因此培养基的选择和配制是植物组织培养过程中的关键步骤之一。配制培养基有两种方法可供选择:一是购买培养基中所有化学药品,按照需要自行配制;二是购买混合好的培养基基本成分粉剂,如 MS、B₅ 等。就目前国内的情况看,大部分还是自行配制。自行配制可以节约费用,但耗费时间、人力,且有时由于药品的质量问题,会给实验带来麻烦。

　　严格来讲,为避免杂质的干扰,配制培养基的水最好是蒸馏水,甚至是超纯水;所用的化学药品也最好为分析纯或化学纯;植物生长调节物质有时需要重结晶或选用高纯度的;蛋白质水解物最好用酶水解的,以使氨基酸更好地在自然状态中保存。

一、培养基母液的配制

　　为避免每次配制培养基都要对几十种化学药品进行称量,最方便的方法是预先配制好不同组分的培养基母液(mother liquid)。将培养基中的各种成分,按原量 10 倍、100 倍,甚至 1 000倍称量,配成浓缩液,这种浓缩液称为母液,也称贮备液。每次配制培养基时,按一定比例稀释母液即可。使用母液可减少培养基配制的工作量,还可降低多次称量可能带来的误差。

　　母液的配制有两种方法:一种是配制单一化合物母液,适合于多种培养基都需要的同一成分母液;另一种是配成几种不同化合物的混合母液,适于大量需要的同种培养基。如需要大量 MS 培养基(表 4-7),就要配制大量元素、微量元素、铁盐、有机物质以及植物生长调节物质母液。

表 4-7　MS 培养基母液的配制

母液种类	成　　　分	规定用量 /(mg/L)	扩大倍数	称取量 /mg	定容体积 /mL	吸取量 /(mL/L)
大量元素	KNO_3	1 900	20	38 000	1 000	50
	NH_4NO_3	1 650		33 000		
	$MgSO_4 \cdot 7H_2O$	370		7 400		
	KH_2PO_4	170		3 400		
	$CaCl_2 \cdot 2H_2O$	440		8 800		
微量元素	$MnSO_4 \cdot 4H_2O$	22.3	1 000	22 300	1 000	1
	$ZnSO_4 \cdot 7H_2O$	8.6		8 600		
	H_3BO_3	6.2		6 200		
	KI	0.83		830		
	$Na_2MoO_4 \cdot 2H_2O$	0.25		250		
	$CuSO_4 \cdot 5H_2O$	0.025		25		
	$CoCl_2 \cdot 6H_2O$	0.025		25		

母液种类	成　　分	规定用量 /(mg/L)	扩大倍数	称取量 /mg	定容体积 /mL	吸取量 /(mL/L)
铁盐	Na_2 EDTA	37.3	200	7 460	1 000	5
	$FeSO_4 \cdot 7H_2O$	27.8		5 560		
有机物质	烟酸	0.5	50	25	500	10
	甘氨酸	2.0		100		
	盐酸硫胺素	0.1		5		
	盐酸吡哆醇	0.5		25		
	肌醇	100		5 000		

（一）大量元素母液

大量元素成分包括硝酸铵等几种用量较大的化合物。制备时，按顺序分别称取、溶解，按顺序混合、定容。

（二）微量元素母液

因用量少，为称量方便和精确起见，应配成 100 倍或 1 000 倍的母液。配制时，每种化合物的量加大 100 倍或 1 000 倍，依次溶解后再混合、定容。

（三）铁盐母液

铁盐要单独配制。将硫酸亚铁（$FeSO_4 \cdot 7H_2O$）5.56 g 和乙二胺四乙酸二钠（Na_2EDTA）7.46 g 分别溶解于 450 mL 蒸馏水中，煮沸冷却后混合，再煮沸冷却，将 pH 调节到 5.5，加蒸馏水定容至 1 L。注意避光保存。每配制 1 L MS 培养基，加铁盐母液 5 mL。

（四）有机物质母液

有机物质母液成分主要包括氨基酸和维生素类物质。分别称量、溶解，然后混合、定容。

（五）植物生长调节物质母液

配制时要单独称量、溶解、定容。这类物质使用浓度很低，一般为 0.01～10 mg/L。可按用量的 100 倍或 1 000 倍配制母液。一般宜配制成 0.5 mg/mL 的母液，这样的浓度既便于计算，也可避免冷藏时形成结晶。

配制母液时要注意各种化合物的组合以及加入的先后顺序，以免发生沉淀。通常把每种试剂先单独溶解，然后混合、定容。配制好的母液应分别贴上标签，注明母液名称、扩大倍数、每 1 L 培养基需要吸取的量以及配制的时间。母液最好置于棕色瓶中，并放在冰箱中保存，以免变质、发霉。各类母液贮存时间不宜过长，尤其是有机物质母液和植物生长调节物质母液。若出现霉变或沉淀，则必须停止使用。

二、培养基的配制

配制培养基的一般程序如下：

（1）根据培养基的配方，量取一定量的各种母液，置于同一只烧杯中。

（2）用天平称取一定量的琼脂、蔗糖。

（3）在琼脂中加入一定量的蒸馏水，加热并不断搅拌，至琼脂煮好并呈透明状后，停止加热。配制液体培养基则无须加入琼脂、加热。

（4）将各种母液、蔗糖加入煮好的琼脂中，加水至所需体积，搅拌均匀，配成培养基。

（5）培养基配制好后，立即进行 pH 的调整。通常用 1 mol/L NaOH 或 HCl 溶液来调节 pH。

（6）配制好的培养基，要趁热进行分装。可采用烧杯、漏斗直接分注。一般以培养基占培养容器的 1/4～1/3 为宜。

（7）培养基分装后应立即灭菌。通常在高压蒸汽灭菌锅内灭菌，121 ℃时保持 15 min 左右即可。如果没有高压蒸汽灭菌锅，也可采用间歇灭菌法进行灭菌，即将培养基煮沸 10 min，24 h 后再煮沸 20 min，如此连续灭菌 3 次，即可达到完全灭菌的目的。

（8）高压灭菌后的培养基凝固后，宜将其放到培养室中预培养 2～3 d，若没有杂菌污染则可放心使用。

三、配制培养基时应注意的主要问题

Street 曾说："在实验中由培养基制备上的错误所造成的问题比由任何其他技术过失所造成的要多。"为尽量减少人为误差，配制培养基时必须严格地进行操作。为避免配制时忙乱而出现错漏，可先准备一份配制培养基的成分单，将培养基的全部成分和用量填写清楚。配制时，按照一定的内容顺序，逐一称取，尽量避免出现差错。

由于培养基的 pH 直接影响培养物对营养成分的吸收，还影响琼脂的凝固情况，因此培养基配制好后应立即调整 pH。最好用酸度计测试，既快又准。如无酸度计，可用精密 pH（4.5～7.0）试纸，但最好用两种试纸同时测定，以免因为只使用一种 pH 试纸偏差太大而影响培养物的生长。一般而言，pH 在灭菌之前调到 5.0～6.0。通常当 pH 高于 6.0 时，培养基会变硬；若 pH 低于 5.0，则琼脂不能很好地凝固。有些培养物对 pH 有特殊的要求，例如玉米胚乳愈伤组织在 pH7.0 时鲜重增长最快，在 pH6.1 时干重增长最快。

如果用高压蒸汽灭菌锅灭菌，为保证灭菌彻底，在灭菌锅增压前应先将锅内的冷空气放尽。可先打开放气阀，煮沸 15 min 后再关闭，或等大量热蒸汽排出后再关闭；也可采用先关闭放气阀，待压力升到 0.05 MPa 时打开放气阀排出空气，再关闭放气阀的方法。高压灭菌时间不宜过长，压力也不可过高，否则易导致培养基中的蔗糖和有机物质分解，甚至造成培养基凝固困难。灭菌完成后，应待灭菌锅内压力读数接近"0"时才打开放气阀。切勿为急于取出培养基而早早打开放气阀放气，否则易导致锅内气压下降太快而引起减压沸腾，使培养基溢出，造成浪费或污染，甚至烫伤操作人员。

对于一些遇热不稳定的物质，如吲哚乙酸、玉米素等，则不能进行高压蒸汽灭菌，而要采用过滤灭菌的方法进行灭菌。

配制好的培养基若不能及时灭菌，最好放入冰箱或冰柜中，在 24 h 内完成灭菌工作。灭菌后的培养基若暂时不用，应放置于 10 ℃下保存，而含有生长调节物质的培养基则宜保存在 4～5 ℃下。含吲哚乙酸或赤霉素的培养基应在配制灭菌后 1 周内用完，其他培养基应该在消毒后 2 周内用完，最多不超过 1 个月，以免培养基干燥变质。

小 结

对于植物组织培养来说,培养基就是培养物的营养来源。任何组织培养工作都离不开培养基。每一种培养物在不同情况下对培养基的要求不一样。虽然目前已经有多种各具特点的培养基配方,但迄今为止还没有一个普遍适用的培养基。因此,在开展组织培养工作之前,应尽量根据培养物的需求找到合适的培养基。只有选用满足培养物需求的培养基,才有可能使培养物的生长发育尽如人意。因此,在建立一个新的培养系统之前,最好先查阅资料,根据培养的目的和条件、培养物的特点以及培养基的特点,选择合适的培养基配方。有时甚至还需要在基本培养基的基础上,通过设计一系列实验,比较不同培养基配方的效果,从而确定适合的培养基配方。

一般培养基的基本成分包括无机成分和有机成分。无机成分包括植物生长的必需元素;有机成分包括碳源、维生素、氨基酸等,为植物生长提供碳源、氮源,参与植物代谢过程。生长调节物质是培养基中不可缺少的关键物质,其用量虽然极少,但对外植体的诱导和器官的分化起着重要的调节作用。在固体培养基中,要加入琼脂作为凝固剂。培养基中还常添加一些有机附加物,如水解乳蛋白、椰子汁、番茄汁等,为植物生长提供一些必要的微量营养成分、生理活性物质和生长调节物质等。培养基中还常添加活性炭以减少一些有害物质的影响,加入硝酸银抑制乙烯的活性,添加抗生素防止外植体内生菌造成的污染。培养基中各成分的浓度一般以 mg/L 表示,也使用 mmol/L 或 μmol/L 来表示浓度(国际植物生理协会建议)。琼脂、蔗糖的浓度通常还以 g/L 或%(g/mL)表示。

在配制培养基时,为了取用方便,应先按照配方配制母液,然后按照操作程序进行琼脂的溶解、定容、调节 pH 等,最后进行培养基的分装和灭菌。

复习思考题

1. 植物组织培养的培养基有哪些成分?它们各有什么作用?
2. 常用的植物营养培养基有哪些?它们各有什么特点和用途?
3. 植物营养培养基的母液通常有几种?MS 培养基的母液怎样配制?
4. 简述 MS 培养基配制的基本过程。

第五章

植物器官培养与离体快繁

【知识目标】

1. 掌握不同植物器官培养的基本技术及其影响因素。

2. 了解植物器官培养的机理,理解不同器官培养的区别及意义。

3. 了解植物离体快繁的含义和途径。

4. 掌握植物离体快繁的操作流程。

【技能目标】

1. 通过学习和实践,能够利用植物的根、叶片、花器官等诱导出愈伤组织。

2. 通过查阅文献及实践,学会利用茎尖、带芽茎段培养组培苗。

3. 通过实践,学会组培苗的继代增殖和炼苗移栽技术。

4. 通过学习植物离体快繁技术,进一步加深对植物离体培养技术原理的认识,并能够利用不同植物材料在实践中进行植物快繁。

第一节　植物的器官培养

一、植物器官培养的意义

植物器官培养能保持器官所具有的特征性结构,是研究器官生长、营养代谢、生理生化、组织分化和形态建成的最好方法,在生产实践中具有重要的应用价值。通过植物器官培养还可以快速建立试管苗,在短期内提高繁殖速率,进行名贵品种的快繁;利用茎尖培养也可得到脱毒试管苗,解决品种的退化问题,提高产量和质量;将植物器官作诱变处理,可得到突变株,进行细胞突变育种等。

二、植物器官培养的种类

植物器官的离体培养可以分为植物营养器官培养和植物繁殖器官培养,其中植物营养器官培养包括根、茎和叶的培养,植物繁殖器官培养包括花、种子和胚胎培养。详见表 5-1。

表 5-1　植物器官培养的种类

分类	植物营养器官培养			植物繁殖器官培养		
	根培养	茎培养	叶培养	花培养	种子培养	胚胎培养
器官	根段	茎尖、茎段	叶原基、叶柄、叶鞘、叶片、子叶	花托、花瓣、花丝、花柄、子房、花药	成熟种子、未成熟种子	幼胚、成熟胚、胚珠、子房、胚乳

三、植物器官培养的应用

（一）植物营养器官培养

花卉、果树、林木等植物营养器官,如根段、茎段、腋芽等可诱导产生丛生芽或不定芽,在短期内获得大量再生植株,因此植物营养器官的培养在植物繁殖中占有重要地位。

1. 根段培养

植物根段培养是指以植物根段作为外植体进行离体培养的技术。离体根的培养是探索植物根系生理代谢活动、器官分化及形态建成的良好实验体系。目前已应用于碳源供给和氮源代谢过程,无机营养的需求,维生素的合成与作用,生物碱的合成与分泌,根系形成层中细胞的分裂、分化与伸长,芽和根形成的相关性等方面的研究工作。此外,根段培养对生产药物也有重要作用,对于只能在根系中或主要在根系中合成的化合物,离体根培养则为其生产提供了重要途径。

2. 茎段培养

茎段培养是指对不带芽或带有腋(侧)芽或叶柄的茎切段,包括幼茎和木质化的茎切段,进行离体培养的技术。通过茎段培养进行苗木的试管繁殖生产技术已日臻完善,并逐步成为一种常规生长技术。

3. 叶培养

离体叶培养是指包括幼嫩叶片、成熟叶片、叶柄、子叶、叶鞘、叶尖组织、叶原基等叶组织作为外植体的无菌培养技术。由于叶片是植物进行光合作用的重要器官,又是某些植物的繁殖器官,因此离体叶培养在植物器官培养中占有重要地位。很多植物的叶具有强大的再生能力,能从叶片产生不定芽。

（二）植物繁殖器官培养

植物的繁殖器官包括花托、花瓣、花丝、花柄、子房、花茎和花药等花器官,还包括果皮、果肉等果实器官和胚珠、胚乳、种子等种子器官。

1. 花器官培养

花器官是研究细胞形态发生的优良材料。离体花芽培养,可用于花的性别决定研究,有助于了解内、外源激素在花芽性别决定中的作用,从而人为地控制性别分化。在果实和种子的发育研究中,可帮助人们了解内、外源植物激素在果实和种子发育过程中的调控作用。此外,还可用于苗木的快繁和生产,加速稀有珍贵品种的繁殖和保存。因此,花器官培养无论是在理论研究中还是在生产应用中都具有重要价值。

2. 幼果培养

果实培养即利用果皮、果肉组织或细胞进行培养的组织培养工作。幼果培养主要用以进行果实发育和种子形成等方面的研究。不同发育阶段的幼果经过灭菌、分割和接种等程序后，可发育成成熟果实、愈伤组织和不定芽等。

四、植物器官培养的基本技术

植物器官培养的主要技术包括外植体的选择与消毒、形态发生、诱导生根与再生植株的移栽等。

（一）外植体的选择

1. 取材部位

植物的基本器官，如根、茎、叶、叶柄、花器官和果实等均可作为外植体，在人工培养条件下，通过不同的器官发生途径，再生成完整植株。外植体的选择，因培养物种和目的而异。如对根状茎植物（如草莓等）进行微繁时，匍匐枝的茎尖是适宜的外植体。

2. 外植体的生理状态

切取外植体时母体植株的生理状态对于芽的产生有显著影响，在生长季节开始时（如春天）从活跃生长的枝条上，切取茎尖等外植体，其再生能力强。此外，从温室或培养室中的植株上采取的外植体较来源于大田植株的好。

3. 植物种类和基因型

来源于不同植物的外植体，其再生能力不同；同一植物种类，不同基因型外植体的再生能力也有明显差异。对于某一植株而言，不同器官的再生能力也不相同。茎尖、腋芽或小茎段是器官培养的首选外植体。

（二）外植体消毒

器官外植体消毒可选用 $10\%\sim12\%$ H_2O_2 消毒 $5\sim10$ min，或用 $0.1\%\sim1\%$ 升汞溶液浸泡 $2\sim10$ min，或用饱和漂白粉溶液浸泡 $10\sim30$ min，或用 1% 硝酸银溶液消毒 $5\sim30$ min，或用 0.1% 次氯酸钠溶液处理 $10\sim20$ min，也可用 $70\%\sim75\%$ 乙醇处理 $10\sim30$ s。在消毒时，通常将乙醇和其他消毒剂配合使用。例如在猕猴桃（*Actinidia chinensis*）叶片消毒时，先将叶片在 70% 乙醇中处理 10 s，再放入 0.1% 升汞溶液中消毒 5 min，效果很好。经不同消毒剂处理后，需用无菌水冲洗 $3\sim5$ 次，置于无菌纸上吸干表面水分，适当分割后接种。

（三）形态发生

外植体通常可通过不定芽、腋（侧）芽增殖、原球茎、小鳞茎和胚状体等 5 种形态发生途径再生成完整植株。

（四）诱导生根与再生植株的移栽

通过不定芽和腋芽增殖产生的试管苗，只有芽而没有根。因此，需诱导其生根，才能形成完整植株。诱导生根的方法有固体培养基诱导生根法和浸泡诱导生根法。

试管苗是在恒温、保湿、营养丰富、光照适宜和无病虫害侵染的优良环境下生长的，其组织发育程度不佳，植株幼嫩柔弱，抗不良环境能力差。移栽时，由于环境条件变化，常会产生组织失水和病菌感染而引起试管苗死亡。因此,试管苗移栽时要重点防失水、防感染。

五、植物器官培养的影响因素

(一)培养基成分

各种矿质元素可以促进植物组织培养中的器官发生,如提高无机磷的含量可显著促进各种茄属(*Solanum*)植物的器官分化,控制还原氮的用量有利于根的形成。降低培养基中矿质元素的含量可提高大多数植物的生根能力。各种天然复合物对器官发生也有一定的效果,如10%的椰子汁或10%的李子汁均可完全促进曼陀罗花药培养中胚状体的发生。

在以往大量的组织培养实践中,人们发现生长素和激动素的需要因培养对象的不同而异,各种植物内源激素水平的差异增加了问题的复杂性。例如,田旋花属(*Convolvulus*)及牵牛属(*Pharbitis*)的单细胞无性系不需任何激素条件就可分化芽,加入低浓度的激动素(10^{-5} mol/L)和生长素(10^{-5} mol/L)时芽的分化频率最高,表现了激动素和生长素的协同增效作用(synergism)。因此,外源激素的需求与否因培养材料而异,取决于内源激素水平。

不同的激素种类也影响器官发生,如石刁柏原生质体培养时获得的愈伤组织中,以BA和IAA或NAA配合时,发生茎芽,但改变为ZT与2,4-D的组合时就不发生。GA_3抑制烟草、紫雪花(*Plumbago indica*)、秋海棠及水稻的器官分化。乙烯对芽的分化也有一定作用,作用方向与植物种类和处理时间有关。例如,水稻愈伤组织在乙烯和CO_2共同作用下可促进芽的分化。乙烯还可促进菊苣(*Cichorium intybus*)根切断上芽的形成。在某些情况下,决定器官发生的不是生长素与激动素的比值而是其绝对浓度。因此,植物器官培养中的激素调控是个相对复杂的问题。

(二)环境条件

1. 光照

光照包括光强、光质和光周期,对器官分化有重要影响。一般培养物适合的光强为1 000~1 500 lx,光周期为12~16 h,近紫外光和蓝紫光促进芽的发生,而红光显著促进长根。

2. 温度

25 ℃左右的培养温度适于器官发生,但接近于植物原产地的生长温度对培养物更有利。昼夜温差对培养物的影响不同,如小麦、水稻花药培养在诱导形成愈伤组织时昼夜恒温较好,在器官分化阶段,昼夜有一定的温差有利于培育健壮的植株。

关于低温预处理对培养材料的影响已有不少报道,虽然其机理尚无定论,但效果是可以肯定的。研究发现,低温预处理后,可以延缓花粉的退化,使花粉偏离正常的配子体发育途径而转向孢子发育(许智宏,1986年),可以延缓药壁中层和绒毡层的降解作用,促使花药壁向花粉输送发育所需的各种营养物质。

3. 湿度

培养室适宜的湿度为70%~80%,在这个湿度下有利于器官的培养,湿度过低时会间接引起培养基失水,增加渗透压而影响培养效果。

六、植物器官培养的有关机理

（一）细胞分化与组织分化

外植体经过离体培养形成完整植株,首先要经过愈伤组织诱导阶段。此时细胞在培养基中激素的作用下,开始旺盛分裂形成愈伤组织,细胞外观上虽无明显变化,但细胞内一些大分子代谢动态已发生明显改变,如细胞质增加,淀粉等贮藏物质消失,为进入细胞分裂期的 DNA复制奠定了基础。随着愈伤组织的生长,细胞水平新的分化重新开始,形成了一些新的细胞类群,主要有薄壁细胞、分生细胞、管胞细胞、色素细胞等。随着发育进程的延续,出现了组织水平的分化,最常见的是维管组织的分化,同时在松散的愈伤组织内出现大量类分生组织及瘤状结构。

（二）器官水平的分化

植物离体培养中的器官分化有两种情况:一种是直接从外植体细胞上形成器官原基后发育成器官;另一种是先形成愈伤组织后形成不同的器官原基。组织培养中最常见的器官是根和芽,芽原基为外起源,即多数起源于培养物的浅表层细胞,如亚麻和烟草;根原基为内起源,多发生于组织的较深层。根、芽器官间一般没有维管束联系。

离体培养的实践发现,培养材料发生器官的能力大小差别很大,有的很容易,但有的植物到目前仍未获得再生植株。通过器官发生再生植株的方式有 3 种:第 1 种是最普遍的方式,即先分化芽,再分化根;第 2 种是先分化根,再分化芽,这种方式中芽的分化难度比较大;第 3 种是在愈伤组织块的不同部位上分化出根或芽,再通过维管组织的联系形成完整植株。

第二节　植物的离体快繁

一、植物离体快繁的含义

利用离体培养技术,将植物外植体在人工培养基和合适的条件下进行培养,以在短期内获得大量遗传性一致的个体的方法称为离体快速无性繁殖,简称为离体快繁、微繁殖（micropropagation）或快速繁殖。由离体无性繁殖获得的植株称为试管苗。

二、植物离体快繁的特点及意义

离体快繁是以选择的特定植物器官、组织甚至细胞,经过消毒,在无菌和人工控制条件下,在培养基上分化、生长,最终形成完整植株的繁殖方式。理论上离体快繁可应用于所有植物的繁殖,但是实际应用时,由于繁殖成本较高,主要应用于那些有性繁殖和常规无性繁殖方式不易繁殖的植物种类,以及植物基因工程产品和脱病毒苗木的下游开发繁殖。与其他繁殖方式相比较,离体快繁具有很大的优势。

1. 繁殖速度快

离体快繁最突出的优点是繁殖速度快,常规无性繁殖的繁殖系数仅仅为每年几倍到几十倍,而离体快繁可以将繁殖系数提高到每年几万倍到百万倍。如兰花的茎尖培养,一个茎尖一年内可得到 400 万株以上的植株;花叶芋常规繁殖只有每年几倍到十几倍,而离体快繁可达到每年几万倍到上百万倍;石刁柏一个腋芽半年可增殖 1 200 倍。此外,植物的离体快繁可以不受季节的影响,一年各个季节连续进行。目前,有很多种园艺植物,如非洲紫罗兰、香蕉、桉树、蕨类植物、非洲菊、大岩桐(*Sinningia speciosa*)、兰花和杜鹃花(*Rhododendron simsii*)等,都正在大规模地用组织培养方法进行繁殖。在离体条件下植物繁殖系数的提高,必然会显著缩短一个新品种由选育到推广所需的时间。由于通过检疫的植物材料其数量一般都是有限的,因此,离体快繁也应当能够加速通过检疫之后新作物的引种。

2. 可以繁殖有性繁殖和常规无性繁殖不易或者不能繁殖的植物

离体快繁技术可以用于繁殖系数低或种子繁殖困难的植物或育种材料,如杂交一代、自交系、三倍体、多倍体等;其中杂种优势利用中,杂交一代的快繁更具有实用价值,可能成为固定杂种优势的一种方法。非洲柚木(*Pericopsis elata*)是一种珍贵的热带树木,用扦插法繁殖困难,且扦插苗不能长出发达的主根,而用茎尖培养得到的组培苗,不仅繁殖快,且主根发达,生长快。

在雌雄异株植物中,种子繁殖后代有 50%雄株和 50%雌株,但在有些情况下,生产上只希望种植其中一个性别的植株,因此营养繁殖就极为重要。例如在石刁柏中,雄株比雌株价值高,但现在还不能通过茎插条进行无性繁殖。木瓜是另一种雌雄异株植物,在靠种子进行繁殖的果园中,由于要淘汰大量雄株,而淘汰又只有在植株长到开花期时才能进行,因此造成的损失很大,若对雌株进行离体无性繁殖,就可以避免这种损失。

3. 保存种质资源

离体快繁能够安全保存种质资源,利用组织培养技术保存种质资源,不受气候、病虫害的影响,节约人力、物力。在苗圃中,通过组织培养可以最大限度地减少用于保存原种所需的土地面积,在一个大约 3 m×3 m×5 m 房间里的培养架上所放置的培养瓶,即可保存几十亿个植株。

4. 繁殖无病毒苗木

离体快繁技术还可以繁殖和保存经脱毒处理的无病毒材料。脱毒处理后的无病毒植株,在一般的种植过程中,又有可能被病毒侵染,在存在着严重病害问题的情况下,植物离体快繁技术不仅可以把无病原菌植物既可靠又经济地保存起来,而且一旦需要,无论什么季节都可立即进行离体快繁。树番茄属(*Cyphomandra*)植物虽然很容易用插枝法繁殖,但为了确保植株的直立生长习性和不带病毒,实际上几乎总是用种子繁殖。而从成年树上切取外植体进行离体快繁,不但同样能确保直立生长习性和不带病毒,而且还可选择最优良的植物个体进行无性繁殖。

三、植物离体快繁的途径

对于再生能力强的植物材料,获得了无菌材料就等于建立了无菌培养系,而对于再生能力差的植物材料来说,获得了无菌材料还不等于建立起了无菌培养系,必须诱导外植体生长和分化。诱导外植体的生长和分化可以通过愈伤组织、不定芽、腋芽、单节茎段、原球茎等途径实现。

（一）愈伤组织再生途径

利用植物细胞在培养中无限增殖的可能性以及它们的全能性,可以对若干种植物类型进行离体快繁。由这些植物的器官或组织诱导形成的愈伤组织,通过器官发生或体细胞发生都有可能分化出植株。在能够适用的情况下,这常常是进行植物繁殖的最快的方法,因而也是克隆植物物种的一种潜在的方法。

不过,用愈伤组织培养进行植物繁殖时遇到的最严重的问题,是细胞在遗传上的不稳定性。例如,当通过愈伤组织培养繁殖石刁柏时,所得到的植株表现多倍性和非整倍性,而由茎芽培养所得到的植株都是二倍体的。用愈伤组织培养进行植物繁殖的另一个缺点是,随着几代保存时间的增加,愈伤组织最初表现的植株再生能力可能逐渐下降,最后甚至完全丧失。因此在对一个品种进行无性繁殖的时候,如果可能,应当避免使用这种方法。不过,对于某些重要的物种如柑橘、咖啡（Coffea）、小苍兰和棕榈来说,这是目前进行离体营养繁殖的唯一方法。

（二）不定芽形成途径

在叶腋和茎尖以外其他器官上所形成的芽称为不定芽。有些植物在活体的情况下即能由根、鳞茎或叶产生不定芽。而在离体培养的条件下,植物产生不定芽的频率可以显著提高。例如在秋海棠中,一般情况下芽只在切口形成,但在含有合适生长调节物质的培养基中,形成的芽几乎多到会将整个外植体表面覆盖;捕虫堇（Pinguicula alpina）在正常的情况下每个叶片只能产生一个植株,但通过离体培养,产生的植物数目可增加 15 倍。同时离体无性繁殖方法可以使小到 20～50 mg 重的外植体在培养中产生不定芽,而在自然情况下则不能成活。

离体培养的不定芽可以由愈伤组织发生（器官发生型的再生方式）,外植体失去原有轮廓,形成愈伤组织,在愈伤组织上发生不定芽。还可以由外植体表面直接发生（器官型的再生方式）,即由外植体脱分化的细胞直接分化形成不定芽,不经过愈伤组织阶段。某些蕨类植物在离体条件下产生不定芽的能力十分惊人。例如,若把槲蕨（Drynaria fortunei）的根茎（骨碎补）和鹿角蕨（Platycerium wallichii）放在无菌搅拌器中粉碎,由它们的组织碎片就能够产生大量的新植株。很多有特化贮藏器官的单子叶植物也具有强大的产生不定芽的能力。据报道,当在无激素培养基上培养时,由风信子（Hyacinthus orientalis）和虎眼万年青的几乎每一种器官,都能长出很多不定芽来。

对于植物的无性繁殖而言,由离体器官直接形成不定芽,肯定比通过愈伤组织更好。因为在愈伤组织产生细胞学异常植株的情况下,不定芽却能形成彼此一致的二倍体个体。然而,这并不意味着不定芽总是与原种相同。当把通过不定芽进行营养繁殖的方法,用在一个具有遗传嵌合性的品种上时,不定芽的形成会引起嵌合体裂解从而出现纯型植株的风险。例如花斑叶天竺葵品种 Mme Salleron 是一个嵌合体,不经愈伤组织由叶柄节段直接形成的不定芽长成植株后是绿色的,或是白色的,不表现嵌合性。

通过培养基中适当配比激素的影响,就是那些在正常情况下不能进行营养繁殖的植物,如芸薹属（Brassica）植物、除虫菊（Chrysanthemum cinerariifolium）、亚麻以及番茄等,也能由叶段和茎段上长出不定芽来。在各种激素中,生长素和细胞分裂素的不同配比可诱导芽的形成,一般细胞分裂素浓度高时有利于芽的形成。

（三）腋芽生枝途径

腋芽存在于每个叶片的叶腋中,每个腋芽都有发育成一个枝条的潜力。在自然情况下,不同植物的腋芽可以在长短不等的时间内保持休眠。在具有顶端优势的物种中,要刺激顶芽下面的一个腋芽长成枝条,就必须打掉或伤害顶芽。这种顶端优势现象是由几种生长调节物质的互作控制的。在腋芽上施用细胞分裂素可以克服顶端优势效应,并在顶芽存在的情况下刺激侧芽生长,但这种效应只是暂时的,当这种外源生长调节物质减少时,侧芽即停止生长。传统的通过插条进行营养繁殖的方法,就是利用在不存在顶芽的情况下,腋芽具有取代主茎功能的能力进行。但一年中由一个植株上所能得到的插条数目极为有限,原因是自然界营养生长有季节性,而为了能从中长成一个植株,最小的插条也须有 $25\sim30$ cm 长。

当把小枝条放在一种含有适当种类和适当浓度细胞分裂素的培养基(生长素或有或无)上培养时,可增强腋芽的生枝能力,使枝条的繁殖系数显著提高。原来存在于外植体上的芽所形成的枝条会长出腋芽,这些腋芽又可直接发育成枝条。这个过程可以重复发生若干次,结果原来的外植体就变成了一丛新枝,其中既有二级枝条,也有三级枝条,等等。在一次培养中,枝条的增殖数目虽然有限,但可以把这些小枝条切下来,放在成分相同的新鲜培养基上,枝条的增殖即可重复发生。这个过程能够无限延续,周年保持。无论是对于莲座叶丛型植物,还是对于茎干伸长型植物,采用这种繁殖方法都可以取得令人满意的效果。例如,在草莓中,通过这个方法每 2 周可增殖 10 倍。而对于其他植物来说,每月 5 倍的繁殖系数也是相当常见的。

（四）单节茎段扦插途径

在某些植物中,通过调节培养基中的激素组成还不能使腋芽由顶端优势下解放出来,原来存在于外植体上的芽只能长成一个不分枝的茎。在这种情况下,则需将待繁殖的枝条剪成单节茎段,接种在培养基上,过一段时间成苗后,再将它剪成单节茎段,经继代培养后又可成苗。采用这种方法,枝条的繁殖系数取决于每个培养周期之末,由茎上所能切取的单节茎段的数目。在果树中,单节茎段扦插是一种最常用的离体快繁手段,繁殖系数有可能达到每 6 周 3～4 倍。

通过促进腋芽生枝和单节茎段扦插的途径进行快繁,和用愈伤组织再生及不定芽形成途径相比,在开始时生长速度较慢,但每经历一个培养周期,枝条的数目都以几何级数增加,在一年之内就会达到天文数字。在栽培植物的无性繁殖中,这一方法的应用日益普遍,这是因为茎尖细胞都是二倍体,在培养的条件下不易发生基因型的变化。此外,在不定芽形成和愈伤组织再生途径中,茎芽需重新形成,而很多重要栽培植物并不具备这种可能性。

（五）原球茎发育途径

兰花是高度杂合的植物,如果用种子繁殖就会失去兰花固有的品质和风格。将兰花茎尖分生组织进行培养,在培养基上可以产生原球茎。原球茎最初是兰花种子发芽过程中的一种形态学构造,在种子萌发初期,并不出现胚根,而是胚逐渐膨大,以后种皮的一端胀破,膨大的胚呈小圆锥状,称为原球茎。目前原球茎培养已经成为兰花繁殖的标准方法。

原球茎培育的具体方法是将茎尖培养于 White 或 MS 培养基上,附加适量的椰子汁、NAA 和 6-BA,经 26 d 暗培养,在外植体上就分化出乳白色的原球茎,将原球茎切成数块继代培养,到液体培养基中继续振荡培养,就可以形成大量的原球茎。将丛生的原球茎再转接于固体培养基上,可以进一步大量繁殖,并抽叶生根,形成完整的兰花种苗。在一年内,可以由一个个体繁殖出 400 万株基因型一致的兰花个体。

四、植物离体快繁的过程

（一）外植体的选择

从理论上讲，植物细胞都具有全能性，能够再生新植株，任何器官、任何组织、单个细胞和原生质体都可以作为外植体。但实际上，不同品种、不同器官之间的分化能力有巨大差异，培养的难易程度不同。为保证植物离体快繁获得成功，选择合适的外植体是非常重要的。

1. 选择优良的种质及母株

进行离体快繁，首先要选择性状优良的种质、特殊的基因型和生长健壮的无病虫害植株。选取优良的种质和基因型，离体快繁出来的种苗才有意义，才能转化成商品；生长健壮无病虫害的植株及器官或组织代谢旺盛，再生能力强，培养后容易成功。

外植体的部位可根据培养目的和所涉及的植物种类进行选择，茎尖、茎节、叶和叶柄都可以作为离体快繁的外植体，而有些植物还可以利用鳞片、种子、根、块茎、块根等作为外植体。一般外植体部位的确定原则如下：较大的草本或木本植物选择茎段作为外植体；较小的或丛生的草本植物可以选择叶片、花梗、花瓣等作为外植体。

不同种类的植物以及同种植物不同的器官对诱导条件的反应是不一致的。如百合科植物风信子、虎眼万年青等比较容易形成再生小植株，而郁金香（*Tulipa gesneriana*）就比较困难。百合鳞茎的鳞片外层比内层的再生能力强，下段比中、上段再生能力强。选取材料时要将所培养植物各部位的诱导及分化能力进行比较，从中筛选出合适的、最易表达全能性的部位作为外植体。

2. 选择适当的生长时期

组织培养中选择离体快繁的材料时，要注意植物的生长季节和生长发育阶段，对大多数植物而言，应在其开始生长或生长旺季采样，此时材料内源激素含量高，容易分化，不仅成活率高，而且生长速度快，增殖率高。若在生长末期或已进入休眠期时采样，则外植体可能对诱导反应迟钝或无反应。百合在春、夏季采集的鳞茎、鳞片，在不加生长素的培养基中，可自由地生长、分化，而其他季节则不能。叶子花（*Bougainvillea spectabilis*）腋芽培养时，如果在 1 月至翌年 2 月间采集，则腋芽萌发非常迟缓；而在 3—8 月间采集，萌发的数目多，萌发速度快。若把供体植株种在温室或生长箱中，使它们保持在连续进行营养生长所需的光照和温度条件下，则有可能把茎芽对培养反应的季节性波动减小到最低限度。对于需要低温、高温或特殊的光周期才能打破休眠的鳞茎、球茎、块茎和其他器官，应当在取芽之前进行必要的处理。如经过 11 ℃冷处理 6～8 周的水仙鳞茎上切取的茎尖，比由未经处理的鳞茎上切取的茎尖在离体培养中生长快，存活率高。

3. 选取适宜的大小

培养材料的大小要根据植物种类、不同取材器官和不同的培养目的来确定。通常情况下，离体快繁时叶片、花瓣等面积为 5 mm^2，其他培养材料的大小为 0.5～1.0 cm^2。如果是胚胎培养或脱毒培养的材料，则应更小。材料太大，不易彻底消毒，污染率高；材料太小，多形成愈伤组织，甚至难以成活。

4. 外植体来源要丰富

为了建立一个高效而稳定的植物组织离体培养体系，往往需要反复实验，并要求实验结果具有可重复性。因此,需要外植体材料丰富并容易获得。

5. 外植体要易于消毒

在选择外植体时,应尽量选择带杂菌少的器官或组织,降低初代培养时的污染率。一般地上组织比地下组织容易消毒,一年生组织比多年生组织容易消毒,幼嫩组织比老龄和受伤组织容易消毒。

（二）外植体的灭菌

一般来说,植物组织和器官无菌培养的标准方法,应当足以保证培养物的无菌性。在对优良树种进行无性繁殖的时候,通常必须从生长在田间的材料上切取外植体,在这种情况下,理想的办法是先从入选的植株上切取插条,然后把它们种在温室中。对于插枝难以生根的物种,应把树上正在生长着的枝条松松地套在一个聚乙烯袋中,此后长出的新枝,由于不带风媒污染物,即可用来进行培养。或者把从田间采回来的枝条在室内遮光水培,进行黄化预处理后,再消毒接种。

在准备外植体的时候,弃去植物材料的表面组织,也能减少由于微生物污染所带来的损失。如在去掉几层老叶之后切取 0.5～1.0 mm 长的茎尖进行培养,污染的机会就少得多。对于包在很多成熟叶片中的茎尖或是鳞茎中央的鳞片来说,只要把芽或鳞茎用 70%乙醇擦拭消毒,并小心地剥掉外层结构,解剖出来的结构即是无菌的。用自来水把植物材料冲洗 20～30 min,也可以显著减少微生物区系的群体数量。

为了保持外植体的生活力,外植体的灭菌时间是有限制的,这就不可避免地带来首次接种的污染问题,有时污染率还会很高,限制无菌系的建立。灭菌效果为 50%时,若每瓶接种 3 个外植体,则无污染的概率为 0.5^3,有污染的概率为 87.5%。如果采用小容器单瓶单个接种,就可以最大限度地获得无菌系。

（三）外植体的接种

用消毒过的器械,将切割好的外植体插植到培养基表面,就完成了外植体的接种。切取外植体材料时,较大的材料肉眼观察即可操作分离,较小的材料需要在双筒实体显微镜下放大操作。分离工具要锋利且切割动作要快,防止挤压,以免使材料受损伤而导致培养失败。接种时要防止交叉污染的发生,通常在无菌滤纸上切取材料,剪刀和镊子等接种工具每次使用后应放入 70%（或 95%）乙醇中浸泡,然后灼烧放凉备用。最好两套用具交替使用。

外植体接种的具体操作如下:

（1）左手拿试管或三角瓶,用右手轻轻取下封口膜,封口材料接触内部的部分不要用手触摸或接触台面。

（2）将试管或三角瓶的口靠近酒精灯火焰,管口或瓶口略倾斜,放在酒精灯火焰上方,进行火焰封口。

（3）用灼烧后冷却的接种用具把外植体接种到培养基上。外植体在培养容器内的分布要均匀,茎尖、茎段等是将基部插入固体培养基中,叶片通常用叶背面接触培养基。

（4）将封口材料在灯焰上燎数秒钟（如果材料不耐热,不能在火焰上燎）,然后迅速封口。

（5）接种用具灼烧后放回支架或浸入消毒乙醇中。

（6）在瓶壁上注明接种植物和处理名称、接种日期等。

（四）外植体的培养条件

在接种之后，外植体要在比较严格的控制条件下进行培养。首先要选择合适的培养基及 pH 条件，还要满足培养的温度、湿度、光照等条件。

用于植物离体快繁的常用培养基有 MS、B_5、SH、White 培养基等，其中 MS 培养基中无机盐浓度较高，对某些植物可能有毒，需要降低离子强度，如捕虫堇在 MS 培养基半强度的无机盐中就会死亡，盐浓度降到 1/5 时才能正常生长。培养基中不同形态氮的比例也影响芽的分化，如在大蒜（*Allium sativum*）的培养基中，硝态氮（NO_3^-）与铵态氮（NH_4^+）之比为（2～16）∶1 时有利于芽的分化，分化率可达 127%～175%，硝态氮与铵态氮之比小于 1∶1 时，芽的分化、生长即受到抑制，芽的分化率仅有 16%～57%，芽的生长量也仅为每 20 d 0.15～1.35 cm。

由于半固体培养基容易使用和保存，离体快繁所用的培养基通常都用 0.6%～0.8% 的琼脂固化。不过在有些植物中，使用液体培养基才能使组织更好地存活。如凤梨科中的许多植物只有在液体培养基中才能建立起培养体系。应用液体振荡培养的一个特殊优点是茎芽一边增殖一边彼此离散，不必像使用固体培养基那样必须人工把成簇的茎芽切开。

在进行离体快繁时，还需要在培养基中加入植物生长调节物质。当细胞分裂素对生长素的比率较高时，可促进茎芽的形成；当生长素对细胞分裂素的比率较高时，则有利于根的分化。在进行一种新的材料离体培养时，为了取得效率最高且又安全的繁殖效果，需要通过一系列的实验确定它们对两种激素在种类和数量上的要求。各种细胞分裂素如 KT、BAP、2-ip、ZT、BA 等都可用于外植体的增殖，但一般认为 BAP 是最有用和最可靠的细胞分裂素，其次是 2-ip 和 KT。在各种生长素中，常用的是 NAA、IBA、2,4-D，但由于容易引起愈伤组织形成，因而当以茎尖、腋芽为外植体诱导不定芽时就不宜使用。

（五）外植体的再生

将增殖得到的不定芽，转移到生根培养基上，诱导根的分化和根系的形成，最终成为有根有芽的完整小植株，即完成了由外植体到植株再生的过程。

根的分化与外源激素的水平有密切关系，有些植物在仅有生长素的培养基上就可分化根，如菊花在加有 0.1～0.3 mg/L NAA 的培养基上，一周即可生根，生根率达 100%。而有些植物如多数禾谷类植物在无激素条件下也能生根。还有些植物，调节基本培养基中大量元素用量，也可导致根的分化，如芽增殖时用 MS 培养基，根分化时可改用 1/2 或 1/4 MS 大量元素培养基。

离体培养中的生根期也是移栽前期。因此，这个时期必须做好使植物顺利通过移栽期的各种准备。在生根培养基中减少蔗糖浓度并增加光照强度，能刺激小植株使之产生光合作用能力，以便由异养型过渡到自养型。较强的光照也能促进根的发育，并使植株变得坚韧，从而对干燥和病害有较强的忍耐力。虽然在高光强下植株生长迟缓并轻微褪绿，但当移入土中之后，这样的植株比在低光强下形成的又高又绿的植株容易成活。

（六）壮苗、炼苗和移栽

试管苗生根形成完整小植株后，移栽就是离体快繁的最后一个环节。由于试管植株生长在高湿、恒温、低照度、完全营养供给这样的特殊环境中，幼小的植株还处于异养生长状态。把幼小植株移出试管，从异养变成完全自养生长，环境条件发生巨变，处理不好，会很快失水萎蔫,导致死亡。因此,移栽前必须进行壮苗、炼苗,然后才能移栽(详见第二章)。

第三节　植物器官培养和离体快繁的应用实例

一、非洲菊离体快繁生产技术

非洲菊俗称扶郎花,为菊科大丁草属($Gerbera$)多年生常绿宿根花卉。由于其花型奇特、花色多样而且其切花瓶插寿命长,被作为世界花卉交易的重要商品花卉。非洲菊可用播种、分株和组织培养等多种方式进行繁殖。但因其是异花授粉植物($2n=50$),自交不孕,不仅种子寿命短、发芽率低,而且后代容易发生遗传变异,通常仅育种时采用。分株繁殖时繁殖系数低,且易受病虫害侵染而使种性退化。目前,国内外生产上大量使用的非洲菊种苗主要是组培苗,并结合早期分株进行扩大繁殖。

1. 外植体的准备

选取饱满的非洲菊种子,在无菌条件下用75%乙醇浸泡并振摇30 s,然后用0.1%升汞溶液表面消毒3 min,用无菌水反复冲洗4~5次,用无菌滤纸吸干水分。

在超净工作台上,将已消毒的种子接入1/2 MS培养基中,每瓶接4粒,15 d后观察发芽状况,30 d后观察幼苗生长状况。

2. 外植体的接种

在超净工作台上,将上述所培养的非洲菊无菌苗,切成0.8~1.2 cm长的带节茎段,并分别接种于诱导培养基(MS+ 6-BA 3.0 mg/L+ NAA 0.1 mg/L,2%蔗糖、0.6%琼脂,pH5.8)上。

3. 增殖培养

将诱导出的健壮不定芽从外植体上完整地切下来,转接到增殖培养基(MS+ NAA 0.3 mg/L+ 6-BA 2.0 mg/L,2%蔗糖、0.6%琼脂,pH 5.8)上使其增殖。

4. 生根培养

在无菌条件下,将增殖培养所产生的健壮的具有展叶4片,苗高2.5~3.0 cm的非洲菊芽苗分成单株,接入生根培养基(1/2 MS+ NAA 0.2 mg/L)中,培养室温度为(25 ± 2) ℃,光强为1 000~1 500 lx,光照时间为12 h/d。

5. 炼苗与移栽

从生根培养基中取出生长健壮、有4~6片叶、根粗壮的小苗,于室温(17~25 ℃)下阴凉处炼苗4 d,然后用清水洗净根部黏附的培养基溶液。为了使根系能顺利地适应移栽环境中的湿润条件,再将其置于清水中浸泡一夜。移苗前先在0.1%高锰酸钾溶液中浸泡1 min,再移栽到碧糠灰与珍珠岩的混合基质中,一次性浇透水,覆盖薄膜。

二、百合离体快繁生产技术

百合是百合科百合属($Lilium$)植物的统称,不仅以其花朵大型、色彩丰富、气味芳香而为世界各国人民所青睐,而且具有食用和药用价值。百合常规的分球繁殖系数较低,单株百合年产1~3个小鳞茎,不能满足市场的需求,并且长期营养繁殖易感染病毒,造成种性退化,影响其品质。利用离体快繁技术不但能脱除病毒,恢复其品质,而且能快速大量繁育出优质种球,满足市场需求。

1. 外植体选择

百合的很多器官都可以用作外植体,如鳞片、叶片、花茎、根和子房等,其中利用鳞片、子房作为外植体更容易建立无菌繁育体系。百合的外层鳞片分化能力最强,同一鳞片下部的分化能力强。

取鳞片或子房,用流水冲洗 30 min 左右,然后用 0.2％～0.5％洗洁精稀释液洗 4～6 次,最后用清水清洗后晾干备用。在无菌操作台上,将鳞片或子房放入 70％乙醇中浸泡 20～30 s,取出并迅速放入 0.3％升汞溶液中浸泡 2～3 min,最后用无菌水冲洗 4～6 次。取出晾干后,用剪刀将切口剪去,分成 3 段,接种到诱导分化培养基中。接种时将鳞片内侧向上平放,有利于鳞片的诱导分化。

2. 培养基和培养条件

诱导分化和增殖培养基用 MS 做基本培养基。诱导分化培养基中添加 6-BA 1.2 mg/L、2.4-D 0.5 mg/L、NAA 0.2 mg/L、3％蔗糖和 0.6％琼脂,不定芽增殖培养基中添加 6-BA mg/L、NAA 0.1 mg/L、3％蔗糖和 0.6％琼脂。生根培养基用 1/2MS 做基本培养基,添加 NAA 0.2 mg/L、IBA 0.5 mg/L、2％蔗糖和 0.7％琼脂。培养条件为 pH5.5,光照强度 1 500～2 000 lx,生根阶段可调高至 3 000 lx,光照时间 12 h,温度控制在 21～25 ℃。

3. 炼苗

将生根试管苗移入驯化温室,温室具备遮阳、保湿系统。不开封口膜炼苗 5～7 d,接受自然光照。打开封口膜炼苗 3～4 d,炼苗时间不宜过长,否则培养基会滋生杂菌,感染试管苗。

4. 移栽

在生根试管苗移栽前 3～4 d,将河沙、蛭石和珍珠岩以 3∶5∶2 的比例混合,用 0.3％高锰酸钾和 500 倍多菌灵溶液喷洒基质,拌匀后盖膜消毒培养土。移栽时将培养土盛入培养穴盘中待用。

将生根试管苗从培养瓶中用镊子轻轻取出,用水将根部培养基洗净,放入盛有 1 000 倍多菌灵溶液中浸泡 3～5 min,取出栽入培养穴盘中,浇水定植即可。

5. 驯化

驯化期间,温室采用 50％遮阳网遮阴,电子喷雾设施间隔喷雾保湿。百合的根属于肉质根,吸收水分能力强,喷雾水不宜过勤。移植成活后及时喷施 0.5％过磷酸钙和 0.1％尿素营养液促进幼苗生长;逐渐减少喷雾次数,减少遮阴面积,促使组培苗长壮。

6. 田间管理

百合组培苗驯化成功后,定植于大田中,尽快培育出适合于生产用的种球。百合对土壤要求不严,但黏重的土壤不宜栽培。定植行距以 5 cm×10 cm 为宜。加强肥水管理,除草一定要精细,防止损伤幼苗。

小　　结

植物器官培养是指利用植物根、茎、叶、花、果实及子房和胚等器官的全部或部分进行离体培养的技术,其特点在于能保持器官所具有的特征性结构,是研究器官生长、营养代谢、生理生化、组织分化和形态建成的最好方法,在生产实践上具有重要的应用价值。植物器官培养可分为营养器官(根、茎、叶)培养和繁殖器官(花、果实、种子)培养。离体器官培养的主要程序包括外植体的选择与消毒、形态发生、诱导生根与再生植株的移栽。外植体的取材部位、生理状态、种类和基因型等都影响培养的效果。选取好外植体并进行适宜的消毒处理后就可以进行接种培养,再生完整植株。影响植物器官培养的因素主要包括培养基成分,其中有激素组合、矿质元素及其他有机成分等;环境条件如温度、光照及湿度等也是影响器官培养的因素。不同植物不同器官的特性不同,培养的目的也不尽相同,其离体培养要求的技术与方法各异。了解不同器官培养的基本方法,对开展植物器官培养无疑具有重要借鉴意义。

　　植物离体快繁是以选择的特定植物器官、组织甚至细胞,经过消毒,在无菌和人工控制条件下,在培养基上分化、生长,最终形成完整植株的繁殖方式。离体快繁的优点有:繁殖速度快,可以对繁殖系数低或种子繁殖困难的植物进行繁殖,保存种质资源,还可以保存经脱毒处理的无病毒材料等。诱导外植体的生长和分化可以通过以下 5 种途径:愈伤组织、不定芽、腋芽、单节茎段和原球茎途径。植物离体快繁的基本技术包括外植体的选择与灭菌、接种、外植体再生、炼苗和移栽等程序,其中外植体的培养条件要求比较严格,要选择合适的培养基及pH 条件,还要满足培养的温度、湿度、光照及必要的氧气等条件。离体快繁技术目前已经成功用于大田作物、园艺作物、林木和药用植物的商业化生产,具有广阔的应用前景。

复习思考题

1. 什么是植物器官培养?植物器官培养包括哪些类型?各有何意义?
2. 通过查阅文献,说明植物不同的器官培养过程的区别。
3. 什么是植物离体快繁?在生产中离体快繁有哪些优势?
4. 离体快繁时外植体分化的途径有哪些?
5. 通过不同植物离体快繁的实践,总结利用不同器官进行离体快繁的基本操作方法。

第六章

植物脱毒与茎尖培养

【知识目标】

1.了解防治植物病毒的不同方法。

2.掌握植物茎尖分生组织培养的基本方法。

3.掌握脱毒苗的培育和病毒检测的方法。

【技能目标】

1.通过查阅文献,在了解植物脱毒方法的基础上,掌握一些重要经济植物的脱毒生产技术。

2.通过实践,掌握植物茎尖培养的操作流程。

3.利用现有条件,掌握脱毒苗的鉴定技术。

第一节 培育脱毒苗的意义

一、植物病毒的影响和危害

生长在自然环境条件下的植物往往受到许多病原生物的侵染,其中病毒病可以通过繁殖材料尤其是无性繁殖材料进行累积和世代间的传播,造成品种退化。植物病毒病(plant virus disease)是指由病毒和类似病毒的微生物如类病毒(viroid)、植原体(phytoplasma)、螺原体(spiroplasma)以及类细菌(bacterium-like organisms)等引起的一类植物病害。目前已经发现的植物病毒病已超过 700 种。几乎每种植物上都有一至几种,甚至十几种病毒危害。

植物感染病毒后生理代谢受阻,出现花叶、黄化等症状,影响植株光合作用和其他生理机能,导致减产。植物病毒病还可引起毁灭性病害。据报道,病毒病会造成苹果减产 $15\%\sim45\%$,马铃薯减产 50% 以上,葡萄果实成熟期推迟 $1\sim2$ 周、减产 $10\%\sim15\%$ 和品质下降 20% 等。所有植物病毒都可以随种苗或其他无性繁殖材料传播,而有些病毒如马铃薯 Y 病毒属(*Potyvirus*)、线虫传多面体病毒属(*Nepovirus*)和等轴不稳定环斑病毒属(*Ilaruvirus*)等还可以通过种子等有性繁殖材料传播。在自然条件下,病毒一旦侵入植物体内就很难根除。

二、植物脱毒的概念

在生产上获得无病毒植物材料的方法有两种:一是从现有的栽培种质中筛选无病毒的单株;二是采用一定的措施脱除植株体内的病毒。由于植物尤其是无性繁殖的作物在长期的繁殖过程中大多积累和感染了多种病毒,获得优良品种的无病毒种质最有效的途径是采用脱毒处理。

植物脱毒(virus elimination)是指通过各种物理、化学或生物等方法将植物体内有害病毒及类似病毒去除而获得无病毒植株的过程。通过脱毒处理而不再含有已知的特定病毒的种苗称为脱毒苗或无毒苗。

三、培育植物脱毒苗的意义

我国有许多优良的传统品种,由于长期栽培,病毒病害日益严重,难以控制,尤其对无性繁殖作物危害更甚,已成为目前生产上的严重问题。病毒可经带毒的无性繁殖材料传至下一代,并逐代积累,导致植物种性退化。主要作物品种的病毒防治和种质资源的安全保存是科研和生产上亟待解决的问题。国内外的系统研究和生产实践证明,培育和栽培无病毒种苗是防治作物病毒病的根本措施。应用植物脱毒技术培育脱毒苗可使品种复壮,不仅会增强作物的适应能力和抗逆能力,而且明显提高作物产量和品质。如马铃薯脱毒后株高比对照增加63.4%～186.3%,叶面积增加114.3%～257.1%,茎粗增加11.1%～180.0%,脱毒薯生长旺盛,结薯期提前,产量增加30%～60%。姜(*Zingiber officinale*)、芋头(*Colocasia esculenta*)、草莓脱毒后都表现出明显的植株生长优势,个头增大,色泽鲜艳,产量显著提高。康乃馨、菊花等脱毒后叶片浓绿,茎秆粗壮、挺拔,花色鲜艳纯正,硕大喜人。苹果脱毒苗生长快、结果早、产量高。

应用植物脱毒技术可保护生态环境,促进农业可持续发展。植物脱毒苗不仅脱除了病毒,还可以去除多种真菌、细菌及线虫病害,使种性得到恢复;植株健壮,需肥量减少,抗逆性强,少用或不用农药,降低生产成本,减少环境污染,形成良性生态循环。因此,植物脱毒技术对生态环境的保护、"绿色"农产品的生产和农业的可持续发展具有十分重要的意义。

第二节　防治植物病毒的方法

一、物理方法防治植物病毒

物理方法脱毒是根据病毒对光谱的吸收和对温度的敏感性等物理特性,使材料携带的病毒钝化或失活,从而达到抑制病毒的目的。物理方法包括热处理(高温处理)、低温处理,紫外线照射、X射线照射等,其中热处理最常用。

热处理(heat treatment)脱毒又称温热疗法(thermotherapy),其原理是依据病毒和植物体对高温的忍耐性差异,在高于正常温度的环境条件下,使植物组织中的很多病毒被部分地或全部地钝化或失去活性,而寄主植物组织很少或不会受到伤害;或在高温条件下,植物的生长加快,速度高于病毒的增殖速度,使植物的新生部分不带病毒。

(一)热处理的方法

1. 温汤浸渍法

将带病毒的植物材料置于一定温度的热水中浸泡一定的时间,直接使病毒钝化或失活。

温汤处理常用 50～55 ℃处理 10～50 min 或 35 ℃处理 30～40 h 等。该法简单易行,但容易使材料损伤,有时会导致植物组织窒息或呈水渍状。因此,处理时必须严格控制温度和处理时间。该法适合于休眠器官或离体材料,尤其是种子的处理。

2. 热空气处理

将旺盛生长的植物移入热疗室,在 35～40 ℃下处理一定时间(几分钟到数周不等),使病原钝化或病毒的增殖速度和扩散速度跟不上植物的生长速度而达到脱除病毒的目的。热处理后要立即把茎尖切下嫁接于脱毒砧木或进行组织培养离体快繁。该方法要求待处理材料根系发达、生长健壮。通常利用盆栽高 30 cm、1 年左右的苗木进行热空气处理。

(二)热处理的条件

1. 温度和持续时间

选择适当的温度和时间处理感病植株,使植物仍然存活而体内病毒被钝化或失活,失去侵染能力,从而达到脱毒目的。如香石竹于 38 ℃下处理 2 个月,其茎尖所含病毒即可被清除。马铃薯在 35 ℃下处理几个月才能获得脱毒苗。草莓茎尖培养结合 36 ℃处理 6 周,比仅用茎尖培养可更有效地清除轻型黄斑病毒。在植物耐热性允许范围内,热处理的温度越高,脱毒效果越好,一般用 37 ℃左右恒温处理。近年来,为减少高温对植物的伤害,采用高低温度交替处理的变温热处理法,也获得了良好效果。通常白天 40 ℃处理 16 h,夜间 30 ℃处理 8 h。处理时间,因病毒种类不同差异较大,可以为 28～90 h。

2. 湿度和光照

热处理期间,热疗室中相对湿度应保持在 70%～80%,过分干燥会导致新梢生长不良。光照强度一般以自然光为最好,但秋、冬期间应适当补充人工光照,以利于新梢生长。

3. 前处理

为提高植物耐热性,延长植物在高温下的生存时间,通常是在 27～35 ℃下处理 1～2 周后才进行热处理。

(三)热处理后的嫩梢嫁接

热处理并不能使病毒完全失活。热处理停止后,病毒增殖和扩散速度会逐渐加快,最终扩散至整个植株。因此,热处理后应立即剪取在热处理中生长出的新梢顶端嫩枝,嫁接到无病毒实生砧木、扦插于扦插床或进行茎尖培养,这样才能获得脱毒植株。嫁接剪取的新梢越小,获得脱毒植株的概率越大,但成活率越低。一般取 1.0～1.5 cm 长的新梢进行嫁接等操作。嫁接方法可采用皮下接或绿枝嫁接法,嫁接后套塑料袋保湿 1～2 周可提高成活率。

热处理方法的主要缺陷是并非所有病毒都能脱除。例如在马铃薯中,应用这项技术只能消除卷叶病毒(PLRV)。一般来说,热处理对于球状病毒和类似纹状的病毒以及类菌质体所导致的病害才有效,对杆状和线状病毒的作用不大,而且对寄主植物作较长时间的高温处理会钝化植物组织中的阻抗因子,致使寄主植物抗病毒因子不活化,从而提高无效植株的发生率。因此,热处理需与其他方法配合应用才能获得良好效果。

二、化学方法

应用化学药剂防治病毒简单方便,适用于病毒的大面积防治。但由于病毒寄生于寄主细胞内,与寄主细胞代谢紧密,对病毒有杀伤力的药品,往往对寄主植物也有损害,要谨慎使用。

目前虽然尚未开发出对植物病毒有完全抑制或杀灭作用的化学药剂,但随着人类和动物医学的发展,已研制出大量能有效控制病毒的药剂,其中有些化学物质对植物病毒的复制和扩散有一定的抑制作用,如碱基类似物 DHT、孔雀绿、硫尿嘧啶、8-氮鸟嘌呤、蛋白质与核酸抑制剂及抗生素类等。化学物质处理后,病毒的复制和移动被抑制,植物的新生部分可能不带病毒,取不带病毒部分进行繁殖便可获得无病毒植株。

在植物脱毒研究中,化学药剂对整株植物的脱毒效果并不好,但能有效抑制离体培养的组织、细胞和原生质体的病毒,所有化学处理往往与组织培养结合进行,即先获得待脱毒样品的茎尖培养植株,然后在进行离体植株培养基中加入化学抑制剂,继代培养一定时间后,再取新梢在无化学抑制剂的培养基上培养,经病毒检测,保留无病毒单株。例如病毒抗血清预处理,用齿舌兰环斑病毒(ORV)的血清处理兰属(*Cymbidium*)离体分生组织,提高了再生株中无 ORV 的植株比例。

抗病毒醚(ribaririn),又称氮唑核苷或病毒唑,是一种应用最广、最成功的对植物病毒的复制和扩散有抑制作用的化学物质,它对 DNA 或 RNA 病毒具有广谱作用。在马铃薯茎尖和原生质体培养时,培养基中加入抗病毒醚,从感染病毒材料中获得了脱除 PVX、PVY、PVS 和 PVM 等病毒的脱毒苗。在木本植物中加入抗病毒醚可脱除葡萄扇叶病毒(GFLV)、苹果褪绿叶斑病毒(ACLSV)和苹果茎沟病毒(ASGV)。ASGV 是一种用热处理和茎尖培养很难脱除的病毒,化学抑制剂的应用无疑为这些热稳定病毒的脱除开辟一条新的途径。抗病毒醚的应用效果,因病毒种类不同而有所差异,用此法不可能脱除所有病毒,但在不久的将来,有可能开发出更多、更有效的抗病毒抑制剂。

三、生物方法

生物方法脱毒中被广泛使用的是微茎尖组织培养脱毒,除此之外还有微芽嫁接脱毒、珠心胚培养脱毒、愈伤组织培养脱毒和培育抗病毒栽培种等方法。

(一)微芽嫁接脱毒

茎尖微嫁接(shoot-tip micrografting)技术是指在无菌条件下,借助体视显微镜切取待脱毒组织的茎尖(通常带 1～3 个叶原基),嫁接到无菌培养的实生砧木苗上,愈合产生脱毒完整小植株的一种植物脱毒技术,是植物组织培养技术与嫁接技术相结合的一种脱毒技术,多用于茎尖培养生根困难的木本植物。该技术在 20 世纪 70 年代中期提出并成功应用于柑橘的脱毒培养,以后逐渐应用到桃、苹果等多种果树的病毒脱除。

1. 微芽嫁接的基本程序

下面以柑橘为例,简要介绍微芽嫁接的基本程序,包括以下 3 个步骤(图 6-1)。

(1)无菌砧木培养　植物病毒不易通过种子进行传播感染,由种子生长而来的实生苗自身不带毒,茎尖微芽嫁接在获取脱毒植物材料的同时,有效避开部分植物茎尖脱毒材料难生根的生产实际问题。枳橙(*Poncirus trifoliata*)、粗柠檬(*Ponderosa lemon*)、酸橙(*Citrus aurantium*)的种子均可用于培养柑橘无菌实生砧木苗,其中枳橙种子最好。

取出种子后,去外种皮,用 5%～10%次氯酸钠溶液浸泡消毒 10～15 min,再用无菌水冲洗 3～5 次,最后去内种皮将种胚接种在 MS 或 MT 固体培养基中,每瓶 3～5 粒,于 26～27 ℃下进行暗培养,2 周左右可萌发成茎粗 1.5～2 mm 的无菌实生苗。

(2)接穗的准备与茎尖嫁接　在柑橘嫩梢抽发期,采 2～3 cm 长嫩梢,流水冲洗 30 min,

用 5%～8%次氯酸钠溶液浸泡消毒 5～10 min,再用无菌水冲洗 3～5 次,置于超净工作台上备用。取出无菌实生砧木苗,去掉子叶和上胚轴顶端,并将砧木苗根系控制在 5 cm 以内。以 L 形、倒 T 形、△形等方法进行嫁接,之后再包裹微芽嫁接专用膜。要选择合适的嫁接方式,使嫁接口与砧木切面形成层部分紧密接触,提高微芽嫁接成活率。

（3）嫁接苗培养　嫁接好的柑橘组培苗宜快速转入含较低激素浓度的 MS 或 MT 固体培养基中,每瓶 1～2 株,于 27 ℃恒温、1 500～4 000 lx 光强、12～14 h 光照条件下培养。10 d 后仍存活无污染的嫁接苗会不断产生新的萌蘖,要将其去除,以免影响嫁接口的愈合生长及芽萌发。正常情况下,嫁接苗培养 5～8 周后即长成带 5～6 片小叶的完整小植株。此时可移入无菌的珍珠岩中保湿培养,加强管理,促进生长。

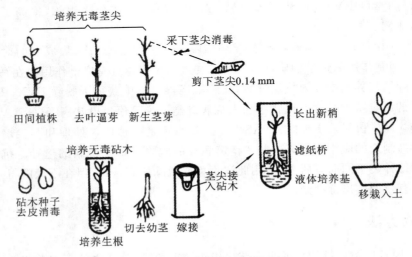

图 6-1　茎尖脱毒微芽嫁接示意图

2. 影响微芽嫁接成活的因素

微芽嫁接的整个操作过程要在无菌条件下进行,以免污染而影响嫁接苗的成活。种子的质量和砧木的长势对嫁接成活也有影响,一般选择饱满种子才能培育出健壮的实生砧木。茎尖的大小、来源、取样时间、生理状态、消毒处理等也直接影响成活率。一般茎尖过小不易成活。用离体试管苗茎尖嫁接较田间取样更易成活;当从田间取样时,一般春天从新梢上取样成活率明显高于其他季节所取样品。用适当浓度的激素处理嫩梢,可提高嫁接成活率。实验表明,用 $5×10^{-7}$ mol/L 的 BA 处理嫩梢 30 min,再浸在培养液中待用,可减缓离体茎尖褐变,提高成活率。

（二）珠心胚培养脱毒

柑橘、芒果等植物种子存在多胚现象。多胚种子内往往只含有一个受精的有性胚(合子胚),其余均为无性胚,即通常所说的珠心胚。植物病毒通常是通过维管束的韧皮细胞传播的,而珠心胚与维管束系统无直接联系。对珠心胚离体培养诱导产生的新植株一般不带病毒,通过分离培养珠心胚可获得脱毒苗。珠心胚来源于母体组织,能保持品种的优良特性,但由珠心胚形成的植株具有返幼特性,不易度过童期,开花结果相对较迟,在果树类植物的应用中要注意。

（三）愈伤组织培养脱毒

该方法是通过植物的器官和组织的离体培养脱分化诱导产生愈伤组织,然后诱导愈伤组织再分化产生芽,长成小植株,从而得到脱毒苗。随着愈伤组织培养时间和周期的延长,脱毒苗比例也相应提高。如从感烟草花叶病毒(TMV)的烟草髓组织诱导的愈伤组织病毒含量降低,经过 4 次继代培养后,植株体内几乎不存在病毒。在马铃薯茎尖愈伤组织再生植株中,不含 PVX 的植株比例比由茎尖直接产生的植株中的比例要高得多。草莓花药经愈伤组织培养产生的再生植株脱毒率高达 85% 以上。花椰菜花分生组织培养可以脱除芜菁花叶病毒(TuMV)和花椰菜花叶病毒(CaMV)。唐菖蒲花蕾离体培养可以脱除 TMV。

在愈伤组织中对病毒侵袭具有抗性的细胞可能与敏感的细胞共同存在于母体组织之中。某些细胞之所以不带病毒,是因为病毒的复制速度赶不上细胞的增殖速度或是有些细胞通过突变获得了抗病毒的抗性。但是,愈伤组织脱毒会造成植株遗传不稳定性,可能产生变异植株,并且一些作物的愈伤组织尚不能产生再生植株。

（四）培育抗病毒栽培种

最有效的病毒防治方法应是培育抗病毒栽培种。可采用导入抗病毒的原生质体融合技术,得到抗病毒杂交种。例如烟草和黄花烟草原生质体融合,得到细胞杂种,对 TMV 有抗性;马铃薯栽培种与野生种有性杂交产生的后代,可抗 PVY 的感染。

值得注意的是在实际生产中,采用一种方法脱毒效果往往并不理想,通常几种方法配合使用才能够取得令人满意的效果。

第三节　茎尖培养脱除植物病毒

一、茎尖培养脱毒的基本原理

许多植物尤其是无性繁殖植物,在自然条件下的繁殖系数低,阻碍推广应用速度。茎尖培养技术就是利用细胞的再生特性,在组织培养条件下加速繁殖材料的个体生产,提高繁殖系数。病毒在植物体内分布是不均匀的,在茎尖中呈梯度分布。在受侵染的植株中,顶端分生组织无毒或含毒量极低。随着与茎尖距离的加大,组织的含毒量增加。病毒在植物体内分布不均匀的机理目前还不十分清楚,主要有以下几种假说。

1. 能量竞争

病毒复制和植物细胞分裂时,DNA 合成均需要大量能量,导致两者对能量进行竞争。分生组织细胞很活跃,竞争力强,其中没有病毒或病毒含量低;分生组织以下细胞主要用于生长,分裂不活跃,病毒能够获得足够能量复制。

2. 传导抑制

病毒在植物体内主要靠维管束传播,但在分生组织中胞间连丝和维管组织并不健全,可能抑制病毒粒子向分生组织传导。

3. 激素抑制

在分生组织中,生长素和细胞分裂素水平均很高,可以阻滞病毒侵入或抑制病毒活性。

4. 酶缺乏

病毒合成可能需要酶的参与,但在分生组织中缺乏或还没有建立起病毒复制所需的酶系统,因而病毒无法在分生组织中复制。

5. 抑制因子

分生组织中自然地存在某种抑制因子,这种抑制因子也可能是有性繁殖种子通常不带病毒的原因。

二、茎尖培养脱毒的基本程序

茎尖培养脱毒一般包括植物携带病毒诊断、供体材料选择与预处理、茎尖分生组织分离与培养、植物脱毒效果检测、植物脱毒苗的保存和繁育等几个基本环节。其中茎尖培养的关键在于寻找合适的培养基,尤其是分化、增殖和生根培养基。在茎尖培养中最常用的是 MS 培养基,但不同培养阶段所需要的植物生长调节剂种类、剂量及配比各不相同,需要根据所培养的植物种类或品种而作适当调整。

(一)植物携带病毒诊断

在脱毒之前,首先应了解该植物携带何种病毒,其感染程度如何,以便在以后的环节中采取适当的处理措施。这种诊断一般根据病毒病的特征和表现程度进行判断,必要时可借助指示植物或血清学、分子生物学方法鉴别。

(二)供体材料选择和预处理

供体植物的选择首先要考虑该品种在生产中的实用性及品种的典型性;其次,尽量选择生长健康、感病程度轻的植株,这样的外植体带毒量少,更容易获得脱毒植株;再次,还应考虑外植体的生理状态和部位。由于无性繁殖植物的繁殖器官不同,在选择供体材料上也有所差异。以块根、块茎为繁殖器官的无性繁殖植物,应选择具有品种典型性、体积中等、发芽正常的块根或块茎作为基础脱毒材料。以茎芽为繁殖器官的植物,应在生长旺盛季节选择生长正常的顶芽作为脱毒材料。对于多年生果树、林木等植物,应选择生长基本正常的植株,在春天抽梢期利用正常的健壮芽作为脱毒的外植体材料。

预处理是提高脱毒效率的辅助措施。虽然茎尖分生组织通常不带病毒,但研究表明,有些病毒如烟草花叶病毒、马铃薯 X 病毒和黄瓜花叶病毒(CMV)等可以侵入植物的顶端分生组织,这时单一茎尖分生组织培养或热处理都很难将其去除,将热处理和茎尖分生组织培养相结合可提高脱毒效果。热处理分干热处理和湿热处理两种。湿热处理一般只适用于一些木本植物的休眠芽,其处理温度和时间控制要求严格,否则会影响芽的活性。其他植物材料在实际中多采用干热处理,处理温度一般为 50 ℃以下,根据植物的耐热性和病毒失活温度而定。

(三)茎尖分生组织分离与培养

1. 茎尖分生组织剥离

茎尖分生组织剥离是茎尖分生组织培养成功与否的关键。操作时需在超净工作台上,将已消毒的芽放在铺有无菌湿润滤纸的培养皿中,借助实体解剖镜逐层剥去芽体外幼叶,暴露出光滑的茎尖分生组织,迅速切下带 1~2 个叶原基的茎尖接种到培养基上。为了防止茎尖失水,解剖镜光源宜选择冷光源。

2. 茎尖大小与脱毒效果

茎尖越小,脱毒效果越好,但茎尖存活率降低,而过大的茎尖分生组织又会对脱毒效果产生不利影响。因此为便于取材,需要找出茎原基所带叶原基数目与茎尖大小的相关性。如苹果茎原基大小为 0.05~0.08 mm,带 2 片叶原基为 0.1~0.2 mm,带 4 片叶原基为 0.3~0.4 mm。不同种类病毒在同一植物中分布部位不同,去除难易程度也不同,需选择合适大小的茎尖进行培养。如甘薯脱除 TMV 需 1.0~2.0 mm 茎尖,脱除羽毛状花叶病毒需 0.3~1.0 mm 茎尖。同一植物不同部位的茎尖脱毒效果也不同,如 0.3~0.5 mm 的大蒜茎尖对花叶病毒脱毒率为 45.5%,而 2~3 mm 的花茎茎尖脱毒率达 77.6%。在根据不同植物、外植体类型、病毒种类和外植体取材时间等因素确定适宜的分生组织大小的同时,还要兼顾脱毒效率和成活率两个方面。

3. 茎尖分生组织培养

(1)培养方式　常用固体培养和纸桥液体培养。固体培养简单方便,适用于大多数植物茎尖培养。但有的植物茎尖固体培养时容易形成愈伤组织或褐化,此时可以采用纸桥液体培养法,可使营养物质通过滤纸均衡而持久地供给外植体,减少褐变和愈伤组织分化,有利于外植体健壮生长,但此法操作过程相对复杂。一般离体茎尖越小,对培养条件的要求越苛刻。

(2)培养基　正确选择培养基,可以显著提高茎尖组织培养的成苗率。培养基中铵盐和钾盐浓度高、其他无机离子浓度低有利于茎尖成活。适宜的外源生长素和细胞分裂素能促进茎尖生长直接发育成苗,避免愈伤组织产生。有时低浓度 GA_3 可抑制愈伤组织形成,同时促进茎尖成活和伸长。不同植物对植物生长调节剂反应差异较大,必须结合材料类型、大小和培养条件灵活掌握。

(3)培养条件　茎尖组织培养对温度要求,主要依植物种类、起源和生态类型来决定。喜温性植物一般控制在 26~28 ℃,喜冷凉植物宜控制在 18~22 ℃。大多数情况下,茎尖培养采用恒温培养,少数采用变温培养,具体情况依植物种类而定。通常光培养比暗培养效果好。一般周围环境湿度以 70%~80% 较为适宜。

4. 生根

生根时,要根据不同植物生根的难易采取不同措施。容易生根的材料如马铃薯和甘薯等,在茎尖培养基上可以直接生根;较易生根的材料如甘蔗、香蕉和大多数花卉植物等,需转入专门的生根培养基;而大多数木本植物生根较难,需采用微芽嫁接的方法生根。

(四)植物脱毒效果检测

通过各种脱毒技术获得的植株,并不能保证全部不带病毒,在作为无病毒种源利用和繁殖前,必须进行病毒检测,确定植株无病毒或不携带某种特定病毒。通过离体培养产生的某些植株病毒潜伏期可达 6~12 个月,而且在无病毒植株试管外保存和繁殖期间仍有可能再次感染病毒,因此病毒检测在脱毒苗培养和生产繁殖过程中需要重复多次进行。

1. 指示植物检测法

指示植物或称敏感植物,是指对某一种或某一类病毒非常敏感的植物。指示植物一经病毒感染就会在叶片乃至全株上表现特有病症,可用于鉴定具有可见症状的病毒。由于病毒的寄主范围不同,应根据不同的病毒选择合适的指示植物,有时不同的病毒在同一种指示植物上出现相似症状,这就需要选择不同的指示植物进行鉴定。理想的指示植物不但一年四季都可栽培,生长迅速,具有较大叶片,并且能在较长时期内保持对病毒的专一敏感性和可接种性,在较广的范围内具有同样的反应。

按寄主类别可将指示植物鉴定法分为两类,即草本指示植物鉴定法和木本植物鉴定法。

(1) 草本植物鉴定法　草本指示植物种类较多,常用的有茄科(Solanaceae)的心叶烟(*Nicotiana glutinosa*),豆科的菜豆(*Phaseolus vulgaris*),藜科的昆诺藜(*Chenopodium quinoa*)、苋色藜(*Chenopodium amaranticolor*),苋科的千日红(*Gomphrena globosa* L.)等。草本指示植物鉴定中较常用的检测方法是汁液摩擦接种法。该方法是在指示植物的叶片上撒少许金刚砂,将受检植物汁液涂于其上,适当用力摩擦,使叶表面细胞受到侵染,但又不损伤叶片,然后用清水冲洗叶片。在 15~25 ℃下生长一周或几周时间,植物即可表现症状。

当采用汁液摩擦接种法对一些草本植物病毒进行指示鉴定比较困难时,常采用小叶嫁接法进行接种鉴定,该方法是以去顶部小叶的指示植物作为砧木,被鉴定植物的小叶作为接穗,采用劈接法嫁接,观察、判断待测植株是否带毒,如草莓的病毒鉴定。

(2) 木本植物鉴定法　生产中果树指示植物种类较多,如柑橘、苹果、梨、葡萄及核果类,一般采用嫁接法进行检验。多年生果树和林木植物病毒一般可通过自然寄主嫁接进行传染,当自然寄主侵染植物病毒后不能表现出显著病症时,可另选择对该病毒敏感的木本指示植物进行嫁接鉴定。常用指示植物直接嫁接法、双重芽接法和双重切接法。

2. 血清学检测法

血清学检测法是利用抗体和抗原在体外的特异性结合进行病毒检测的方法。血清学检测快速、灵敏、准确,成本较低,对潜隐性和非潜隐性病毒均可进行鉴定。目前在植物病毒研究和检测中广泛应用。基本程序包括抗原制备、抗血清制备和病毒鉴定 3 个步骤。常见的方法有沉淀反应、凝聚扩散、免疫扩散、免疫电泳、荧光抗体技术、酶联免疫吸附(ELISA)、免疫电镜技术检测(IEM)、直接组织免疫杂交分析检测(DTBIA)等。

其中 ELISA 技术是新近发展起来,目前应用较多的一种血清学检测技术。用于植物病毒检测的 ELISA 法较多,常用的主要有双抗体夹心酶联免疫吸附法(DAS-ELISA 法)和 A 蛋白酶联免疫吸附法(PAS-ELISA 法)。ELISA 法自动化程度高,可同时测定多个样品,试剂用量少并可以较长时间保存,目前已有商品试剂盒出售。

酶联免疫吸附(enzyme-linked immunosorbent assay,ELISA)法是把抗原-抗体的免疫反应与酶的催化反应相互结合而发展起来的一种综合性技术,它的灵敏度高,特异性强,特别是当寄主内病毒浓度很低或同时存在病毒钝化物或抑制剂时,它的优势更为明显,因而是近年来病毒检测方法中发展最快、应用最广的一种方法。其原理是利用酶标记的特异抗体来指示抗原-抗体的结合,从而检出样品中的抗原。

进行病毒检测时,将待测植物的汁液(抗原)注入酶联板(聚苯乙烯多孔微量反应板)中,使抗原吸附于它的孔壁,然后加入以酶标记的特异抗体,待抗原与抗体充分反应后,洗去未与抗原结合的多余酶标记抗体,于是在固相载体酶联板表面就只留下以酶标记的抗原-抗体复合物。这时加入酶的无色底物,复合物上的酶催化底物降解,生成有色产物。这一结果可用肉眼识别,也可用分光光度计对底物的降解量进行测定。

另外,血清学检测的前体是制备抗血清,由于有许多病毒未能制备出特异的抗血清,而有些病毒在某些情况下缺乏外壳蛋白,类病毒也没有外壳蛋白,因而该方法难以广泛应用。

3. 电镜检测法

目前电子显微镜分辨力可达到 0.5 nm。通过电子显微镜不但可以直接判断病毒存在与否,而且可以观察到病毒颗粒大小、形状和结构,初步判断病毒种类。但由于电子射线穿透力较低,要求待测样品很薄,超薄植物切片的制作过程难度较大,电子显微镜设备价格又很昂贵,所以电镜检测法在脱毒苗实际生产鉴定中较难得到推广。常与指示植物检测法和血清学检测法联合使用,对鉴定结果进行相互印证。

4. 分子生物学检测法

分子生物学检测法是通过检测病毒核酸来证实病毒的存在,可以检测出几乎所有类型的病毒和类病毒。该法灵敏度高,特异性和可靠性强,能实现多重反应,可用于大量样品的检测。

5. 脱毒苗农艺性状鉴定

不同途径的脱毒处理可能导致良种种性改变,获得无病毒材料后必须在隔离条件下对脱毒苗的农艺性状进行鉴定,确保脱毒苗的经济性状与原品种一致。在田间以原品种为对照,选择与其亲本具有相同优良经济性状的无病毒植株,淘汰劣质植株,再通过单株选择或集团选择获得无病毒原种。对脱毒苗后代新生系的选择材料,还要做进一步的抗性鉴定等。

(五) 植物脱毒苗的保存和繁育

1. 脱毒苗的保存

脱毒获得的植物材料,经过反复鉴定确系无病毒材料后可作为无病毒原种利用。但植物无病毒材料并不具有额外的抗病性,当病毒侵染时又会成为带毒材料。由于无病毒原种的获得极不容易,因此必须将其在隔离条件下慎重保存,以免发生病毒的再次感染。保存好的脱毒苗种源,可以利用5～10年甚至更长时间,可离体保存或栽培隔离保存。

(1) 离体保存　离体保存是指在离体条件下以试管苗的形式进行保存。按保存温度可分为常温保存、低温保存和超低温保存,其中常用的是低温保存。

低温保存,也称缓慢生长保存法或最小生长法,是将无病毒原种材料的器官或幼小植株接种于培养基,通过降低环境温度或在培养基中加入生长延缓剂,使试管苗保持缓慢生长状态,延长继代培养周期(一般每隔6～12个月继代一次),达到长期保存的目的。这是中长期保存无病毒材料的一种简单、有效且安全的手段。低温保存期间要注意保湿和防止污染,并提供一定的光照。

离体保存是脱毒苗保存的最理想方法。不同植物物种、品种对培养温度反应差异较大,要根据各自的生物学特性设置不同的保存温度。一般情况下,温带植物在0～4 ℃保存,热带植物在15～20 ℃保存。

(2) 栽培隔离保存　有些木本植物试管苗继代成本较高、移栽成活率低或以嫁接繁殖为主,可以采用栽培隔离保存的方法。将脱毒苗种植在隔离区内,建立无病毒母本园,以供采集接穗。隔离区外应首先建立隔离带,然后用300目以上纱网建立防虫网室,以防止蚜虫、叶蝉等病虫传媒进入。栽培用的土壤应消毒,周围生长环境应整洁、通风、透光,栽植期间及时做好农、肥、水管理工作,并适时喷农药预防病虫害的发生。另外,隔离区最好选择在海拔高、虫害少、气候冷凉的地域,与毒源作物保持一定距离。保存期间要定期检查,一旦发现病毒及时清除。

2. 脱毒苗的繁殖

无病毒原种的繁殖目前还没有一套完善的制度,一般参照普通良种繁育制度进行,只是在繁育过程中加强隔离、消毒等,严防病毒的再次感染。农业部柑橘及苗木质量监督检测中心和中国农科院柑橘研究所负责起草的《柑橘无病毒苗木繁育规程》,从2006年4月起作为农业行业推荐标准(NY/T 973—2006)实行。

　　利用无病毒种源，通过大量繁殖可以源源不断地为生产提供无病毒的优良种苗。脱毒苗的繁殖可以通过实验室离体快繁和田间隔离繁殖两种途径进行。田间无性繁殖方法，常见的有嫁接、扦插、压条、匍匐茎繁殖、微型块茎繁殖等。

三、茎尖培养脱毒的研究进展与展望

　　随着种质资源交换范围的扩大，生态条件的改变，各种植物侵染病毒的种类越来越多，侵染范围日益扩大，侵染程度日趋严重。通过脱毒，可使作物恢复种性，增强抗性，生长健壮，光合作用增强，提高作物的产量和品质。如与相同品种的普通甘薯相比，脱毒甘薯的增产幅度可达 20%～200%，对其种植逐步走向规模化、标准化、区域化具有重要意义（许传俊，2011 年）。

　　茎尖培养脱毒是常用的一种方法，为提高脱毒效率，往往与其他方法联合使用。如百合在栽培过程中存在病毒侵害、品种退化严重的情况，园艺学家们以东方百合"Tiber"品种为材料，采用茎尖培养结合 30 min 热处理的脱毒方法进行脱毒，然后采用酶联免疫吸附法检测百合潜隐病毒（LSV），脱毒效果优于普通组织培养和茎尖培养。另外，在试管内对深山草莓花瓣愈伤组织分化产生的优良变异新品种的试管苗进行匍匐茎诱导，并采取试管内高温处理结合茎尖培养对该品种进行脱毒，可以完全脱除草莓病毒，从而建立了草莓脱毒体系。苹果褪绿叶斑病毒、苹果茎沟病毒和苹果茎痘病毒（ASPV）是世界仁果类果树上普遍发生的三种潜隐病毒。我国主栽的梨品种的平均带病毒率为 86.3%，利用茎尖培养结合变温热处理，通过 RT-PCR 检测从 8 个沙梨品种的 65 株脱毒材料中得到 5 个沙梨品种的39 株离体不带病毒植株。

　　目前用于植物脱毒的抗病毒药剂主要包括嘌呤和嘧啶类似物、氨基酸、抗生素等，可在某种程度抑制植物体内或离体叶片内病毒的合成，但尚不能完全抑制病毒使其失活。而且有些病毒比较难去除，单独使用其中某一种方法很难获得成功。因此学者们尝试将热处理、抗病毒药剂和茎尖培养相结合使用，取得了较好的效果。对东方百合进行热处理后结合 10 mg/L 病毒唑来处理，百合潜隐病毒（LSV）、百合斑驳病毒（LMoV）脱毒率分别达到55% 和 40%。

　　通过不同脱毒途径获得的无病毒植株还必须经过严格的病毒鉴定和检测手段证明确实是无病毒良种种源，并要采取严密的防病毒重复污染措施才能取得预期效果。建立快速、高灵敏度、高通量的病毒检测体系是病毒病预防和综合防治的先决条件。植物病毒检测技术经历了传统生物学检测技术、免疫学检测技术和分子生物学检测技术 3 个阶段。分子生物学检测技术操作简单，适用广泛，主要包括核酸杂交技术、RT-PCR、荧光定量 PCR、DNA 微阵列技术等，在植物病毒检测及植物病毒病诊断体系中占有日益重要的地位。

　　目前，通过组织培养实现商业化的脱毒试管苗，在果树、蔬菜、花卉领域已十分普遍，经脱毒处理的作物产量显著增加。植物现有的脱毒技术多种多样，各有优缺点，目前应用的趋势是将不同的方法结合起来，从而阻止植物病毒的扩散。植物病毒病诊断途径将更加趋向多元化，并呈现出快速、高特异性、高灵敏度、高通量的特点。另外，对无毒种质资源的保存技术有待于进一步改进和提高，应建立大规模的脱毒苗繁育基地，为生产提供无病毒良种种苗。

第四节　植物脱毒与茎尖培养的应用实例

一、马铃薯脱毒生产技术

马铃薯是一种全球性的重要作物,在我国分布也十分广泛,种植面积占世界第一位。由于其生长期短,产量高,适应性强,营养丰富,又耐贮藏运输,因而是高寒地区的重要粮食作物之一,也是一种调节市场供应的重要蔬菜。

马铃薯在种植过程中极易感染病毒。已报道的马铃薯病毒病达 30 多种,我国已知有 10 余种。当前马铃薯脱毒主要是针对 PLRV、PVA、PVY、PVM、PVX、PVS 等对马铃薯产量和品质影响较大的病毒。由于马铃薯是无性繁殖作物,病毒在母体内增殖、转运和积累于所结的薯块中,并且世代传递,逐年加重,易引起种性退化,造成产量与品质下降。利用马铃薯茎尖脱毒培养和有效留种技术,建立合理的良种繁育体系,不仅可以在短期内获得大量的脱毒苗,而且能保持品种的优良性状。

(一)茎尖脱毒技术

1. 外植体的选择和灭菌

在生长季节可从大田取材,一般顶芽茎尖生长比腋芽的快,成活率也高。为减少污染,需进行预培养,如将供试植株在无菌盆土中进行温室栽培,或切取插条进行营养液无土栽培。此外,也可将欲脱毒的品种块茎催芽,芽长 4～5 cm 时,剪芽并剥去外叶。

将外植体用自来水冲洗 40 min 后,用 75％乙醇处理 30 s 或 2％次氯酸钠溶液处理 5～10 min,再用 5％漂白粉溶液消毒 15～20 min 或 10％漂白粉溶液消毒 5～10 min,用无菌水冲洗 2～3 次。

2. 茎尖剥离和接种

在无菌条件下,将消毒好的茎尖放在 10～40 倍的双筒解剖镜下进行解剖,剥取大小为 0.2～0.3 mm、带 1 个叶原基的茎尖,迅速接种到培养基上。

3. 茎尖培养

马铃薯茎尖培养可以使用 MS 或 Miller 基本培养基,同时附加 0.1～0.5 mg/L 生长素和细胞分裂素,其中生长素 NAA 比 IAA 效果好。加少量赤霉素有利于培养前期茎尖成活和伸长。如 MS ＋ 6-BA 0.05 mg/L ＋ NAA 0.1 mg/L ＋GA_3 0.1 mg/L(pH 5.7)。

关于培养条件,一般要求培养温度为 25 ℃左右,光照强度前 4 周为 1 000 lx,4 周后增加至 2 000～3 000 lx,每天光照 16 h。1 个月后,茎尖即可形成无根试管苗,此时可移入无植物生长调节剂的 MS 培养基中进行继代培养,3 个月后,试管苗可长成 3～4 片叶的小植株。

(二)热处理结合茎尖培养

因为某些病毒能够侵染茎尖分生区域或者同时感染几种病毒,即使马铃薯经过严格的茎尖脱毒培养后仍可能带毒,如马铃薯纺锤形块茎病类病毒(PSTV)、PVX、PVS 等病毒很难仅仅通过茎尖培养消除,结合热处理可以大大提高脱毒效率。

具体方法是取单芽眼块茎,当第 1 个芽长至 1～2 cm 时,35 ℃下处理 1～4 周,取尖端

5 mm接种培养,或发芽接种后再用 35 ℃处理 8～18 周,然后取茎尖培养。该方法对 PVX 和 PVS 脱毒效果较为理想。对于 PSTV 需要 2～14 周热处理,经茎尖培养后,选只有轻微感染的植株再进行 2～12 周的热处理,然后取茎尖培养。一般连续高温处理会引起处理材料的损伤,因此常用变温处理。

(三)病毒检测

1. 指示植物检测法

千日红通过汁液摩擦法可以检测 PVS 和 PVX,洋酸浆检测 PVY 和 PLRV 等。

2. 酶联免疫吸附法

用双抗体夹心酶联免疫吸附法(DAS-ELISA 法)检测 PLRV、PVA、PVY、PVM、PVX、PVS。此外,抗体夹心酶联免疫吸附法(TAS-ELISA 法)和三硝酸纤维素膜-酶联免疫吸附法(NCM-ELISA 法)也被广泛应用。

3. 核酸杂交技术

核酸斑点杂交技术适用于大量样品检测,比 ELISA 法灵敏。另外,DNA 芯片技术已被应用在马铃薯帚顶病毒(PMTV)、PVX、PVY、PVA、PLRV 等多个病毒检测中。

4. DNA 扩增技术

实时荧光定量 PCR(RT-PCR)技术可以同时检测几种病毒,操作简单、省时省力,结果可靠,可大大提高工作效率。但所需仪器昂贵,实验费用较高。

(四)离体快繁

经病毒检测的无病毒试管苗,可作为离体快繁材料。在超净工作台上,将 5 cm 高的试管苗分割成 1 cm 左右的茎段,接种在快速增殖培养基上。温度控制在 25 ℃左右,光照强度为 2 000 lx,光照时间为 16 h。30 d 左右继代一次。

(五)无病毒种薯生产

无病毒马铃薯制种过程中的检测抽样数量及方法、病毒植株允许率应分别符合《GB18133—2000 马铃薯脱毒种薯》中的有关规定(5 和 6.2)。制种过程可分为以下几个阶段:

1. 脱毒苗的培育

通过茎尖培养获得经检验确认的无病毒植株作为核心材料,每株必须严格检测。将脱毒苗进行快速扩繁,所获扩繁苗随机抽检 1%～2%。

2. 原原种的生产

用脱毒苗在适当容器内生产的微型薯和在防虫温室、网室条件下生产的符合质量标准的种薯或小薯,为原原种。

3. 一级原种生产

用原原种在良好的隔离条件下生产的符合质量标准的种薯,为一级原种。

4. 二级原种生产

用一级原种在良好的隔离条件下生产的符合质量标准的种薯,为二级原种。

5. 一级种薯生产

用二级原种在隔离条件下生产的符合质量标准的种薯,为一级种薯。

6. 二级种薯生产

用一级种薯在隔离条件下生产的符合质量标准的种薯,为二级种薯,可直接用于大田生产。

二、百合脱毒生产技术

（一）病毒种类

百合为百合科百合属植物，是著名的观赏花卉，全世界有 80 余种。生产上百合主要靠小鳞茎进行分株繁殖和鳞片扦插繁殖。长期的无性繁殖使得百合鳞茎内逐渐积累了大量病毒，导致植株感染多种病毒病，对百合的产量与质量产生了严重影响，已成为继真菌性病害之后的第二大类百合病害。目前，已报道的侵染百合的病毒种类约有 18 种，分属于 6 个病毒科，包括线形病毒科 5 种，马铃薯 Y 病毒科 3 种，伴生豇豆病毒科 5 种，豇豆花叶病毒科 2 种，雀麦花叶病毒科 2 种，布尼亚病毒科 1 种，还有植原体 1 种。其中危害严重的有百合斑驳病毒、百合潜隐病毒、百合丛簇病毒(LRV)、郁金香碎花病毒(TBV)和黄瓜花叶病毒等。这些病毒主要是对百合的叶片、花瓣和鳞茎及贮藏特性造成危害，影响植株的生长、发育，降低种球和切花的品质。

（二）脱毒途径

可采用茎尖培养、热处理、化学疗法等方法脱除病毒。生产上通常采用热处理结合茎尖脱毒方法。

（三）脱毒技术

以带珠芽百合为材料，通过 36 ℃高温预处理 10 d，剥取 0.2 mm 大小的茎尖在 MS＋2.5 mg/L 6-BA＋1.5 mg/L GA＋0.5 mg/L NAA＋0.1 g/L 活性炭＋0.6％琼脂＋3％白糖的培养基中进行芽诱导培养，培养条件为培养温度(27±1) ℃，光强 1 200～1 500 lx，光照时间 12 h。经过一次继代培养后，进行病毒检测。

（四）病毒检测

百合病毒病常常呈现"一毒多症"或"多毒一症"的特点，在田间诊断和防治方面存在较大困难。因此，百合的病毒检测对于病毒病害的识别和及时防治有很重要的作用。

1. 指示植物检测法

一般采用汁液摩擦法进行接种，接种后需要 2～6 d 的培养期，才能出现枯斑，进而对病毒进行判定。常见指示植物有台湾百合（*Lilium formosanum*）、麝香百合（*Lilium longiforum*）、克利夫兰烟、菜豆等。

2. 电镜观察检测法

电镜观察是目前检测百合病毒病的主要手段之一。为了提高植物病毒检测和鉴定的准确性，有时会将免疫技术与电镜技术相结合进行检测。如王连春等通过免疫电镜技术对侵染云南食用百合的主要病毒进行了系统研究，成功地探明了食用百合的病毒病种类。

3. 血清学检测法

血清学检测法是现在应用最广泛的植物病毒检测法之一，也是目前国内外检测百合病毒的常用技术。王连春等采用双抗体夹心法，对田间的 120 种食用百合样品进行了 CMV 和 LSV 抗血清检测，得出了不同病毒在同一样品的检出率。

4. 分子生物学检测法

刘文洪等采用改进的 dsRNA 方法对浙江丽水和杭州的东方百合进行检测，检测结果与已知的 CMV-FQS 株系的电泳条带相同。王继华等利用 RT-PCR 技术对易侵染百合的 CMV、LMoV 和 LSV 开展了调查和检测。

（五）离体快繁

将脱毒百合苗在 MS＋2.0 mg/L 6-BA＋2.0 mg/L 2,4-D＋0.1 mg/L NAA 培养基中诱导愈伤组织及丛生芽；在 1/2MS＋2.5 mg/L 6-BA＋0.2 mg/L NAA 培养基中进行分化、增殖培养；采用 MS＋1.2 mg/L NAA＋0.5 g/L 活性炭培养基进行生根培养。

小　结

　　生长在自然环境条件下的植物不可避免地会受到病毒的侵染，造成植物品种的退化和产量下降。在生产上要获得无病毒植物材料就要对植物进行脱毒处理。物理、化学和生物方法都可以脱除植物病毒。最常用的物理方法是热处理，即通过热水或热空气处理使病毒失活，但该方法需与其他方法配合应用才能获得良好效果。化学方法是应用化学药剂防治病毒，但对病毒有杀伤力的药品，往往对寄主植物也有损害，因此在使用时要谨慎，化学处理也常与离体培养结合进行。生物脱毒的方法有微芽嫁接、珠心胚培养、愈伤组织培养、抗病毒栽培种培育和微茎尖组织培养脱毒等。微芽嫁接技术是植物组织培养技术与嫁接技术相结合的一种脱毒技术，多用于茎尖培养生根困难的木本植物。对柑橘、芒果等存在多胚的种子，通过分离培养珠心胚可获得脱毒苗。愈伤组织培养脱毒是通过植物的器官和组织的离体培养脱分化诱导产生愈伤组织，然后诱导愈伤组织再分化产生芽，长成小植株，从而得到脱毒苗。抗病毒栽培种培育是采用导入抗病毒的原生质体融合技术，得到抗病毒杂交种。

　　生物方法中的微茎尖培养技术是植物脱毒最普遍使用的方法，已成为一种公认的消除植物组织内病原菌的技术。利用茎尖培养要先进行植物携带病毒诊断，然后选取适宜生长时期的外植体，对其进行表面消毒后，在解剖镜下进行茎尖的剥离和接种，在适宜的条件下培养生根。脱毒后的材料要经过反复检验才能确认是否无毒，常用的病毒检测方法有指示植物鉴定法、血清学测验法、电镜检测法、分子生物学检测法等。检验后无病毒材料后必须在隔离条件下进行农艺性状鉴定，确保脱毒苗的经济性状与原品种一致。由于无病毒原种的获得极不容易，因此要将其在隔离条件下慎重保存，以免发生病毒的再次感染。目前无病毒原种的繁育还没有一套完善的制度，一般参照普通良种繁育制度进行，在繁育过程中加强隔离、消毒等，严防病毒的再次感染。

复习思考题

　　1. 培育无病毒苗木有何意义？
　　2. 如何检测所生产脱毒苗是否携带病毒？常用病毒检测方法有哪些？
　　3. 为什么可以利用茎尖培养进行脱毒？影响脱除植物病毒效果的因素有哪些？
　　4. 请谈谈植物脱毒生产研究的趋势。
　　5. 利用茎尖培养一定能够脱毒吗？为什么？

第七章

植物胚胎培养与离体授粉受精

【知识目标】
1. 掌握植物离体胚培养、胚珠培养、子房培养、胚乳培养的基本操作技术。
2. 掌握植物离体授粉受精的关键技术及影响因素。

【技能目标】
1. 通过学习实践，掌握植物胚胎培养和离体授粉受精的基本操作技能。
2. 学会观察离体胚胎发育过程中的特点，并结合生产实际进行应用。

第一节　植物的胚胎培养

一、植物胚胎培养的含义和意义

（一）植物胚胎培养的含义

植物的胚胎发育一般是指从受精后的合子开始，细胞经过一系列精巧的细胞学事件，最后形成完整植株的过程(图 7-1)。植物胚胎培养是植物组织培养的一个主要领域，指对植物的胚(种胚)及胚器官(如子房、胚珠)进行人工离体无菌培养，使其发育成幼苗的技术。因此，植物胚胎培养包括胚培养、胚珠培养和子房培养。广义的胚胎培养还包括胚乳培养和离体授粉受精。

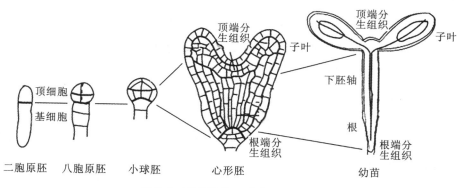

图 7-1　高等植物胚胎发生模式图

(Jürgens,2003)

（二）植物胚胎培养的意义

1. 克服杂种胚的败育，获得稀有杂种

远缘种间或属间杂交是植物育种的重要手段。但是，远缘杂交经常出现杂种不育（败育）的现象，其原因比较复杂，可能是杂交不亲和，也可能是幼胚发育不良，提供营养来源的胚乳不能正常发育，以及有时胚与胚乳之间形成的障碍物质阻碍了营养物质的运输等，从而造成胚的早期败育。克服杂交不亲和可以通过试管受精技术解决，幼胚败育则可以通过胚培养技术来克服。孙亮和冷平（2008 年）以苹果为母本、梨为父本进行属间杂交实验，并对幼胚进行培养，获得了杂种苗。

2. 打破种子休眠，促进胚萌发

种子休眠现象是大多数植物都具有的一种现象，休眠造成种子难以发芽，从而影响育苗。通过幼胚培养可打破种子休眠，促使种子萌发成苗，提早结实。如具有高芒种子的鸢尾（*Iris tectorum*），其种子休眠期长达几个月甚至几年，使用种子培养后，2～3 个月内，其种子就能在试管中发育成实生苗。此外，胚培养还可用于种子生活力的快速测定，且检测结果比常用的染色法更准确可靠。

3. 克服珠心胚的干扰，提高育种效率

有些植物的种子存在多胚现象，如柑橘、芒果、仙人掌（*Opuntia stricta*）等，其中只有一个胚是通过受精产生的正常有性胚，其余的多是由珠心组织发育而成的不定胚，这些不定胚常侵入胚囊，使合子胚发育受阻，影响杂交育种效率。利用幼胚培养技术，可以排除珠心胚的干扰，获得杂种胚，大大提高杂交育种的效率。

4. 胚培养材料可作为转基因受体材料

植物转基因技术在提高植物抗逆性、改善物种品质、提高产量等方面都发挥重要作用。目前，在水稻、小麦等经济作物基因转化研究中，幼胚愈伤组织是良好的受体材料。因此，建立这些植物的幼胚培养再生系统是非常必要的。

5. 研究植物发育的理论问题

离体胚培养可用于探讨植物器官发生过程的许多理论问题，如细胞分化、细胞命运的抉择等。另外，也可以用于研究胚发育中胚乳的作用和进行胚胎切割实验等。

二、植物胚培养的种类和特点

高等植物的合子胚发育过程主要是由合子分裂、增殖，经历球形胚、心形胚、鱼雷形胚、子叶形胚几个阶段，之后形成完整的种子，在合适条件下萌发成苗（图 7-1）。依据剥离胚的发育时期不同，将离体胚培养分为成熟胚培养和幼胚培养。

（一）成熟胚培养

成熟胚一般是指子叶期至发育完全成熟的胚。从种子中分离出成熟胚进行离体培养，可以解除种皮的抑制作用。成熟胚培养较易成功，因其本身贮藏了丰富的养料，在含有大量无机元素和糖的简单培养基上，就能正常成苗。成熟胚培养还具有取材方便、方法简单、实验周期短、不受时间限制和一次成苗率高等优点，主要用于珍稀杂种的萌发和某些繁殖困难植物的抢救等。由于成熟胚培养容易成功，因此对成熟胚进行培养，不是要寻找合适的培养基和培养条件，而主要是用胚培养来研究胚发育过程的形态建成、生长物质的作用、各部分的相互关系和营养要求等生理问题。

（二）幼胚培养

幼胚是指子叶期以前具胚结构的幼小胚。幼胚在个体发育中处于异养阶段,需要从母体组织和胚乳中吸收各类营养物质,因此幼胚培养对培养基要求比较严格。不仅要求培养基具有完全的营养成分,而且对培养基的渗透压、激素水平及附加成分都有一定的要求。对一些低龄幼胚直接培养难以成活的材料,可以先进行胚珠培养,使幼胚在胚珠中长大,然后再将胚取出培养。

三、植物胚胎培养的研究进展和展望

早在 1932 年,White 进行了胚珠培养,但胚珠只能进行有限生长。直到 1942 年,Withner 首次在兰花胚珠培养中获得成功,并得到种子,缩短了从授粉到获得种子的时间。相对来讲,未授粉的胚珠培养进展较缓慢,直到 1980 年,Caynet 和 Sitbon 首次用非洲菊未授粉胚珠经愈伤组织分化得到单倍体植株。此后又获得了烟草、甜菜(*Beta vulgaris*)、向日葵、橡胶、葡萄、黄瓜(*Cucumis sativus*)和牡丹等多种植物的单倍体。

子房培养的研究始于 1942 年,La Rue 首先对番茄、落地生根属、连翘属和马蹄莲属的花连带一段花梗进行培养,在无机盐培养基上得到正常的果实。随后,Nitsch 建立了较完整的子房培养技术,培养了小黄瓜、番茄、菜豆、草莓和烟草等植物授粉前和授粉后的离体子房,在含有蔗糖的无机盐培养基上,授粉后的小黄瓜和番茄获得了成熟果实及具有生活力的种子。1976 年,San Noeum 在未授粉的大麦子房培养中首次获得了单倍体植株。以后,相继在烟草、小麦、向日葵、水稻、玉米、百合、青稞、荞麦、白魔芋和杨树等数十种植物上获得了单倍体植株。

胚乳培养最早始于 1933 年,Lampe 和 Mills 首次以未成熟的玉米胚乳为材料,在附加马铃薯或幼嫩玉米颖果提取液的培养基上进行了尝试。后来,La Rue(1949 年)对胚乳组织离体培养条件下的生长和分化规律进行了广泛的研究。直到 1965 年,Johri 和 Bhojwani 在一种檀香科寄生植物柏形外果(*Exocearpus cupressiformis*)中,首次成功诱导成熟胚乳细胞的器官分化,这一工作有力地推动了胚乳培养的研究。随后,印度学者 Srivastava 首次从罗氏核实木(*Putranjiva roxburghii*)成熟的胚乳培养获得了三倍体植物。据不完全统计,至今已有 50 多种被子植物的胚乳培养达到不同程度的生长和分化,其中,苹果、柚、橙、檀香(*Santalum album*)、枸杞、猕猴桃、玉米、大麦、小黑麦、水稻、马铃薯、梨、核桃等的胚乳培养获得了再生植株。

植物胚培养作为组织培养中的一个重要领域,经历了一个多世纪的发展,到今天该领域已取得了长足进展。从技术观点考虑,影响胚培养的重要因素是培养基成分。不同植物以及不同生理状态的胚对培养基成分的反应不同,人们已从培养基种类、碳源浓度、pH、培养条件、胚龄、天然提取物、激素种类和浓度等多角度、多方位进行了深入研究,为植物胚培养的应用提供了较好的技术平台。目前,胚培养已广泛用于农林和园艺的生产实践中。除了在生产实践中的应用外,胚培养还可以作为理想的实验系统探讨胚胎发育的理论问题。随着对胚胎发育形态建成的逐步深入,现有的幼胚培养技术限制人们对胚胎发育早期事件的了解,研究人员已把目标指向合子培养。合子是高等植物个体发育的第一个细胞,是植物个体发育的起点,在研究植物个体发育机理中有着不可替代的位置。合子离体培养系统的建立为研究高等植物个体发育最初阶段的合子激活机理提供了条件,也为探索利用合子胚胎发生的特征进行植物基因工程打下了基础。另外,探索异种植物间人工杂种合子的培养也是进行远缘杂交的新尝试。

近年来,花药培养在许多植物上诱导花粉单倍体植株的频率较低,有的甚至不能诱导产生花粉单倍体植株,从而影响了花粉单倍体育种方法的应用。因此,国内外许多研究者开始探索从未授粉的胚珠和子房诱导孤雌生殖,从而开辟了产生单倍体育种的另一条途径。未授粉的胚珠和子房可与花药和花粉一样获得单倍体植株,且获得单倍体植株的频率较后者高。通过单倍体培养中的变异可创造新的种质资源,这对植物育种有着重要意义。

第二节 植物胚胎培养的基本技术

一、离体胚培养技术

由于胚培养的外植体不同,培养的难易也各不相同,其应用目的也不尽相同。在实际工作中,要根据研究目的、实验条件来选择培养类型,以达到经济、有效的培养效果。

(一)成熟胚培养技术

进行成熟胚培养时,种子外部有较厚的种皮包裹,不易造成损伤,易于进行消毒。因此,只要将成熟或未成熟的种子用70%乙醇进行几秒钟的表面消毒,接着用饱和漂白粉或0.1%升汞溶液浸泡10～30 min,再用无菌水冲洗2～4次,去除残留的药物即可。

一般来说,在进行胚的离体培养时,必须把胚从周围的组织中剥离出来。成熟胚只需剖开种子即可剥离,比较容易。但有些种子种皮很硬,需先在水中浸泡之后才能剥开。然后直接取出或在解剖镜下取出胚,接种在适当的培养基上进行培养。

(二)幼胚培养技术

1. 幼胚培养的过程

(1)取材 幼胚的培养效果与幼胚的发育时期有很大的直接关系,适宜于幼胚培养的胚发育时期多为球形胚至鱼雷形胚阶段。因此,在幼胚培养之前要先弄清授粉后时间(天数)与胚发育时期的对应关系,通常采用人工授粉的方法,获得合适发育时期的幼胚。如果是培养远缘杂交的幼胚,则需要在胚乳退化之前分离幼胚。

幼胚常在取材时同果实一起取下来,然后对果实或种子进行消毒,由于幼胚包被在种皮内,因而一般是不带菌的。只要果实或种子消毒彻底,在无菌条件下分离出的幼胚一般不会污染。直接对幼胚消毒容易造成伤害,不利于培养。

(2)幼胚剥离 进行幼胚培养时,首先必须把幼胚从其包裹组织中剥离出来。幼胚剥离的成功与否直接关系到幼胚培养能否成功。多数植物的幼胚剥离,要借助较高倍数的解剖镜,操作时要特别细心,尽量取出完整的胚。在剥离过程中还要注意保湿、无菌,且操作要迅速。

(3)接种培养 剥离出来的幼胚要立即接种到培养基上进行培养,否则会影响胚的活力。在培养之前,必须对所培养的对象在自然发育条件下的特性进行充分了解,如胚的休眠问题、是否需要春化作用和胚芽萌发的温度等,这些对提高胚培养的成功率均有重要影响。

根据培养对象的特点,常采用固体培养和看护培养两种方式。正常品种的幼胚可以在平板固体培养基上培养,通过添加合适浓度的激素以诱导幼胚直接萌发,或从幼胚组织中诱导愈伤组织。远缘杂交产生的幼胚有时在人工培养基上很难培养,在自身胚乳退化的情况下,可以用双亲之一或第三个物种的胚乳进行液体看护培养。

2. 幼胚培养的生长发育方式

进行幼胚培养时,常见的胚生长方式有以下三种。

(1) 胚性发育　胚性发育(embryonal development)是幼胚接种到培养基上以后,仍然按照在活体内的发育方式发育,形成成熟胚,然后再按种子萌发途径出苗形成完整植株的发育方式。这种途径发育的结果一般是一个幼胚形成一个植株。

(2) 早熟萌发　早熟萌发(early mature sprouting)是指幼胚在培养中不继续其胚性生长,而是迅速萌发成幼苗的现象,这时长成的苗十分瘦弱。如在向日葵的培养中,低渗培养基易使幼胚提早萌发。大多数情况下,一个幼胚只萌发成一个植株,但有时会由于细胞分裂产生大量的胚性细胞,随后形成许多胚状体,从而可以形成许多植株,这种现象就是所谓的丛生胚(polyembryony)现象。

(3) 产生愈伤组织　在胚培养中常能诱发细胞增殖而形成愈伤组织,由胚形成的愈伤组织大多为胚性细胞,它经分化很容易形成胚状体或不定芽,最后形成完整植株。此外,这种培养获得的胚性愈伤组织也是很好的遗传受体和分离原生质体的来源。

3. 幼胚培养的影响因素

幼胚培养成功的关键,是提供幼胚生长所必需的营养和环境条件。

(1) 培养基。

未成熟的胚对培养基的要求较严格,不仅必须有完整的营养成分,而且对培养基的渗透压、激素水平及附加成分都有一定的要求,其中影响较大的有蔗糖浓度、激素种类、激素配比和附加成分等。常用的培养基有 Nitsch、Tukey、Norstog、B_5、MS 和大量元素减半的 MS 培养基等。不同的植物胚培养使用的培养基不同,如十字花科植物胚主要采用 B_5 和 Nitsch 培养基,禾谷类的幼胚培养常采用 N_6 和 B_5 培养基,也可采用 MS 培养基。

培养基中的碳源以蔗糖最好。蔗糖在幼胚培养中既能提供碳源,又可调节渗透压。蔗糖浓度以 2%～4% 为宜。不同发育时期的胚要求不同浓度的蔗糖,一般来说,幼胚所处的发育阶段越早,所要求的蔗糖浓度越高。如曼陀罗的早心形期的胚要求蔗糖浓度为 8%,鱼雷形胚要降到 0.5%～1.0%。荠菜心形期前的胚要求更高浓度的蔗糖,为 12% 或 18%。

生长调节剂对幼胚的培养也至关重要。在培养基中加入低浓度的生长素、细胞分裂素或赤霉素有利于促进某些植物的幼胚生长,但不同植物的幼胚培养需要的生长调节剂和作用不一致,如 IAA 可促进向日葵幼胚的生长,但抑制陆地棉(*Gossypium hirsutum*)幼胚的生长。GA_3 对荠菜心形胚无影响,却对鱼雷形胚有明显影响。此外,生长素和其他激素的比例也会严重影响幼胚的发育方式,生长素比例高时一般容易形成愈伤组织。

外源添加物对幼胚培养有一定作用。离体培养的幼胚大多处于异养阶段,胚由异养转为自养是一个关键时期。一些氨基酸或复合氨基酸能刺激幼胚生长。大量研究表明,谷氨酰胺是促进离体幼胚生长发育最有效的氨基酸。另外,一些天然提取物如椰子汁、酵母提取物、各种胚乳汁、麦芽提取物、马铃薯提取物和蜂王浆等也可用于幼胚培养。但值得注意的是,不同植物、不同阶段的胚对上述附加物种类、浓度的要求和反应是不同的。

(2) 培养条件。

幼胚离体培养时,除与培养基成分密切相关外,也受环境因素的影响。培养初期黑暗条件是必要的,这是因为在自然条件下,胚在胚珠内发育是不见光的。幼胚黑暗培养的时间与胚的发育时期有关,越是处于发育早期的胚,需要的黑暗培养的时间就越长。大多数处于球形期至心形期的幼胚,需要在黑暗条件下培养两周后再给予一定时间的光照。研究证明,早期光照不利于胚根的发育,但对胚芽生长有利。对于大多数植物来说,离体幼胚启动发育以后,给予其自然光周期一致的光照条件有利于幼胚发育。

温度调控也是幼胚培养的一个重要环节。幼胚培养的温度以该物种种子萌发的适宜温度为佳,一般以 $25\sim30\ ^\circ\!C$ 为宜。不同植物有不同要求,有些植物的幼胚培养要求一定的低温预处理。如桃、李等核果类果树的幼胚培养,若不经过低温($1\sim5\ ^\circ\!C$)处理,常导致胚活力不强,萌发率不高,容易形成畸形苗。

二、胚珠培养技术

由于某些植物的幼胚培养,对于取材技术要求高,成功率也很低,这时采用胚珠培养较易成功,也可同样达到使胚发育成幼苗的目的。

(一)胚珠培养的方法

胚珠培养的常用流程是从花蕾中取出子房,进行表面消毒,在无菌条件下进行解剖,取出胚珠,然后接种培养。未授粉胚珠培养后,可诱导产生愈伤组织或体细胞胚状体,进而再生植株。已授粉胚珠的培养,主要是使杂交胚珠在适宜的培养条件下生长发育。受精后的胚珠较幼胚培养容易成功,培养条件也不如幼胚培养严格。

(二)胚珠培养的影响因素

胚和雌配子体都是完整的细胞体系,位于胚珠之中,它与包围着它的胚珠其他部分构成一个整体。因此,在进行离体培养时,当胚珠与培养基接触时,雌配子体和胚同样会受到来自培养基中的各种外源因素的刺激而产生反应。同时,也会受到胚珠中本身存在的内在因素的作用。

1. 外植体的选择

无论是已授粉胚珠还是未授粉胚珠,不同植物及不同品系植物间诱导产生植株的频率差异很大。从胚珠培养获得成功的情况来看,发育到球形胚的胚珠,较易培养成功而获得种子,对培养基要求不高,无须添加较多的附加成分。而受精不久的胚珠则难以成功,对培养基中的附加成分要求也复杂些。未授粉胚珠培养难度也较大,通常取已接近成熟时期的八核胚囊或成熟胚囊为佳。在材料选择时可根据花粉与胚囊发育时期的相关性来确定取材时间。

胎座组织或部分子房组织对受精后胚珠离体培养和促进胚生长有重要作用,这可能是由于其中含有与形态发生有关的物质。胚珠带有胎座或部分子房时,即使是受精不久的胚珠,也易在离体条件下,发育成成熟种子。因此,在胚珠不易分离胎座或不易培养成功时,可以尝试取带胎座甚至部分子房的胚珠进行培养。

2. 培养基

常用的培养基有 Nitsch、MS、N_6 和 B_5 培养基等。不同发育时期的胚珠因生理状态不同而需要不同的培养条件,一般需要向培养基中添加不同的激素、营养物质和维生素。如橡胶成熟胚珠的培养中,当添加椰子汁和 IAA 时,胚的生长加快。在葱莲(*Zephyranthes candida*)的合子期胚珠培养中,添加亮氨酸、组氨酸和精氨酸,可使其生成活的种子。不过不同植物要求添加的外源物质和含量是不同的。

三、子房培养技术

在进行胚珠培养时,常因为分离胚珠困难而改用子房培养。子房培养是指将子房从母体植株上取下放在无菌的人工条件下,使其进一步生长发育形成幼苗的技术。可对授粉前和授粉后的子房进行培养。该技术可有效地挽救杂种胚的败育,培育单倍体植株,也可用来研究花的性别决定、花被功能、离体条件下形成果实、果实生长所需营养以及果实的成熟生理等问题。

(一)培养方法

授粉前和受精后的子房,仍需进行表面消毒后再接种。有些禾本科植物中,颖花多严密包裹在叶鞘之中,往往不需要进行灭菌,即可在无菌条件下剥取子房直接接种。

(二)子房培养获得植株的起源

子房内存在两种不同的细胞:性细胞和体细胞。它们都可以产生胚状体或愈伤组织,进而发育成植株。来源于性细胞的胚状体,由于雌配子体的核是由大孢子母细胞经过减数分裂后的大孢子发育而来,因而由它们产生的植株都是单倍体。而来源于体细胞的胚状体,是由珠被或子房壁表皮二倍体组织所产生的,它们自然是二倍体。正是由于胚状体或愈伤组织有两种不同倍性的起源,其后代会出现不同倍性的植株。若要通过子房培养从大孢子产生单倍体植株,必须设法控制不同倍性组织中的细胞分裂,为大孢子的分裂创造良好条件。当然,要达到这一点难度较大,需要探索与研究。若培养的子房中卵细胞已受精为合子,则可通过胚状体或愈伤组织再分化途径,产生二倍体植株,以获得杂种植株。

(三)子房培养的影响因素

虽然许多研究工作证明了受精前或受精后的子房只需在比较简单的无机盐培养基上就可以形成果实,并得到成熟种子。然而,要其性细胞和体细胞通过诱导获得胚状体或愈伤组织,并分化成植株,则对培养技术有一定的要求。

1. 外植体的选择

大量实验表明,在相同培养条件下,不同植物及不同品系的植株诱导产生单倍体植株的频率有明显差异。如粳稻比籼稻易诱导未授粉的子房产生单倍体植株。向日葵不同品种在培养中的差异也十分明显,有的能诱导孤雌生殖,有的不能诱导孤雌生殖,但珠被体细胞能增生;还有的品种对培养反应比较迟钝,既不能诱导孤雌生殖,也无体细胞增殖。

除基因型外,胚囊的发育时期对胚状体的诱导频率也起重要作用。选择处于合适的胚囊发育阶段的子房进行离体培养至关重要:禾本科植物大麦和水稻在胚囊的各时期都能诱导雌核发育成胚,但水稻选择四核胚囊期至成熟期的子房进行离体培养时诱导频率最高,而大麦开花1~2 d后的子房诱导效果最好。

2. 培养基

不同植物的子房培养需要不同的培养基。禾本科植物常用 N_6 培养基,其他植物多用 MS 和 B_5 培养基。根据植物的种类及实验目的(诱导胚状体或愈伤组织)不同,对培养基添加的成分也有一定的要求。如水稻子房培养不加外源激素,则多数子房不膨大或不产生愈伤组织,若加入微量的 2,4-D 则可明显促进子房膨大并产生愈伤组织。在荞麦未授粉的子房培养中,单独使用 2,4-D 时诱导频率为 7.6%,而 2,4-D 与 KT 混合使用时诱导频率为 1.8%。在百合未授粉的子房培养中,单独使用 2,4-D 时诱导频率为 18.7%,而 2,4-D 与 KT 混合使用时诱导频率为 47.76%。

子房培养时的蔗糖浓度大多在 3%~10%,一般在诱导培养阶段,蔗糖浓度相对要求要高,而在分化培养时蔗糖浓度要低一些。

3. 接种方式

在使用固体培养基时,接种方式也是影响成功的关键因素。在大麦未授粉子房培养中,花柄直插较平放的诱导频率高 6 倍,这可能与材料的生物学极性和营养的吸收有关。

四、胚乳培养技术

胚乳是一种特殊的营养组织,它的功能主要是为胚的发育提供营养。种子成熟时,胚乳或完全被胚吸收,或成为贮藏淀粉、脂肪或蛋白质的组织。胚乳的贮藏物为胚萌发和以后的发育所利用,直至幼苗进入自养状态。

(一)胚乳离体培养的意义

1. 研究胚乳细胞的全能性

在离体培养条件下,胚乳植株的培养成功,说明胚乳细胞与二倍体或单倍体细胞一样具有全能性。

2. 研究胚与胚乳的关系及胚乳组织的功能

在远缘杂交后代中胚的败育与胚乳的生理功能之间存在密切关系,目前已在多种植物中获得胚乳发育而来的植物,同时在多种远缘杂交后代的胚挽救中获得成功。因此,可以利用离体培养系统来探讨胚和胚乳的关系及胚乳组织的功能。

3. 分离和筛选非整倍体植株

胚乳植株不一定是三倍体植株,而往往是混倍体。研究表明,胚乳培养的愈伤组织及再生植株的染色体变化很大,它们除了三倍体、多倍体以外,多数是由多种倍性细胞所组成的嵌合体。尽管这种染色体的变异不利于三倍体植株的获得,但从体细胞无性系变异的角度出发,这种可以产生出不同的非整倍体和各种多倍体的株系,为植物多倍体育种开辟一条新的途径。

4. 研究天然产物代谢途径的理想系统

自然条件下,胚乳细胞贮存淀粉、蛋白质和脂类等营养物质,供胚胎发育和种子萌发之需。因此,胚乳是研究这些天然产物代谢过程的一个理想系统。

(二)被子植物胚乳的发育特性

被子植物的胚乳是双受精的产物之一,由两个极核和一个雄配子融合形成,所以在染色体倍性上属于三倍体组织。被子植物胚乳可分为三种类型,即核型胚乳、细胞型胚乳和沼生目型胚乳(图 7-2)。绝大多数被子植物的胚乳属于核型胚乳,其特点是初生胚乳核第一次分裂后,继续进行多次核分裂而不伴随细胞壁形成,导致许多核以游离的形式共存于 1 个细胞的细胞质中,以后才形成细胞壁而变成真正意义上的胚乳细胞。细胞型胚乳的发育不经过游离核阶段而以正常的细胞分裂方式进行。沼生目型胚乳是介于核型胚乳与细胞型胚乳之间的类型。

(三)胚乳培养的形态发生

在胚乳培养研究中,通过胚胎发生途径获得再生植株的报道较少,器官发生是最常见的植

(a) 细胞型　　　　(b) 核型　　　(c) 沼生目型

图 7-2　胚乳类型

株再生方式。

1. 愈伤组织的形成

在离体条件下,未成熟的和成熟的胚乳经过一段时间培养,即可形成愈伤组织。愈伤组织通常由胚乳表层细胞分裂产生,水稻的胚乳愈伤组织起源于周缘区的细胞。苹果是在胚乳表层细胞下的 2～5 层细胞的区域内,一些细胞转变为愈伤组织原始细胞,这些细胞分裂形成细胞团,最后突出胚乳的表面发展为愈伤组织团块。愈伤组织形成的时间在不同植物里也不同,苹果在 8～10 d 后形成,柑橘为 20 d,桃为 20～30 d。

2. 器官发生

胚乳组织器官分化有两条途径:一是先诱导愈伤组织,然后从愈伤组织中分化出芽。如芦笋(*Asparagus officinalis*)幼嫩的胚乳接种在 MS＋6-BA(1 mg/L)＋NAA(1 mg/L)的固体培养基上,培养 15～20 d 后产生致密、米黄或淡绿色愈伤组织,将愈伤组织转移至 MS＋6-BA(1 mg/L)＋NAA(0.1 mg/L)的培养基上,50 d 后一部分愈伤组织分化出芽或胚状体,最后发育成完整植株(刘淑琼等,1987 年)。二是胚乳组织不形成愈伤组织,直接发育成芽。如果培养基中的激动素和细胞分裂素浓度较高或不含生长素,则可能直接产生芽。但一般来说,直接分化芽的频率较低,培养效率不高。胚乳接种方式对芽的分化和分布也有显著影响,切口向下接触培养基时容易直接诱导芽,切口背向培养基时则很难分化出芽。

(四)胚乳培养的影响因素

1. 外植体的选择

胚乳的发育时期与胚乳的培养有密切关系。胚乳的发育大致可分为早期、旺盛生长期和成熟期三个阶段,处于发育早期的胚乳难以培养产生愈伤组织或形成器官。旺盛生长期是大多数胚乳取材的最合适时期,此时胚乳很容易产生愈伤组织,而且诱导率也较高。如大麦、水稻、苹果等,它们愈伤组织诱导率都高达 90％以上。绝大多数成熟期的胚乳是不分化的,有少数植物的成熟胚乳培养获得成功,如蓖麻(*Ricinus communis*)、巴豆(*Croton tiglium*)、罗氏核实木等,但诱导成苗的频率很低。

供体植株的基因型也是影响胚乳成功的关键因素。对金柑(*Fortunella hindsii*)、甜橙(*Citrus sinensis* Osbeck)和柚等多个品种的胚乳进行培养发现,只有北碚柚(*Citrus grandis* Osbeck)的胚乳培养获了再生植株。

由于胚乳包围着胚,使胚乳与胚分离而不带胚或包裹着胚的珠心、珠被组织,是保证实验正确性的重要环节。由于二倍体组织的细胞增殖速度一般较胚乳快,这样不但影响了胚乳的诱导和分化,而且常常会出现二倍体愈伤组织与胚乳愈伤组织混杂的情况。为了保证获得纯粹的胚乳外植体,在接种 3～4 d 内应及时观察,把一些变绿或出现其他异样色泽的接种物除掉。

2. 植物生长调节物质

合理使用植物生长调节物质对胚乳愈伤组织的诱导和器官建成起着决定性的作用。不同植物胚乳的愈伤组织诱导,要求的激素种类和水平是不同的。如对于大麦胚乳愈伤组织产生和生长,2,4-D 是必要的,而柚胚乳植株的产生则必须加入高浓度的赤霉素。中华猕猴桃胚乳只有在高浓度的玉米素与 2,4-D 配合下,才能诱导胚性愈伤组织,并在 1 mg/L 玉米素中分化出体细胞胚,如果 3 mg/L 玉米素与 0.5 mg/L NAA 配合,则不产生愈伤组织而是直接分化出叶状体,在低浓度(1 mg/L)玉米素中则产生芽。

3. 培养条件

胚乳培养一般最适温度在 24～28 ℃。玉米胚乳培养时,最适温度为 25 ℃,温度达 30 ℃时,诱导率下降 50%。麻疯树(*Jatropha curcas*)和蓖麻的胚乳则以 24～26 ℃时生长最好。

胚乳培养对 pH 的要求较高,不同植物最适 pH 不同,一般在 4.6～7.0。如巴婆(*Asimina triloba*)为 4.6～5.0,蓖麻以 5.0 为好,玉米则要求 7.0。

第三节　植物离体授粉与受精

一、植物离体授粉与受精的含义和意义

高等植物的自然受精过程是在植物母体组织雌配子体中进行,受精后的合子经过一系列严格有序的时空发育,最后形成种子。由于受精和胚胎发育过程深埋在母体组织中,这给高等植物受精过程的研究带来一定困难。因此,人们开始尝试在离体条件下进行人工授粉和离体受精。

（一）植物离体授粉与受精的含义

植物离体授粉与受精包括器官水平的离体授粉和细胞水平的离体受精。

器官水平的离体授粉是指在无菌条件下,将未授粉的胚珠或子房接种在培养基上,并以一定的方法授以无菌花粉,花粉萌发后,花粉管进入胚珠完成受精过程,并获得有生活力的种子。1960 年,Kanta 首先以罂粟(*Papaver somniferum*)的带胎座组织的离体胚珠为材料进行人工授粉,并获得了能正常萌发的种子。此后,人们又在多种植物如烟草、玉米、小麦中离体授粉并相继获得成功。根据无菌花粉授予离体雌蕊的部位,可将离体授粉分为离体柱头授粉、离体胚珠授粉和离体子房授粉三种方式。

细胞水平的离体受精是利用分离方法将雌、雄配子置于离体控制条件下进行人工操作,完成植物的精卵融合,并且将受精后所产生的人工合子培养成再生植株。1991 年,Kranz 等首先用分离的玉米精卵细胞体外融合诱导形成了人工合子,并最终培养成可育植株。玉米离体受精系统建立后,促进了在更多的植物中进行离体受精与合子培养的研究。

（二）离体授粉与受精的意义

离体授粉与受精技术是植物遗传育种和基础生物学研究中的一种有效方法,有着广泛的

应用价值。

1. 克服远缘杂交的不亲和性

远缘杂交的不亲和性是植物育种工作中遇到的主要障碍,植物离体授粉技术能部分地克服这种杂交不亲和性。刘春等比较了百合非离体子房授粉和离体子房授粉对花粉萌发、生长及受精的影响,结果表明,采用离体授粉方式可提高杂交结实率。目前,已在多种植物中获得了远缘杂交可萌发的种子和部分成功的杂交组合。

2. 克服自交不亲和性

为了保证种质的纯种性,通常要克服自交不亲和性。离体授粉方法在克服腋花矮牵牛(*Petunia axillaris*)自交不亲和性方面取得显著成功。腋花矮牵牛是一个自交不亲和物种,在自花授粉的雌蕊中,花粉萌发的情况虽然很好,但在子房区域存在障碍,花粉管不能进入胚珠受精。当以自身花粉进行胎座授粉以后,受精和结实都能正常进行。

3. 诱导孤雌生殖产生单倍体

孤雌生殖是产生单倍体的有效途径之一,但目前单倍体诱导成功的概率仍很小。对于运用花药培养、未传粉子房培养等技术仍难以获得单倍体的植物,可以通过离体授粉技术诱导单倍体。Hess等用离体蓝猪耳花粉给锦花沟酸浆(*Mimulus luteus*)的胚珠授粉,获得了1%的锦花沟酸浆单倍体。

4. 研究双受精及胚胎早期发育机理

高等植物的双受精以及胚胎发育过程都是在母体组织的胚囊中完成,这给人们认识双受精的机制以及胚胎早期发育事件的调控机理带来困难。而利用离体受精技术则不同,所有这些过程都是在没有任何周围组织的情况下发生的,它为我们了解在胚胎发生早期出现的各种分子生物学事件提供了新的机会。

二、植物离体授粉与受精的方法

(一)器官水平的离体授粉方法

1. 离体柱头授粉

离体柱头授粉通常是在花药尚未开裂时切取花蕾,消毒后,在无菌条件下用镊子剥去花瓣和雄蕊,保留萼片,将整个雌蕊接种于培养基上,当天或第二天在其柱头上授以无菌的父本花粉,这是一种接近于自然授粉的试管受精技术。

2. 离体子房授粉

子房内授粉可分为两种类型,即活体子房授粉和离体子房授粉。离体子房授粉是通过人工方法将花粉直接引入子房,使花粉粒在子房腔内萌发,并完成正常受精,最后获得具有生活力的种子。这种方法可以使花粉管不经过柱头和花柱组织,克服所谓的"孢子体型"的不亲和性,从而获得远缘杂种。

(1)直接导入法　直接在子房壁或子房顶端切开小口,将花粉悬液滴于切口处,花粉即可萌发生长并完成受精,此种方法操作简便。

(2)注射法　在子房上切两个注射孔,一个在子房顶端,另一个在子房基部,用注射器吸取花粉悬液从基部孔注入。当悬液从顶端孔溢出时,表明子房腔内已充满花粉悬液。然后用凡士林封闭注射孔,将子房接种在培养基上。

3．离体胚珠授粉

离体胚珠授粉是指离体培养未受精的胚珠,并在胚珠上授粉,最终在试管内结出正常种子的技术。

(1)胚珠的获取 首先对子房进行表面消毒,在无菌条件下小心剥离子房壁,取带胎座的裸露胚珠,接种于配制好的培养基上。

(2)人工授粉 人工授粉的方法有两种:一是直接在接种好的胚珠表面授以无菌的花粉;二是在将来要培养胚珠的培养基上预培养花粉,然后将带有胎座的裸露胚珠接种在培养基中。

(二)细胞水平的离体受精方法

植物离体受精要先进行精、卵细胞的分离,然后进行精卵融合,再进行合子的培养与植株再生(图 7-3)。

1．精细胞的分离

被子植物的花粉是由一个营养细胞和一个生殖细胞组成的二胞型花粉或由一个营养细胞和两个精细胞构成的三胞型花粉。

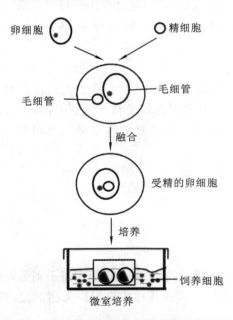

图 7-3 玉米离体精子与卵细胞电融合图解

(Kranz 等,1991)

二胞型花粉需要先进行花粉的离体培养,待精细胞在花粉管中形成后,再从花粉管中分离精细胞,但对于难以人工萌发的花粉不适用;同时,人工萌发往往是不同步的,有些花粉管中已经产生了精细胞,有些则尚未产生,这样分离的精细胞群体中可能混杂有生殖细胞。对于体外难以萌发的花粉,通常借助活体-离体技术,将花粉置于柱头上,将花柱切段插入培养基中,经一定时间后,花粉管由切口长出,此时精子已经形成。然后以渗透或酶处理从花粉管中分离精细胞。

三胞型花粉的精细胞分离主要有两种方法:渗透冲击法和研磨法。渗透冲击法是将经过适时温育的花粉悬液离心后收集花粉,再将其置于含保护剂的低渗培养基中进行冲击,导致花粉破裂释放精细胞。然后离心沉淀,将精细胞转移到含保护剂的等渗培养基中。常用的保护剂有葡萄糖硫酸钾、牛血清蛋白和聚乙烯吡咯烷酮。研磨法是将温育后的花粉离心沉淀,悬浮于含保护剂的培养基中,用玻璃匀浆器轻轻研磨,然后过滤收集。

2．卵细胞的分离

卵细胞位于胚囊之中,胚囊又着生在胚珠之中,因此,分离卵细胞比分离精细胞难度要大得多。在分离时可利用酶液解离胚囊,然后用不同方法使卵细胞逸出,也可以不利用酶液直接在显微镜下进行解剖。

(1)酶解法 在酶液中酶解分离出胚囊后,再延长酶解时间,使卵细胞直接逸出。此种方法适合于薄珠心胚珠或胚囊部分裸露的胚珠,如蓝猪耳(*Torenia fournieri*)。

(2)酶解-压片法 也叫酶离析法,在酶液中酶解胚珠,待胚囊游离出来后进一步用酶液消化胚囊壁,然后轻轻挤压,卵细胞等便会逸出。依据此法已成功分离得到烟草、白花丹 (*Plumbago zeylanica*)等植物的卵细胞。

（3）酶解-解剖法　选择适当的酶液,将胚珠放入酶液中进行酶解,再在倒置显微镜下从胚珠中解剖卵细胞。目前应用此方法已成功分离得到多种植物的卵细胞及合子。应用此方法分离水稻的卵细胞,分离率可高达 38.2%。

（4）显微解剖法　胚珠不经过酶解,直接使用显微镜将卵细胞从胚珠中解剖出来。此法对禾本科植物具有普遍性。已应用显微解剖法成功分离得到大麦、小麦、玉米、水稻的卵细胞。

3. 精卵融合

人工合子是由体外因子诱导精卵融合而成,诱导精卵细胞融合的方法有电融合法、钙诱导融合法和聚乙二醇(PEG)诱导融合法。

（1）电融合法　该法最早由 Kranz 等用于玉米精卵细胞融合获得成功,融合率高达 85%,也只有用此法融合的产物再生了植株。但此法依赖特制的自动化操作系统,而且强制性的电融合作为细胞工程手段是适用的,但不适用于受精的机理研究。

（2）钙诱导融合法　该法分两类:一类是高钙、高 pH 介导融合,如 Kranz 和 Lörz 尝试了在 0.05 mol/L $CaCl_2$ 与 pH 11 的条件下介导玉米精卵融合,融合产物进一步培养获得了微愈伤组织。但这种高钙、高 pH 方法未必能模拟受精的自然条件。另一类是在一般钙条件下的融合,如 Faure 等在 5 mmol/L $CaCl_2$ 条件下,精卵细胞数分钟内粘贴,然后在瞬间(10 s)融合,融合率高达 80%左右。

（3）PEG 诱导融合法　该法是以 PEG 作为诱导剂诱导精卵细胞融合。PEG 作为诱导剂在群体内融合具有随机、不定向的特点(图 7-4)。孙蒙祥等(1994 年)对这种方法进行了改进,他们用微吸管挑选精卵细胞使之融合成功。这种方法无须采用价格昂贵的显微操作与微电融合设备,即可有目的地选择单对性细胞进行融合。

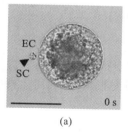 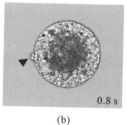 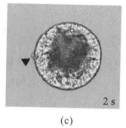 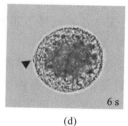

(a)　　　　　(b)　　　　　(c)　　　　　(d)

图 7-4　玉米精卵细胞在 PEG 溶液中融合过程

(彭雄波等,2005)

4. 合子的培养与植株再生

精卵离体融合产生的人工合子和由体内直接分离的自然合子,现均已培养成植株。合子培养与植株再生成功的关键在于采用有效的饲养系统。目前常采用微室饲养培养,即将微室置于放有饲养细胞的小培养皿中,培养物接触微室,通过微室底部微孔滤膜吸取周围饲养细胞释放的活性物质,促进培养物发育。利用此法首先获得成功的是玉米人工合子培养,将微量人工合子置于微室中,以玉米悬浮细胞作为饲养物,合子分裂频率高达 79%,并发育为多细胞结构。

三、影响离体授粉和受精成功的因素

(一)影响离体授粉结实的因素

1. 外植体

离体授粉的材料可以是雌蕊、子房或胚珠。这些外植体的发育时期不同,对离体授粉的反应各异。在多数情况下,雌配子体在植物开花时就已发育成熟,这时是适于受精的。但有些植物开花与雌配子体的发育是不同步的。如葡萄开花前雌配子体就发育成熟适于受精,而烟草则是在开花后 1~3 d 成熟。因此在实验前,应了解其生殖特性,以提高离体授粉成功率。

外植体的生理状态及剥离时间也影响受精及果实的成熟。开花前和开花后取雌蕊、子房及胚珠授粉,其结实率均比开花当天的授粉材料要高。

外植体的处理也影响授粉的成功率。有些植物的柱头在授粉过程中会成为障碍,一般应切除柱头和花柱。但烟草等植物保留花柱和柱头有利于离体授粉。不过,在分离雌蕊时尽量避免柱头、胎座或胚珠表面形成水膜。在玉米中,多个连在轴上的子房比单个子房离体授粉效果更好。此外,不论离体柱头授粉还是胚珠授粉,尽量多保留母体花器官组织有利于离体授粉的成功;为了避免非实验要求的授粉,用作母本的花蕾必须在开花之前去雄并套袋。开花之后 1~2 d 将花蕾取下,带回实验室进行无菌培养。为了在无菌条件下采集花粉,最好把尚未开裂的花药从花蕾中取出,置于无菌培养皿中直到花药开裂。

2. 花粉萌发和授粉方式

植物的基因型、授粉方式等对花粉的萌发都有一定影响。如十字花科植物的花粉粒在培养条件下萌发困难,需改进试管受精技术,以期获得可萌芽的种子;有证据表明,离体授粉的玉米子房对培养的反应存在基因型差异。此外,花粉放在离体胎座的特定位置上的结实率比花粉撒在整个胎座表面及胎座周围的培养基上的结实率要高很多。在百合离体胚珠授粉过程中,胚珠与花粉间最适距离为 1 mm。

3. 培养基

离体胚珠或子房培养的成活率直接影响离体授粉的成功率,而提高离体胚珠或子房培养的关键是培养基。离体授粉一般采用 MS、Nitsch 或 B_5 培养基。有研究报道,亚麻离体授粉子房在 N_6 培养基上的结实率要高于在 MS 和 B_5 培养基上的结实率。

关于各种生长调节物质和其他补加物对胚珠培养中种子发育效果的报道较少。常用的有机附加物是水解酪蛋白、椰子汁、酵母提取液等。烟草胎座授粉后加入这些附加物和少量的细胞分裂素、生长素,能显著提高子房的结实数。

影响离体胚珠发育的因素还有培养基的渗透压,特别是对非常幼嫩胚珠的影响更为明显。有人使用15%的蔗糖浓度培养李的杂交授粉胚珠,然后将其转移到蔗糖浓度为 3.4%并添加了 BAP 的培养基中培养,获得了较高的胚胎发育率,但没有形成种子。培养基中蔗糖的浓度一般为 4%~5%,而玉米适合的蔗糖浓度为 7%。

4. 培养条件

关于培养条件对离体授粉过程中子房和胚珠发育及结实率等影响的研究报道较少。在离体授粉中,培养物一般是在黑暗或光照较弱的条件下培养的。Zenkteler 发现,无论培养物是在光照下培养还是在黑暗中培养,离体授粉的结果都没有任何差别。Balatkova 等指出,在某些实验中温度可以影响结实率。离体授粉培养的温度一般为 22~26 ℃,但水仙属

（Narcissus）植物中,15 ℃比 25 ℃更利于增加子房的结实数。而罂粟是在较温暖的条件下开花的植物,低温培养并不能提高结实率。

（二）影响离体受精成功的因素

与器官水平的离体授粉技术相比,影响离体受精技术的因素更多,操作难度大且更为复杂。从实验手段上来讲,主要是雌、雄配子的分离,精卵融合以及合子培养与植株再生等多个方面。另外,目前的实验设备和实验条件也是重要的限制因素。

第四节　植物胚培养和离体受精的应用实例

一、油桃幼胚的离体培养技术

1. 外植体的选择和灭菌

取开花后 56 d 的油桃果实,取出果核,洗净,在超净工作台上用 75％乙醇浸泡 30 s 后,再用 0.1％升汞溶液消毒 15 min,然后用无菌水清洗 5 次。

2. 低温处理

将果核内的种子接种在 1/3MS ＋6％蔗糖的培养基上,置于 2～5 ℃低温处理 80 d。

3. 幼胚培养

从处理后的种子中将幼胚剥离,转入成苗培养基(MS＋6-BA 0.3 mg/L＋IBA 0.3 mg/L＋3％蔗糖)中,于 20～25 ℃下培养,光照条件为 2 000～2 500 lx,12 h/d。经过一段时间后可顺利长成幼苗。

二、水稻的幼胚培养技术

1. 外植体的选择和灭菌

取授粉 10～14 d 的未成熟水稻种子,经 75％乙醇表面消毒后,用 2％次氯酸钠溶液消毒 90 min,用无菌水清洗 3 次,将幼胚剥离。

2. 诱导培养

将幼胚接种于诱导培养基(N_6＋2,4-D 2 mg/L＋NAA 0.5 mg/L＋KT 0.5 mg/L＋CH 0.5 g/L＋蔗糖 40 g/L＋Gelrite 1.8 g/L)上,诱导愈伤组织形成。

3. 分化培养

愈伤组织形成后转入分化培养基(MS＋BA 2.0 mg/L＋KT 0.5 mg/L＋NAA 0.5 mg/L＋CH 0.5 g/L＋蔗糖 30 g/L＋琼脂 7.0 g/L)上,于 26 ℃,15 h/d 光照培养;10～15 d 后可形成小苗。

4. 生根培养

将小苗转入生根培养基(MS＋ Met 2.0 mg/L＋NAA 0.5 mg/L＋CH 0.5 g/L＋蔗糖 20 g/L＋琼脂 7.0 g/L)中。

5. 炼苗移栽

植株形成根系后,打开培养瓶在室内炼苗 2～3 d,移栽大棚。

三、烟草的离体受精技术

1. 母本外植体处理

以栽培烟草为母本，挑取开花前 1 d 的花蕾去雄套袋，第二天将去雄的花蕾取下，剥离子房，用 0.1％升汞溶液消毒 5～8 min，用无菌水清洗 3 次，在超净工作台上剥去子房壁，切去花托，将连在胎座上的裸露胚珠接种于培养基（Nitsch＋蔗糖 4％＋琼脂 0.8％）上。

2. 父本外植体处理

以粉蓝烟草（*Nicotiana glauca*）为父本，挑取未开花的花蕾，用细线将其顶部扎紧，使其花瓣不能开放。第二天摘取花蕾，用 70％乙醇进行表面消毒，在无菌条件下取出花药。

3. 受精及培养

将父本花药上的花粉置于母本胚珠上，然后将授过粉的胚珠置于 25～30 ℃自然光下培养。授粉 4 d 后胚珠膨大，20 d 后胚珠变为褐色，把整个胎座上的种子取下转入 White 培养基上，种子很快萌发长成植株。有些种子 40 d 后在原来的胎座上萌发长成幼苗。

小　结

植物胚胎培养是指在离体条件下将胚或具胚器官发育成植株的培养技术。它包括胚培养、胚珠培养和子房培养。广义的胚胎培养还包括胚乳培养和离体授粉受精等。胚培养是指在无菌的条件下将胚从胚珠或子房中分离出来置于培养基上进行培养的技术。胚培养包括成熟胚培养和幼胚培养。成熟胚培养相对容易，其培养基和培养条件相对简单。而幼胚因其发育尚不完全，培养时所需营养条件较为复杂，影响幼胚培养的因素有很多。幼胚培养的胚生长有三种方式，即胚性发育、早熟萌发和产生愈伤组织。

植物胚珠和子房培养包括已授粉和未授粉胚珠和子房的离体培养。对于未授粉的胚珠和子房培养，开辟了产生单倍体育种的另一条途径。影响胚珠培养的关键因素与胚珠的发育时期有关，此外，胎座组织或部分子房组织对受精后胚珠离体培养和促进胚生长有重要作用。子房培养是胚培养的最简单的一种方法。当然，子房培养同样存在选材的问题，主要从两个方面因素考虑，即品种的基因型和胚囊发育时期。子房的接种方式也是影响培养成功的关键因素之一。

胚乳是被子植物双受精后的特殊产物之一，它由两个极核和一个雄配子融合形成，所以在染色体倍性上属于三倍体组织。胚乳按发育初期是否形成细胞壁可分为三种类型，即核型胚乳、细胞型胚乳和沼生目型胚乳。胚乳培养在理论上可用于胚乳细胞的全能性、胚和胚乳的关系以及胚乳细胞生长发育和形态建成等方面的研究；在实践上，胚乳培养产生的三倍体植株，通过离体快繁技术可获得大量苗木，因此胚乳培养对于提高植物产量与品质改良具有重要意义。

植物离体授粉与受精包括器官水平的离体授粉和细胞水平的离体受精。器官水平离体授粉是克服远缘杂交和自交不亲和性生殖障碍的有效方法之一。细胞水平的离体受精是利用分离方法将雌、雄配子置于离体控制条件下进行人工操作，完成植物的精卵融合，并且将受精后所产生的人工合子培养成再生植株。与器官水平的离体授粉技术相比，影响离体受精技术的因素更多，操作难度大且更为复杂。

复习思考题

1.幼胚培养时胚的发育方式有哪几种？各有何特点？

2.未授粉胚珠或子房培养与授粉后胚珠或子房培养有何不同？在培养过程中要注意哪些问题？

3.胚乳培养有哪些类型？胚乳培养有何意义？

4.器官水平离体授粉与细胞水平离体受精有何区别？

第八章

植物花药（粉）培养与单倍体育种

【知识目标】

1. 了解花药和花粉培养在单倍体育种上的重要价值。

2. 掌握花药和花粉培养的基本方法。

3. 掌握影响花药和花粉培养成功的影响因素。

4. 了解花粉白化苗的形成机理及预防措施。

【技能目标】

1. 通过反复实践，了解花粉发育时期与花蕾形态的关系，并能够在显微镜下确定小孢子的发育时期。

2. 熟悉花药和花粉培养的操作流程，并学会用不同方法进行单倍体植株的鉴定与加倍。

3. 通过查阅文献，广泛了解花药和花粉培养在单倍体育种中的应用。

第一节　植物花药（粉）培养与单倍体育种的含义及意义

一、花药（粉）培养与单倍体育种的含义

花药培养（anther culture）是指将花粉发育到一定阶段的完整花药接种到合成培养基上，诱导其形成单倍体再生植株的技术。花粉培养（pollen culture）是指将离体的花粉粒接种到培养基上，诱导其形成单倍体再生植株的技术，此发育途径被称为花粉孢子体发育途径或雄核发育。

用离体培养花药的方法使花粉发育成的一个完整植株，叫做单倍体植物（haplobiont）。单倍体育种（haploid breeding）是利用植物组织培养手段（如花药离体培养等），诱导产生单倍体植株，再通过某种手段使染色体组加倍（如用秋水仙素处理），从而使植物恢复正常染色体数的技术。

二、花药（粉）培养在单倍体育种上的意义

（一）花药（粉）培养是遗传研究的良好材料

花药（粉）的单倍体具有较大的变异性，用单倍体与二倍体杂交，可创造一系列的附加系、代换系，这对研究染色体遗传功能是不可缺少的材料。花药（粉）培养体系还是发育遗传研究

的良好材料,可以用来研究细胞的分裂及分化、小孢子发育途径的转变,以及与转变有关基因的表达与调控。单倍体的基因表达,由于不受同源染色体上基因的干扰,对于连锁群检测、基因定位、基因相互作用检测等也都是良好的实验材料。

单倍体植株中基因不受显隐性的影响,每一个基因的作用均能表现出来,并能构建永久性分离群体,即双单倍体系(doubled haploid),用于基因定位研究,双单倍体群体是永久性群体,能有效地用于遗传图谱的构建。花药(粉)培养可用于探索亲本染色体组的构成,同时在分析单倍体植物减数分裂时,能观察到形成二价体的数目和形状,还能确定染色体组内是否存在同源染色体。

(二)缩短育种周期,加速育种进程,实现早期选择

花药(粉)培养能够得到正常结实的纯合二倍体植株,这种染色体加倍产生的纯合二倍体,在遗传上非常稳定,不发生性状分离,可缩短育种年限,加快育种进程;同时纯合的二倍体使得隐性性状得以纯合表现,可排除杂合体中显性基因遮盖隐性基因造成的干扰,提高选择的准确性和可靠性。同时由于单倍体选择的显性方差减少,加性方差成倍增加,所以在同一选择周期中,单倍体选择效率要比二倍体高得多。

用射线或化学试剂等诱变剂对花药(粉)进行处理,诱变效果很好,因此一些科技工作者常采用花药单倍体培养系进行突变体的筛选。由于单倍体的每个基因都是单拷贝的,在射线或化学试剂处理的当代就能够使表型变异得以体现出来,加倍后得到的纯合体,各种隐性基因或突变体都很容易表达,便于早期识别和选择,加倍后的单倍体系可用于自交系的选育和杂交种的配制,因此在诱变育种中占有相当重要的地位。

(三)创造遗传和育种的新材料,克服远缘杂交不育性

利用雄株的花药离体培养获得的再生植株,是由不同基因型的配子发育而来,具有十分丰富的变异类型,可选择出有利的变异类型,再利用茎尖培养扩大繁殖,经过经济性状鉴定后,可选出优良者配制杂交组合,获得优良杂交种子。由于单倍体只存在一套染色体,因而不存在对应的显性和隐性基因位点,所以它一旦发生基因突变(gene mutation)就会在植株的性状上表现出来,便于隐性突变体的筛选。应用花药培养方法,可以提高一些隐性性状,如小麦的白粒和矮秆等性状的选择效率。

在远源杂交中因亲缘关系较远,杂交后代一般结实率低,后代分离世代长。如果采用花药培养的方式,诱导远缘杂种后代通过单性生殖方式,培育出单倍体,再设法通过人工加倍使单倍体的染色体组变为纯合二倍体或双倍体,从而使原来高度不育变为可育,就可快速地从中选出稳定的新类型。因为单个基因加倍后变为两个,减数分裂配对正常,成为一个完全纯合的个体,表现稳定的遗传且表型正常,这样就很有可能通过人为的方式创造出一个新的种。

三、花药(粉)培养与单倍体育种的研究进展和展望

1964 年 Guha 和 Maheshwari 首次对曼陀罗花药进行培养获得成功,1967 年 Bourgin 和 Nitsch 通过花药培养获得烟草植株。1973 年 Nitsch 和 Norreel 培养烟草花粉游离小孢子获得成功。但早期花药培养主要依靠小孢子的自然胚胎发生产生单倍体,能自发形成胚胎发生的基因频率较低,培养效率极低。20 世纪 80 年代后期到 90 年代期间,花药(粉)培养技术迅速发展。许多农作物及经济植物通过花粉培养都能诱导成植株,如十字花科植物、麦类、水稻、

玉米等。如今,一些先前被认为不易进行小孢子培养的基因型也相继成功。据不完全统计,花药培养已在 39 科 95 属 300 多种植物中获得了单倍体植株,将其染色体加倍后,就可能获得具有实用价值的植物新品种。

目前,我国的花药(粉)培养育种技术及应用范围在世界上都处于领先水平,并产生了极显著的经济效益。花粉培养已成为水稻、小麦和油菜甚至玉米等主要农作物常规育种技术不可分割的一部分。我国育种工作者将单倍体育种技术与常规育种方法相结合,在世界上首次培育成功并大面积成功应用的单倍体植物有水稻、小麦、玉米、橡胶、甜菜、杨树和柑橘等农作物。我国自 1984 年胡道芬等培育出小麦花药培养新品种"京花 1 号"以来,将花药(粉)培养技术和常规育种技术相结合,相继培育成功并大面积推广的各类农作物,如水稻、玉米、油菜、甘蔗、橡胶等花药(粉)培养新品种达 20 多个,产生了巨大的经济效益和社会效益。

由于花药(粉)培养技术的日趋完善,花药(粉)培养育种已经成为生物技术在农作物育种中应用最广泛、最有成效的方法之一。在传统农业向高技术农业的转化中发挥着纽带作用,是一种快速有效的育种途径。花药(粉)培养技术也成为目前植物育种研究中的一个重要辅助技术。花药培养诱导单倍体虽然在不少植物中获得成功,但还是有相当多的植物尚未成功,比较容易成功的主要集中在茄科、十字花科和禾本科植物中,即使在成功的植物种类中也还存在诱导频率不高,尤其是禾本科植物的白化苗等一系列问题,还需要更加深入的研究和探索。

第二节　花药和小孢子的发育

一、花药分化与花粉粒形成

花药是雄蕊的主要部分,由花粉囊、药隔和维管束构成。被子植物雄蕊的花药发育到一定阶段,就会分化出孢原组织,再进一步分裂形成多个小孢子母细胞(即花粉母细胞,染色体数为 $2n$),经过减数分裂后,每个花粉母细胞形成四分孢子(染色体数减半为 n),再进一步发育成小孢子,随即开始第一次有丝分裂,分别形成 1 个营养细胞和 1 个生殖细胞,而生殖细胞又经过一次有丝分裂,形成 2 个精细胞,这种含 3 个细胞的成熟花粉粒称为雄配子体(或花粉粒)(图 8-1)。

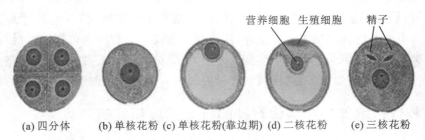

(a) 四分体　(b) 单核花粉　(c) 单核花粉(靠边期)　(d) 二核花粉　(e) 三核花粉

图 8-1　雄配子的发育

二、离体培养小孢子的发育途径

在离体条件下,由于改变了花粉原来的生活环境,花粉的正常发育途径受到抑制,花粉第二次分裂不再像正常花粉发育那样由生殖核再分裂一次形成 2 个精子核,而是转向了多细胞花粉粒到孢子体的发育。根据小孢子最初几次细胞分裂的方式不同,花粉的发育大致可分为以下几种类型(图 8-2)。

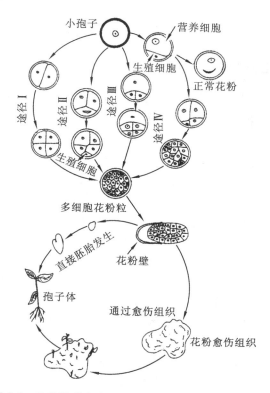

图 8-2　花药培养中由花粉形成孢子体的四种途径图解

(一)花粉均等分裂途径

花粉均等分裂途径中,单核小孢子进行一次均等分裂,形成 2 个均等的子核,以后两核间产生壁而形成 2 个子细胞,进而发育成多细胞团,破壁后形成胚状体或愈伤组织。这种途径在毛叶曼陀罗(*Datura innoxia*)中相当普遍。

(二)营养细胞发育途径

单核小孢子经第一次有丝分裂形成不均等的营养核和生殖核,其生殖核较小,一般不分裂或分裂几次就逐步退化,而较大的营养核经多次分裂而形成细胞团,并迅速增殖而突破花粉壁,细胞持续分裂形成类胚体或愈伤组织,最后形成单倍体植株。这种发育途径在烟草、大麦、光叶曼陀罗、小麦、小黑麦和辣椒中都普遍存在。

(三)生殖细胞发育途径

生殖细胞发育途径较少,目前只在天仙子(*Hyoscyamus niger*)中发现。在此途径中小孢子的营养核分裂 1～2 次即退化,而生殖核经多次分裂发育成多细胞团,进而通过愈伤组织或胚状体形成单倍体植株。

（四）营养细胞和生殖细胞共同发育途径

此途径中，小孢子已形成的生殖核和营养核同时进行持续细胞分裂，最后由营养核分裂形成细胞较大的多细胞团和由生殖核分裂形成细胞较小的多细胞团，破壁而形成愈伤组织或胚状体，或两种核在 DNA 复制时同时发生融合，再同时发育，结果形成 $2n$、$3n$ 或 $4n$ 胚状体。

三、花药培养和花粉培养的比较

花药培养和花粉培养两者间既有联系又有区别，花药培养属于器官培养，而花粉培养属于细胞培养，但花药培养和花粉培养的目的一样，都是为了诱导花粉细胞发育成单倍体细胞，最后发育成单倍体植株。

花药培养的取材接种方法简单，在组织培养常规设备基础上，不需要再额外增加复杂设备，操作简单、快速，与常规杂交育种方法相比，可节省大量的时间和劳力。但在花药培养中，二倍性组织如药壁、药隔、花丝等体细胞可能被诱导活化，恢复分裂机能，形成愈伤组织，这些二倍性的愈伤组织与单倍性的愈伤组织之间可能以独立或者镶嵌的形式存在，由这些混合的愈伤组织分化得到的再生植株，可能是来自花粉的单倍体，也可能是来自体细胞的二倍体。因此，花药培养不可避免地会出现体细胞的干扰。

花粉培养比花药培养有一定优势，可以获得纯合的单倍体、二倍体或三倍体，消除了药壁等体细胞组织的影响，对后续工作的开展很有意义；同时，由于花粉能均匀地接触化学和物理的各种诱变因素，因而花粉也是研究吸收、转化和诱变的理想材料；花粉培养中能人为地调节影响雄核发育的各种因素，可观察到由单个细胞开始雄核发育的全过程，它是一个研究花粉粒遗传和生长发育的良好材料体系；且在培养技术成熟的前提下，可以从较少的花粉得到大量的花粉植株。但是，花粉分离、纯化和培养等技术操作程序复杂，难度大，培养成功率低，一般难以规模化生产。

第三节　花药（粉）培养的基本方法

一、花药培养的方法

（一）取材

花药培养诱导花粉植株的形成，能否成功的关键是花药内小孢子的发育时期。因此，取材时要检查拟培养材料的发育时期，一般采用醋酸洋红染色压片的方法进行镜检。同时为了取材的方便，在镜检确定花粉发育准确时期的基础上，找出花粉发育时期与培养的外部形态，如花蕾大小、幼穗大小、叶耳间长、颜色等特征之间的相关关系，但是这种外形标志可能随着生长环境条件、植物种类等变化。利用这些外部标志，选择符合条件的培养物，以后取材就方便多了。例如在水稻中，以单核靠边期的花粉诱导单倍体植株较为适宜，在外部形态上可根据叶枕距为 $5\sim15$ cm、颖片呈淡黄绿色、雄蕊长度接近颖片长度的 1/2 这些条件进行鉴定。小麦同一发育时期的花粉，在叶耳间长 $5\sim15$ cm 的幼穗中。当然这种外部形态与花粉发育时期的相关关系，不是固定不变的，会因品种及种植的环境条件不同而发生改变。因此，当从外部形态上选定材料,消毒、取出花药后,最好再取一枚花药进行压片镜检,如符合发育时期,再将其他花药接种到培养基上。

（二）预处理

有些植物材料的花药接种前还需要预处理,以便于提高胚状体或愈伤组织的诱导率,根据不同的实验目的,预处理的方法不尽相同,一般采用低温处理。例如,对于一些禾本科作物,预处理的方法是将带有旗叶的穗,用塑料袋套起,插入烧杯,烧杯里放 100 mL 水,放在低温培养箱内 4～5 ℃下处理一段时间;也可以直接在将穗放入塑料袋中,加几滴蒸馏水封口,在 4～5 ℃下处理 3～4 d。

（三）灭菌

适宜于接种用的花药,都还处在未开花的幼花或花蕾中,由花被或颖片等包被,本身是无菌的。因此,在接种前只要对幼穗或花蕾进行表面消毒就可以了,不同植物消毒方法有所不同。对小麦、水稻等禾本科作物,选取适宜培养的穗子,从叶鞘中剥出幼穗,用 75% 乙醇浸泡 30 s,再用 1% 次氯酸钠溶液浸泡 10～20 min 或在 0.1% 升汞溶液中消毒 3 min,用无菌水冲洗 3～5 次,每次 5 min。而对棉花、油菜等作物,应先去掉苞片,用洗衣粉水洗后冲干净,在 70% 乙醇中浸泡 1 min,然后再用升汞溶液或其他消毒剂消毒,用无菌水冲干净后即可备用,这样可有效控制污染率。

（四）接种

将消毒处理后的材料,在无菌接种室或者超净工作台上无菌条件下,小心取出花药进行接种,但接种时速度要快,尽量减少花药在空气中停留的时间。直接取出花药投入培养基的效果也很好。操作时拿捏的力度要适当,不要损伤花药。因为花药受损后可能刺激药壁细胞形成二倍体愈伤组织,受损的花药应去掉,这种机械损伤可能使花药产生一些不利于花药培养的物质。同时也要把花丝去掉,因为花丝也是二倍体组织。

将外植体接种到预先配制好的固体培养基或液体培养基后,有些材料还需要进行一些处理以提高愈伤组织的诱导率。例如小麦的花药培养,在开始培养的一周内,先将盛有培养物的培养箱温度设为 30～32 ℃,然后调至 28～30 ℃培养,可明显提高出愈率。一般情况下,花药较大,容易取出接种。但是有些植物花药很小,极难解剖,可将整穗放置在液体培养基上并采用低速振荡的方法进行培养。由于是整穗培养,所含孢子体细胞较多,所以应采取适当措施,尽量避免从孢子体诱导愈伤组织形成。

（五）诱导培养

花药培养的培养基可采用固体培养基,或用加蔗糖的液体培养基漂浮培养,或用固体-液体双层培养基培养,培养基的种类因物种类别而有所差异。培养温度和光照时间视培养材料而定,一般培养温度为(25±1) ℃,光照为 1 500～2 000 lx,16 h/d。在加入 2,4-D 的情况下,细胞分裂减慢,积累蛋白质与核糖核酸,培养 2～4 周可诱导花粉粒分裂形成愈伤组织。

花药培养一般先在暗处培养,待愈伤组织形成后转移到光照下促进分化。光照时间长短对培养物的影响也较大,如连续光照可抑制曼陀罗花粉胚的发生,但能促进烟草花粉胚的形成。在培养期间需要经常检查是否有污染的材料,如有污染需要及时清理。

（六）花粉植株的诱导及生根

花粉诱导的愈伤组织突破药壁表面形成明显突出物（5～10 mm）时，将愈伤组织转入分化培养基培养，继代2～3次，经过20～30 d形成小植株。由花药培养诱导花粉植株的形成有两条途径：一是由小孢子的异常发育形成花粉胚，再由花粉胚长成花粉植株。如烟草的花药在25～28 ℃下培养1周，就可看到部分花粉粒开始膨大；2周后这类花粉开始细胞分裂，相继形成球形胚、心形胚、鱼雷形胚等；3周后即可在花药裂口处看到淡黄色的胚状体，转入光照下培养，变成绿色，逐渐长成小苗。另一条途径是由小孢子多次分裂形成愈伤组织，再由愈伤组织进一步发生器官分化，形成芽和根，最后形成完整植株，大部分禾谷类植物，如水稻、小麦、大麦、玉米等，是通过这一途径产生单倍体植株的。

当花粉小植株长出几片真叶后，将它们相互分开，转移到含 NAA 和 KT（0.5 mg/L）或 IAA 的分化培养基上，诱导根的分化。

（七）炼苗和移栽

移栽前将已生根的小植株（容器先不开口）移到自然光照下锻炼2～3 d，让试管苗接受强光的照射；然后打开容器口，置于室内自然光下炼苗，并经常向叶片上喷水，以防止小植株失水过多而干枯。当幼苗的根长到3～4 cm长时开始移栽，一般在炼苗3 d后，取出生根苗，洗去根上附着的培养基，移入花盆中。移栽的基质有很多种类，一般选择透气、有营养而且方便取用的混合基质即可，例如移栽到2/3营养土+1/3蛭石（或珍珠岩）的基质上，为防止小植株受到污染，一般基质需要提前灭菌处理，移植后应盖上玻璃器皿或套上塑料罩以保持一定的空气湿度，有利于小苗的成活。

（八）单倍体植株的鉴定

由花药培养诱导得到的花粉植株，不一定都是单倍体植株。由于细胞来源不同和雄核发育途径的差异，花粉植株染色体数的变化很大，因此需要进行倍性的鉴定。鉴定时可以直接观察染色体数，也可进行 DNA 含量测定，还可以通过观察气孔及植株形态来进行鉴定。

1. 形态鉴别

单倍体植株在植物形态上与二倍体、多倍体是有较明显区别的。首先在整体形态上，单倍体植株瘦弱、矮小、叶片小、花小、柱头长；二倍体或多倍体植株健壮、高大，叶片大、花大、柱头短。在开花及花粉特征上，单倍体植株虽能开花，但不能结实，花粉粒不着色，花粉败育；二倍体植株开花结实正常，花粉粒大，着色好，育性正常。

2. 观察气孔

叶片气孔保卫细胞的大小及气孔保卫细胞叶绿体数目与染色体倍性间有一定的关系，可作为鉴定染色体倍性的辅助手段。一般单倍体的气孔小，单位面积的气孔数量少，保卫细胞的叶绿体数目也少；而倍性越高，气孔越大，单位面积气孔数越多，叶绿体的数目也越多。

3. DNA 含量测定

用流式细胞分析仪检测处于分裂间期的细胞 DAN 含量，借助计算机自动统计分析，绘制出 DAN 含量的分布曲线图，据此确定植株倍性。该方法具有测量速度快、精确度高、准确性好等优点，特别适合于大量样品的倍性检测分析。但该技术需要的设备较昂贵。

4. 染色体数目测定

这是确定倍性精确、可靠的方法，对染色体较大、数目少的植物尤为合适。通常以茎尖、卷须、叶片、愈伤组织等为材料,采用压片法和酶解去壁低渗法确定染色体数。

(九) 染色体加倍

花药(粉)培养再生的单倍体植株不能结实,必须经过染色体加倍才能得到育种所需要的纯合二倍体植株。诱导染色体加倍的传统方法是用秋水仙素处理,处理方法有以下三种。

1. 植株处理

将诱导产生的幼小花粉植株从培养基取出,在无菌条件下浸泡在一定浓度的秋水仙素溶液中,一定时间后转移到新鲜培养基上继续培养。如在烟草中一般使用 0.4% 秋水仙素溶液,浸泡 24~96 h,加倍率可达到 35%;在大麦中使用浓度一般为 0.01%~0.05%,浸泡 1~5 d,加倍率为 40%~60%。

2. 茎尖处理

将秋水仙素调和到羊毛脂中,然后将羊毛脂涂在单倍体植株的顶芽或腋芽上,诱导分生组织细胞加倍;也可将蘸满秋水仙素溶液的棉球放在顶芽或腋芽上处理,处理后均需加盖塑料薄膜防止蒸发。

3. 培养基处理

将秋水仙素直接加入培养基中,使培养的单倍体细胞加倍,或者使来自单倍体植株的外植体在培养过程中加倍。如在培养颠茄(*Atropa belladonna*)的单倍体细胞时,在悬浮培养基中加入 1 g/L 的秋水仙素,24 h 后转移到不含秋水仙素的培养基中,结果有 70% 的细胞二倍化。

(十) 花粉植株后代的选择培育

单倍体植株染色体加倍后形成纯合的双二倍体,可为进一步选育提供良好的材料。由于栽培因素等影响,选育工作要在加倍后的第二代先进行株选,在第三代再进行株系鉴定、区域实验。对好的品系就可以进行繁殖、推广。

对以上介绍的花药培养的一般程序,现以小麦花药培养为例,示于图 8-3。

二、花粉分离与培养的方法

(一) 分离花粉的方法

要进行花粉的离体培养,必须把花粉从花药中分离出来,并且要进行纯化。

1. 自然释放法

自然释放法也称漂浮培养散落小孢子收集法。具体方法是在无菌条件下取出花药,置于已灭菌的固体培养基上,当花药自动裂开时,花粉散落在培养基上,此时移走药壁、花丝等体细胞性质的组织部分,让花粉继续培养生长即可。如果是液体培养基,可接种大量花药,经 1~2 d,花药吸水后会自然开裂,将花粉散落到培养基中,然后将药壁等组织去除,花粉就留在培养基中,或经离心浓缩收集,再接种培养。

自然释放法需针对每种培养物探索合适的预处理条件,使花药在漂浮培养时能迅速开裂,释放花粉。如大麦花粉收集时选取单核期的幼穗,用低温(7 ℃)处理 14 d,取出花药漂浮在液体培养基中,不少花药在培养第一天内可释放出 1/3~1/2 的花粉。

2. 挤压分离法

在装有液体培养基或提取液的烧杯或研钵中挤压花药,使花粉(小孢子)释放出来,然后通

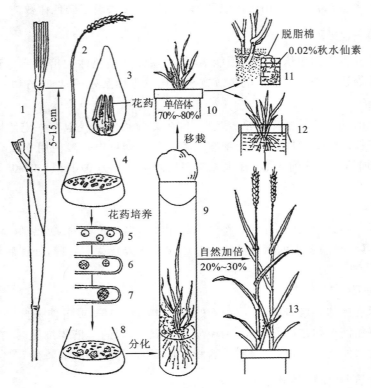

图 8-3　小麦花药培养程序示意图

(李德炎等,1976)

1~3. 孕穗期的植株、穗和颖花;4. 接种后的花药;5~7. 花药中花粉发育为愈伤组织的过程;
8. 从花药中长出花粉愈伤组织;9. 从愈伤组织分化出花粉植株;10. 移栽后的单倍体植株;11~12.
两种不同的加倍染色体方法;13. 加倍后的纯合二倍体植株

过一定孔径的网筛过滤,离心收集花粉并用培养基或分离液洗涤,用培养基将花粉调整到理想的培养密度,移入培养皿培养,这种方法已在茄科植物和油菜上成功地应用(图 8-4)。但该法费时费力,效率低,不适合于规模化的培养。

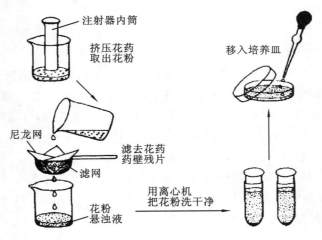

图 8-4　花粉挤压分离法

(竹内正莘等,1996)

3. 机械分离法

用机械办法使花药破裂,释放出花粉,常用以下两种方法。

(1)磁搅拌法 该法是将花药接种于装有培养液的三角瓶中,在低速状态下,用磁力搅拌器搅拌培养液中的花药,直到花药透亮,释放完全部花粉为止。采用这种方法分离小孢子时会不可避免地引起机械损伤,同时药壁组织因机械损伤还可能释放出某些抑制物质,不利于培养,且花费的时间较长,目前很少采用。

(2)超速旋切法 通过搅拌器中的高速旋转刀具破碎花蕾、穗子、花药,使小孢子游离出来。这种方法通过改进,重复性好,效率高,用时短,接种后成活率也高,目前已经在小麦、玉米、油菜、甘蓝(*Brassica oleracea*)和一些果树类植物上广泛应用。

(二)小孢子的纯化

利用不同方法分离得到的花粉匀浆,必须滤除杂质,以分离纯化小孢子。一般采用分级过筛的方法进行过滤。先用大孔径滤网除去大杂质,然后用小孔径(约200目)的镍丝网分离除去药壁等体细胞组织,使花粉进入滤液中,过筛后最好再用离心机进行沉淀处理,纯化出小孢子备用。

为了纯化小孢子,提高诱导效率,也有人选用梯度离心的方法(图8-5)。具体操作方法如下:将过滤后得到的花粉悬浮液以 1 200 g 30%蔗糖梯度离心5 min,由于具雄核发育潜力的花粉已液泡化,因而较轻,集中在离心管的上部,保留上清液,可用吸管取出,放入离心管;200 r/min速度下离心数分钟,使花粉沉淀,弃去上清液,收集沉淀在管底的花粉粒,再加培养基悬浮,然后离心;如此反复3~4次,就可得到很纯净的花粉;把洗净的花粉沉淀,加入一定量的液体培养基,使花粉细胞的密度达到 $10^3 \sim 10^4$ 个/mL,即可进行培养。

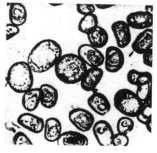 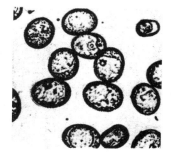

(a) 离心前:小孢子活力不一致 　　(b) 30%蔗糖梯度离心后,获得均一的小孢子群体

图 8-5　梯度离心前后小孢子形态

(三)花粉培养的方法

花粉培养与花药培养的基本程序和操作技术大体一致,只有培养方式不同。依据不同的培养物,花粉培养采用的方法很多,主要介绍以下几种。

1. 平板培养

将分离的花粉置于一薄层固化琼脂培养基上进行培养,也可诱导产生胚状体,进而分化成小植株。

2. 液体浅层培养

将分离得到的小孢子调整到需要的密度,一般稀释至每0.5 mL液体培养基中含有10个花粉粒的细胞悬浮液,转入培养皿培养。培养液的厚度以能够覆盖培养皿底部为宜,使花粉粒不会浸入培养基太深。花粉悬浮在液体培养基中培养,有时候还需要振荡,以利于通气。

3. 双层培养

将花粉置于固体-液体双层培养基上培养。制作培养基时先铺一层琼脂固体培养基,凝固后,在表面加入少量液体培养基。

4. 看护培养

1972年,Sharp等采用看护培养法,由番茄的离体花粉粒建立了组织的无性系(图8-6)。其具体操作方法如下:先把植物的完整花药放在琼脂培养基表面,然后在花药上覆盖一张小圆形滤纸,用移液管吸取0.5 mL花粉悬浮液,滴在小圆形滤纸上,于25 ℃下培养。由于完整花药发育过程中释放出有利于花粉发育的物质,通过滤纸供给花粉,促进花粉的发育,使其形成细胞团,进而发育成愈伤组织或胚状体,再分化成小植株,植株生长率可达60%。看护组织可以是同一植物的,也可以是不同植物的,如烟草的花粉培养,看护组织可用粘毛烟草(*Scutellaria viscidula* Bunge)的花药,也可用矮牵牛的花药或矮牵牛花瓣的愈伤组织。

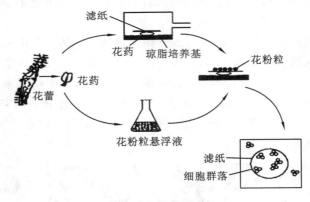

图 8-6 花粉看护培养

(Sharp,1972)

5. 微室培养

1970年,Kameya等对甘蓝×芥蓝(*Brassica alboglabra*)F_1的成熟花粉进行培养获得成功(图8-7)。其方法是把F_1的花序取下,表面消毒后用塑料薄膜包好,静置一夜,待花粉开裂,花粉散落,制成每滴含50~80个花粉粒的悬浮培养基;然后把一滴悬浮液滴在盖玻片上,悬滴周围先用石蜡划个圆圈,同时在中央安放一个石蜡短柱,把盖玻片翻转后,安在凹穴载玻片上,再用石蜡将盖玻片四周封严;在25 ℃下培养,每天稍转动,以利于通气。在此条件下,F_1花粉在含有10%椰子汁的Nitsch培养基中,有12%~15%的悬滴形成了细胞团。

6. 条件培养

在合成培养基中加入失活的花药提取物,使培养基变成条件培养基,然后接入花粉进行培养。由于失活花药的提取物中含有促进花粉发育的物质,有利于花粉培养成功。具体方法是先将花药在培养基中进行短期培养,然后将这些花药取出浸泡在沸水中杀死细胞,用研体磨碎,倒入离心管,采用合适的转速进行离心处理,上清液即为花药提取物;过滤灭菌后加到培养基中,再接种花粉进行培养。

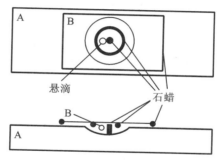

图 8-7　培养甘蓝花粉的微室培养装置

(Kameya,1970)

A—凹穴载玻片;B—盖玻片

第四节　影响花药(粉)培养的因素

　　虽然花药(粉)培养技术发展到今天已经很成熟,但是要想使每次实验都能获得同样满意的效果,其实并不容易,特别是对那些容易出现白化苗、愈伤组织或胚状体诱导率低的植物,采用花药(粉)培养方式的单倍体育种往往难以成功。因此,探讨影响花药(粉)培养成功的关键因素,一直受到人们的关注。影响花药(粉)培养的因素主要有以下几个。

一、材料的基因型

　　植物基因型是影响雄核发育的最重要的因素之一。在离体培养条件下,小孢子能否不经配子体发育途径,而是经雄核发育形成花粉胚状体或愈伤组织,主要是受植株基因型控制。不同的植物,对花药(粉)培养的反应极为不同。不同科之间有差异,同科中不同属也有差异,甚至在同科同属同种的不同亚种之间也有很大的差异。例如,禾本科的许多种属都能诱导出花粉植株,但除了水稻诱导率较高外,其余种属的诱导率都比较低。一般茄科的植物花药培养容易成功,但棉花、大豆的花药培养至今还未见到成功的报道。木本植物中花药培养成功的有杨属、三叶橡胶、四季橘等。因此,材料基因型差异给花药(粉)培养在育种上的大面积应用造成了一定的障碍,限制了对材料的广泛利用,但这一问题可以通过调整培养条件和其他因素而逐步加以解决。

二、花粉发育时期

　　作为供体植物本身,除了基因型之外,花粉发育时期可能是影响花粉胚和花粉愈伤组织形成的最重要因素。广大科技工作者早已发现,在花药培养中不同植物的花粉对外界刺激的敏感时期是不同的。一般而言,花粉在单核中期或晚期时,即正好第一次有丝分裂前或当有丝分裂进行时,对于诱导雄核发育的外界刺激最敏感,属于最佳培养期。例如,小麦、油菜、玉米、大麦、南洋金花、烟草、芍药(*Paeonia lactiflora*)和甘蓝的最佳培养时期均为单核中期或晚期,而水稻、烟草的花粉,从单核中期到双核期都适宜培养,成株率也高。对于某一种植物,可能在比较长的发育期间都能诱导成功,但成功率最高只局限于某一发育时期。所以进行花药培养未成功的植物,最好取单核各个时期的花药都进行培养,有利于获得成功。不同物种诱导胚胎发生的最佳小孢子发育时期见表 8-1。

表 8-1　不同物种诱导胚胎发生的最佳小孢子发育时期

发育时期	物　　　种
减数分裂期	草莓、番茄
四分孢子期	葡萄
单核早、中期	石刁柏、油菜、大麦、天仙子、马铃薯
单核晚期	荔枝、茄子、青椒、小麦
单核早期至晚期	烟草
单核早期至双核期	梨、水稻、甘蓝
四分孢子期至双核期	玉米

三、预处理

预处理是小孢子培养成功的前提。对于有些物种,在正式培养前对花药和花蕾进行预处理,能显著提高培养效果。预处理的目的是改变小孢子的发育方向,使尽可能多的小孢子从配子体发育途径转向孢子体发育途径(即成为具胚胎发生潜力的小孢子)。适当的预处理能促进花粉植株的再生。预处理方法主要是对花药进行适度的逆境处理,包括低温、高温、化学物质、离心、射线等。

(一) 高、低温预处理

低温预处理可以提高花粉胚的诱导频率,在接种之前将材料用 0 ℃以上低温处理一段时间后再接种。处理温度一般在 1~14 ℃,时间从几小时至几十天不等。不同植物所用的预处理温度及时间差异较大。大量研究已经证明,低温处理对烟草、毛叶曼陀罗、水稻、小麦、黑麦(Secale cereale)和玉米的花药培养很有效。例如,烟草花药的低温处理应在 7~9 ℃下进行,处理时间以 7~14 d 为宜。小麦、黑麦和杨属的花药需在 1~3 ℃下处理,处理时间为 2~20 d 均可得到良好的效果;如果温度高于 5 ℃,花粉可能继续沿着正常途径发育而超过诱导的敏感期,这样反而会降低愈伤组织的诱导率。各种材料的低温处理都应该在水中进行,或用塑料薄膜包裹材料以免材料失水而得不到预期的效果。

高温处理(热激处理)是指花药接种后,先在较高温度(30~35 ℃)下培养数天,然后移至正常温度下继续培养。例如,烟草 32 ℃高温、小麦 33 ℃高温预处理,显著地提高了小孢子胚胎发生能力。

(二) 化学物质处理

化学物质处理包括以高糖、甘露醇、秋水仙素、乙烯利等进行处理。如王敬驹等(1974 年)在小麦培养基中采用较低浓度的乙烯利,对花粉愈伤组织的形成有明显促进作用。甘露醇仅能维持渗透压,不能提供碳源,其主要原理是造成小孢子营养饥饿,从而使小孢子脱分化。

(三) 其他方式的预处理

除温度、化学物质处理外,其他一些因素的预处理有时也有一定效果。如对于有些科属的植物,在接种前利用一定剂量的 γ 射线照射,可以提高胚胎发生频率和绿苗分化率。也有报道用高转速离心、降低气压、高低渗、磁场等进行预处理的。在实际应用中是否要进行预处理及处理的方法视具体材料而定。

四、植株的生理状况

(一)生长条件

供体植株的生长环境条件对花药(粉)培养反应的影响是很大的,它主要影响花药的发育程度,发育良好、健康的花药诱导率高,例如,水稻、小麦、大麦等禾本科植物,主茎穗比分蘖穗花药愈伤组织的诱导率明显要高。因此,在光、热、水都理想的人工气候室里生长,植株的花药(粉)培养成功率高于大田或温室植株。

母体植物的生长条件与花药培养成功率有一定关系,这也许是由于花粉母细胞减数分裂时期的光周期、温度和营养状况对小孢子全能性有一定的影响。由于不同植物要求不同的光温条件,因而没有一个统一的控制模式,只能对具体的某种植物进行相应调控,如烟草在短日照(8 h)和高光强(1 600 lx)条件下诱导率较高,也有研究认为,在短日照低温(18 ℃)下的烟草比长日照高温(24 ℃)下的单倍体产量要高 4~5 倍。另外,让植物长期处于氮饥饿状态下可以显著提高其花药的培养成功率,不施氮肥的植株无论是花药培养诱导率还是每个花药的胚胎产率均高于施氮肥的植株。

(二)年龄

供体植株的年龄对花药培养也有明显的影响,早期形成的花药诱导率比晚期形成的要高。多数情况下从幼年植株来的花药比老年植株的反应要好,开花后期的花药不易培养成功的原因可能是花粉的可育性下降。如大白菜始花期的花药培养,出苗率为 2.07%,而末花期的花药培养,出苗率仅 0.73%。但也有相反的情况,如油菜(*Brassica campestris*),从老年植株上分离的小孢子,其成胚能力就比从幼年植株上分离的高。

五、接种密度

接种时,花药密度以较高为好,接种密度对花药诱导的影响,可能与花药之间的"群体效应"有关,即在相同条件下,接种密度高时愈伤组织的诱导率也高,这可能与花药组织分泌的活性物质相互作用有关。大麦花药在漂浮培养时,在一定密度范围内,愈伤组织的形成随密度的增加而增加,最适密度为 60~80 枚/mL。在水稻花药培养中,也明显存在密度效应。对花粉培养来说,小孢子保持足够数量及相对低密度有利于小孢子竞争营养、氧气、细胞分裂的空间,从而有利于胚状体发生。一般来说,密度在 $5\times10^3 \sim 2\times10^4$ 个/mL 范围内培养效果较好。

六、药壁因素

所谓药壁因素,是指在花药离体培养时,诱导药壁细胞释放的某种活性物质,对小孢子的胚性分裂具有明显的促进作用。这种促进作用可表现为花药对同一物种或不同物种离体花粉的雄核发育起看护作用,花药的浸出液也能刺激花粉胚的形成。如在大麦花药培养中,用培养过大麦花药或子房 7 d 的条件培养基,能显著促进花粉愈伤组织的形成,这说明药壁组织能释放某些活性物质,刺激花药发育。但药壁损伤会释放有毒物质,从而影响小雄核的发育。

七、培养温度

培养温度是影响花药反应的一个重要因素。较高的温度虽能诱导较高频率的花粉愈伤组织，但愈伤组织分化白化苗的频率也高。控制培养温度仍是减少白化苗的一个有效措施。对大多数植物来说，培养温度控制在 $28\sim30$ ℃是适宜的。小麦和油菜在 $30\sim32$ ℃下花粉愈伤组织诱导率高。植株再分化时适宜温度为 $18\sim20$ ℃。

八、培养基

培养基是花药培养中影响花粉启动和再分化的重要条件。许多研究者在花药培养中因植物种类不同而试验了多种不同的培养基，如马铃薯培养基、条件培养基、液体培养基等，以 MS 培养基用得最普遍。我国科学工作者对水稻、小麦的花药培养基做了改进，研制出 N_6 培养基。在 N_6 培养基上，水稻花粉的出愈率大幅度提高。C_{17} 和 W_{14} 培养基可以大幅度提高小麦的花药出愈率。以马铃薯提取液为基本成分的马铃薯培养液，现在被广泛地应用于小麦花药培养，效果良好。

培养基的碳源对花粉胚的诱导和分化有显著影响，常用的有蔗糖、麦芽糖、纤维二糖、葡萄糖、果糖、海藻糖等。不同作物所需最适的碳源种类及浓度有所差异。一般认为，单子叶植物需糖的浓度比双子叶植物要高。玉米中蔗糖效果最好；而麦类作物中，麦芽糖似乎为最好的碳源。在花药培养中，曾观察到不同的糖浓度与花粉发育成苗率之间存在着密切的关系。一般来说，高蔗糖浓度可以抑制体细胞的生长而对花粉的生长无妨碍。朱至清等（1990 年）报道，若以 0.21 mg/L 葡萄糖取代液体培养基中同等浓度的蔗糖，小麦花粉胚的诱导频率可增加 2 ～10 倍。在花药培养中，蔗糖浓度一般以 $2\%\sim6\%$ 为宜。例如，烟草的最适蔗糖浓度为 3%，水稻为 $3\%\sim6\%$。但有些植物在诱导花粉愈伤组织时需要较高浓度的蔗糖，如玉米为 $12\%\sim15\%$，小麦、大麦等为 9% 左右。但在分化培养基中，蔗糖的浓度不宜太高，一般在 3% 左右为宜，太高反而不利于芽和根的分化。

培养基中的激素种类会影响花粉发育的途径。在花药培养时调节激素成分和比例，不但可以影响花粉脱分化，而且可以影响到二倍体的体细胞组织（如药隔、药壁等）生长增殖以及单倍体花粉细胞的再分化作用。细胞分裂素，如 KT 和 6-BA，可以促进曼陀罗、烟草和马铃薯等茄科植物花粉胚的形成。某些天然生物活性物质（如椰乳）也有同样的作用。生长素，特别是 2,4-D，可促使禾谷类的花粉发育为愈伤组织。在含有高浓度生长素的培养基上，茄科植物的花粉胚也会转变为愈伤组织。一般在禾本科植物的花药培养过程中，广泛使用 2,4-D 或 NAA 诱导花粉愈伤组织形成，再将愈伤组织转移至降低或去除生长素或补加细胞分裂素类物质的分化培养基上，以诱导器官分化和再生植株形成。

pH 的变化对花药培养有一定影响。例如，在曼陀罗的花药培养中观察到随着 pH 的变化，产生胚状体的诱导率增加，当 pH 达到 5.8 时，效果最好。pH 达到 6.5 时，花粉不形成胚状体。

在培养基中加入活性炭能促进花药培养。例如，1% 的活性炭能使烟草花药植株再生率提高 1～4 倍。活性炭提高雄核发育的原因可能是活性炭吸附了因高温消毒由蔗糖产生的 5-羟甲基糖醛，也可能是活性炭改变了内源和外源生长调节物质的水平，从而给花粉细胞的分裂、分化和幼苗的生长创造了有利的条件。

一些有机附加物如水解乳蛋白、水解核酸、酵母提取物和谷氨酰胺等对于花粉发育也有着一定的作用。研究表明,500 mg/L 的水解乳蛋白,对小麦花粉的愈伤组织的形成和分化成苗有一定的促进作用。

第五节　花药(粉)培养白化苗发生的机理及影响因素

一、花药(粉)培养白化苗发生的机理

在禾本科植物的花粉植株中,白化苗的出现是极为普遍的现象,在水稻、小麦、大麦、黑麦、小黑麦、小米、硬粒小麦上都观察到大量白化花粉植株,有的甚至全部是白化苗。大量的研究资料显示,白化苗发生的机理主要表现在以下几个方面。

(一)染色体畸变

染色体断裂和染色体断片在细胞分裂过程中的丢失,会引起包括叶绿体发育基因在内的某些基因的丢失,从而导致白化苗的出现。朱至清等(1978 年)观察到,小麦的某些胚性花粉粒和白化苗的茎端分生细胞中出现染色体断片和微核。另外,由花粉产生的大麦植株的根尖细胞中也经常出现各种异常染色体,如染色体桥和染色体断片等。

(二)质体 DNA 缺失或质体基因组的变异

白化苗发生的另一个原因可能是某些花粉细胞内部发生了 DNA 或基因组的改变。Day 和 Ellis(1984 年)发现小麦白化苗的质体 DNA 大段的缺失,不同白化苗的质体 DNA 的缺失部分和缺失量不尽相同。有的缺失量可以达到 80%。对大麦的花粉白化苗质体 DNA 进行的酶切及分子杂交,也证实其质体中丢失了部分 DNA。生化分析结果说明水稻白化苗缺少叶绿体基因组编码的 RuBP 羧化酶的大亚基,以及 16S 和 23S 的 rRNA,因而认为白化苗的形成可能与 DNA 的损害有关。但孙敬三等分别对大麦和水稻的白化苗叶片段进行研究,发现白化苗不是由于缺乏质体所致,而是在白化苗的质体中缺乏核糖蛋白体,因而推测质体内核酸和蛋白质的合成受到阻碍,在白化苗的叶绿体中缺乏部分 I 蛋白(RuBP 羧化酶)、23S 和 16S 的核糖体核酸。

二、花药(粉)培养白化苗发生的影响因素

白化苗的产生与很多因素有关,包括内部因素和外部因素。

(一)内部因素

花药培养中的花粉白化苗率因植物的遗传组成不同而异。大麦、水稻和小麦的白化苗率较高,玉米花粉植株中白化苗现象却少见。小麦、大麦和水稻的白化苗率也有较大差异。如籼稻比粳稻白化苗率高。在花药培养中,还发现白化苗率随接种时花粉发育时期的延迟而提高。

(二)外部因素

在花药培养之前的预处理中,适当延长低温预处理时间能明显提高绿苗的比例。如大麦培养温度为 25 ℃时,大麦愈伤组织的总分化率为 30.4%,其中绿苗占 36%,白化苗占 64%;

如果温度提高到 28 ℃,总分化率降为 16.9%,白化苗率高达 92%。

水稻白化苗的产生和培养温度有密切关系,小麦白化苗产生的频率随温度升高(25～35 ℃)而增加。低温处理对白化苗产生的影响因植物而异,较长时间的低温处理增加水稻白化苗的频率,但大麦正相反。单核花粉时期的花药在 10 ℃处理 3～14 d,可以产生 90% 的绿苗和 10% 的白化苗,若低温处理 21 d,几乎所有植株都是白化苗。

三、花药(粉)培养白化苗发生的预防

研究证实,可以通过适当的调控措施降低白化苗出现的频率。颜昌敬(1996 年)总结了控制大麦白化苗产生的 7 条措施:

(1) 对只分化白化苗或分化绿苗特别难的品种,可采用同绿苗分化率高的品种杂交,然后对 F_1 进行花药培养。

(2) 在田间条件下,用 10～20 mg/L BA 处理大麦花药。

(3) 取花粉发育时期处于单核早、中期的大麦穗。

(4) 用约 4 ℃低温处理离体麦穗 2～3 周。

(5) 脱分化培养基中使用 2,4-D 配以少量 2,4,5-T 和 BA,将碳源改为麦芽糖。

(6) 提早进行花粉脱分化的转分化培养。

(7) 诱导花粉细胞走胚胎发生途径,可从根本上克服花粉白化苗的产生。

第六节　植物花药(粉)培养及单倍体育种的应用实例

一、小麦花药培养技术

(一) 外植体选择

在田间采取孕穗期的小麦,在实验室用醋酸洋红压片镜检,挑选花粉处于单核靠边期的小麦穗。

(二) 预处理

镜检合适的穗子用塑料膜包裹,放置在 4 ℃冰箱中低温预处理 4～5 d。

(三) 灭菌

剥去旗叶鞘,将预处理过的穗子剪下,置于 250 mL 烧杯中,用自来水冲洗 10 min,75% 乙醇浸泡消毒 2 min,无菌水冲 2 次,再用 0.1% 升汞溶液浸泡消毒 5 min,无菌水冲洗 3～5 次,每次 5 min。

(四) 接种

在超净工作台上,左手持穗,右手用镊子取出花药,整齐地摆放到改良的 C_{17} 琼脂糖固体培养基(2,4-D 1～3 mg/L)上,操作过程中应该动作轻柔,不应使花药受到损伤,若花药受到损伤,则应淘汰。

（五）初代培养

将接种后的花药在 22 ℃下暗培养 6 d,然后 28 ℃光照培养,光照时间为 12 h/d,光强为 6 000 lx左右。光照培养 5 d 后,花药变黑褐色;20 d 花药裂开,长出淡黄色的花粉愈伤组织。

（六）继代与植株再生

在相同琼脂糖固体培养基上再继代 1～2 次,每次间隔 18～20 d。待愈伤组织长到 0.5～1 cm^2 时,将其转入 MS 分化培养基(6-BA 2～3 mg/L,IAA 0.2～0.5 mg/L)中,诱导器官分化和植株再生,诱导温度为(25±1) ℃,光照强度为 2 000 lx,光照时间为 16 h/d,经 2～3 周的培养,分化出绿色不定丛芽,每 20 d 继代一次,使幼苗生长苗壮。

（七）生根

待分化苗长到 1～2 cm 高时,取生长旺盛、健壮、高 2 cm 左右的不定芽,分开接种于含 0.5～1 mg/L IAA 的培养基上进行生根培养;每个三角瓶接种 4～5 个苗,诱导温度为(25±1) ℃,光照强度为 2 000 lx,光照时间为 16 h/d;约 1 周后即可长出根,形成完整植株。

（八）炼苗与移栽

将小植株在封口培养瓶中移到自然光照下锻炼 2～3 d,让试管苗接受强光的照射,然后打开瓶口置于室内自然光下炼苗,并不断地往叶片上喷水,以防止失水过多而干枯。

当幼苗的根长到 2～3 mm 长时开始移栽,适当推迟移栽,能提高成活率。一般在炼苗 3 d 后,取出生根苗,洗去根上附着的培养基,移入花盆中。

二、油菜小孢子培养技术

（一）外植体选择

一般情况下,在主花序和上部第一分枝花序的花蕾长度为 2.0～3.0 mm 时,镜检选择小孢子发育时期为单核期和双核早期的花药。

（二）预处理

在 4～5 ℃下,对花药进行 1～5 d 的低温处理。

（三）灭菌

将采集到的花蕾用 70% 乙醇消毒 20～30 s,转入 7% 次氯酸钠溶液中浸泡 10～15 min,然后用无菌水洗涤 3 次,每次 5 min。

（四）花粉的分离

将消毒好的花蕾置于小烧杯中,加入含 10%～15% 蔗糖的 B$_5$ 培养液(pH5.8～6.0),用玻璃棒将小孢子压出,通过 300 目尼龙网膜过滤到离心管里,于 800 r/min 的转速下离心 1 min,重复 2 次,去掉上清液;再加入 B$_5$ 培养液,于 1 000 r/min 的转速下离心 1 min,重复 2 次,最后倒出上清液,向离心管中加入少量 NLN 培养基(13% 蔗糖,附加 0.1 mg/L 2,4-D),分装到培养皿中培养,每皿中含有 2 个花蕾的小孢子。

（五）培养

先于 30 ℃培养 7 d，然后在（24±1）℃黑暗条件下培养。当肉眼可见胚状体时，转移到摇床上继续培养（45 r/min，24 ℃，黑暗）。当胚状体发育到鱼雷形晚期或子叶期时，从培养液中取出胚状体，转移到含 2％蔗糖的 B_5 或 1/2 MS 固体培养基上继续培养，温度为 24 ℃，16 h 弱光照。3～4 周后能够发育成带根、茎、叶的小植株。

（六）染色体加倍

在小孢子植株中，20％～30％可自发加倍，依据形态观察，挑选出已加倍的植株。利用秋水仙素对未加倍的单倍体小孢子植株进行人工染色体加倍。

三、小黑麦单倍体育种技术

小黑麦（Triticale）品种具有穗大、粒多、抗病和抗逆性强、籽粒蛋白质含量高、生长优势强等优良特性，在高寒山区种植其产量明显高于小麦和黑麦。我国曾在贵州、甘肃、四川、青海和宁夏种植过冬性和春性小黑麦，在当地主要作为粮食。近些年来，随着畜牧业的发展，小黑麦在新疆南北部都有较大面积的推广应用，主要作为优质青贮饲草或草粉使用。小黑麦是通过小麦和黑麦杂交，经过胚拯救杂种染色体加倍获得的新物种。生产上应用的主要是异源六倍体（AABBRR，$2n=42$）和异源八倍体（AABBDDRR，$2n=56$）两种。其中六倍体小黑麦的亲本为硬粒小麦（T. durum）或波斯小麦（T. carthlicum），而八倍体小黑麦的亲本为普通小麦，六倍体小黑麦在中国、加拿大、波兰、俄罗斯、美国和澳大利亚有种植。由我国学者鲍文奎（1972年）采用普通小麦（$6X=AABBDD=21\text{II}$）与黑麦（$2X=RR=7\text{II}$）杂交，得到的杂种 F_1（$4X=ABDR=28$）表现高度不育，后来通过加倍的方法在世界上首次育成了能够稳定遗传和繁殖的异源八倍体小黑麦（$2n=8X=AABBDDRR=56=28\text{II}$）新物种，小黑麦花粉单倍体育种的过程如下。

（一）外植体选择

采用优良的杂种一代植株或杂种二代植株的花药进行诱导培养，在田间用剪刀切下处于孕穗晚期带有长约 50 cm 茎秆的主茎穗，带回实验室检查花药发育的时期，取花粉处于四分体至单核靠边期的花药进行培养。

（二）预处理

将镜检合格的穗子，用自来水冲洗干净，插入盛有蒸馏水的烧杯内或者装入喷洒过水的塑料袋内，并将袋子包裹好，放入 4 ℃冰箱中低温预处理 4～5 d。

（三）灭菌

将预处理过的穗子从叶鞘中拨出来并剪掉麦芒，放入 250 mL 烧杯中，每只烧杯可以盛放 10 个穗子，用 75％乙醇浸泡 30 s，再用 1％次氯酸钠溶液浸泡 10～20 min 或在 0.1％升汞溶液中消毒 3 min，然后用无菌水冲洗 3～5 次，每次 5 min。

（四）接种

在超净工作台上，从颖壳中仔细拨出花药，迅速放入 C_{17} 诱导培养基（附加 1～3 mg/L

2,4-D)中。

(五)培养

花药接种完后,放入培养箱内进行愈伤组织的诱导,先暗培养 10 d,温度为 29 ℃,然后转入光照培养,温度为 26 ℃,光照为 2 000 lx,12 h/d,待愈伤组织长到 0.2～0.5 cm 时转入相同培养基继代一次。待愈伤组织生长到 1 cm 大小时转入分化培养基(6-BA 2～3 mg/L,IAA 0.2～0.5 mg/L)中,进行丛芽苗培养;待苗长大到 4～5 cm,且有半木质化状态时,将苗分开转移到生根培养基(IAA 0.5～l mg/L)中诱导生根,每个三角瓶接种 3 棵苗;在此期间需要继代 2 次,待根长到 3～5 cm 时准备移栽。

(六)炼苗与移栽

移栽前将已生根的小植株(先不开瓶口)移到自然光照下锻炼 2～3 d,然后打开瓶口在室内自然光下炼苗,并经常向叶片上喷水,以防止小植株失水过多而干枯。当幼苗的根长到 3～4 cm 长时开始移栽。

(七)染色体加倍

当试管内的花培小苗长到 5～6 cm 时,在炼苗即将结束前 6 h 内向培养瓶中加入 0.1% 的秋水仙素,处理时间达到后将秋水仙素清洗干净,即可进行移栽,田间主要利用分蘖穗。

(八)花粉植株染色体鉴定

可以直接观察染色体数,也可进行 DNA 含量测定,还可以通过观察气孔及植株形态(图 8-8)来进行鉴定。

(a) 春小麦　　　　　　　　　　　(b) 黑麦

(c) 小黑麦

图 8-8　普通小麦种子与小黑麦穗形比较
(塔里木大学小黑麦课题组)

小　结

单倍体育种是利用植物组织培养手段(如花药离体培养等),诱导产生单倍体植株,再通过某种手段使染色体组加倍(如用秋水仙素处理),从而使植物恢复正常染色体数的技术。花粉培养和花药培养是单倍体育种的主要途径。花药培养是指将花粉发育到一定阶段的完整花药接种到合成培养基上,诱导其形成单倍体再生植株的技术。花粉培养是指将离体的花粉粒接种到培养基上,诱导其形成单倍体再生植株的技术。花药培养属于器官培养的范畴,而花粉培养属于细胞培养范畴,二者培养的目的相同,都是要诱导花粉细胞发育成单倍体。

离体条件下,小孢子(花粉)发育途径有花粉均等分裂途径、营养细胞发育途径、生殖细胞发育途径、营养细胞和生殖细胞共同发育途径。花药培养的程序一般包括取材、预处理、灭菌、接种、诱导、培养、花粉植株的诱导及生根、炼苗移栽等。花粉培养与花药培养的过程基本相同,但需要先进行花粉的分离,分离可通过自然释放法、挤压分离法、机械分离法来进行,然后通过过滤或梯度离心进行小孢子的纯化。花粉培养的方法有平板培养、液体浅层培养、双层培养、看护培养、微室培养、条件培养等。由花药诱导的花粉植株通过观察染色体数、DNA含量测定、观察气孔及植株形态鉴定为单倍体后,可用秋水仙素通过植株处理、茎尖处理或培养基处理进行染色体加倍。单倍体植株染色体加倍后形成纯合的双二倍体,可为育种提供良好的材料。

单倍体植株材料的基因型、花粉发育时期、不同的预处理、植株生理状况、接种密度、药壁因素、温度、培养基成分等都是影响花药和花粉培养成功的重要因素。在禾本科植物的花粉植株中,还经常出现白化苗,其发生机理可能是染色体畸变、质体DAN缺失或质体基因组的变异,白化苗的出现是由内部因素和外部因素引起的,在生产中应针对不同作物采取不同的预防措施。

复习思考题

1. 花药培养和花粉培养有什么区别和联系?
2. 花药(粉)培养时,小孢子处于什么发育时期比较合适?
3. 简要说明花药培养的过程,在培养中应注意哪些问题?
4. 影响花药培养的因素有哪些?花药培养的液体培养有何优越性?
5. 单倍体植物在育种中有何作用?

第九章

植物原生质体培养与体细胞杂交

【知识目标】

1. 掌握植物原生质体分离和培养的基本概念及方法。
2. 掌握体细胞杂交即原生质体融合的方法。
3. 了解杂种细胞的主要筛选方法。
4. 了解体细胞杂种的主要鉴定方法。

【技能目标】

1. 运用所学的相关概念,掌握植物原生质体分离和培养的技能。
2. 通过学习植物原生质体融合的原理,学会原生质体融合及杂种细胞筛选的方法。

在真核生物中,将遗传物质由一个个体转移给另一个个体的传统方法是有性杂交,它所能进行的范围极为有限。在植物中,虽然远缘杂交并非不可能,但由于有性不亲和性的障碍,有时在选定的亲本之间也难以获得完全的杂种,这是通过杂交进行作物改良的一个严重障碍。而细胞融合为远缘杂交提供了一个很有潜力的新途径(体细胞杂交)。细胞融合必须穿透质膜才能完成,植物细胞在质膜之外还有一层坚硬的细胞壁,而动物细胞没有,因此体细胞遗传学在动物体研究中的发展远远超过了在植物体研究中的发展。直至1960年,Cocking证实了通过酶解细胞壁可以获得大量有活力的裸细胞(原生质体),对高等植物体细胞的遗传修饰研究才逐渐开展起来。

第一节　植物原生质体培养的定义及特点

一、植物原生质体培养的定义

植物原生质体(protoplast)是指除去了细胞壁后裸露的球形细胞团,包括原生质膜和膜内的细胞质及其他具有生命活性的细胞器。游离的原生质体外的质膜是完全裸露的,是外部环境与活细胞内部之间的唯一屏障。

植物原生质体培养是指将植物细胞的游离原生质体,在适宜的培养条件下,使其再生细胞壁,培养成完整植株的过程。

二、植物原生质体培养的特点

原生质体具有以下特点:

（1）吸收能力增强。易于摄取外来遗传物质、细胞器、细菌、病毒等，易于吸收氧、养分。

（2）便于进行细胞融合，形成杂交细胞。

（3）具有全能性。具有全套的遗传物质，具有细胞壁再生并进行人工培养分化发育成完整植株的能力。

（4）分泌能力提高。去除了细胞壁的扩散障碍，使细胞膜的透过性增强，有利于胞内产物的分泌。

（5）稳定性较差。失去了细胞壁的保护作用，稳定性较差，易于受到渗透压等条件变化的影响。

第二节　植物原生质体培养的程序和方法

一、植物原生质体培养的程序

植物原生质体培养的主要程序如下。

（1）原生质体的分离　包括取材、酶类的选择、原生质体的纯化和活力鉴定等。

（2）原生质体的培养　包括培养方法的选择、培养基成分的筛选、植板密度的调节以及温度、光照等培养条件的控制等。

（3）原生质体的再生　包括细胞壁的再生、细胞分裂及愈伤组织的形成以及植株的再生等。

二、植物原生质体培养的方法

植物原生质体培养的方法有很多种，大多数与细胞培养相同。按照培养基的类型，可分为液体培养法、固体培养法及固液结合培养法；按培养方式，又可细分为浅层培养法、平板培养法、双层培养法、看护培养法、微滴培养法和琼脂糖珠培养法等。

在原生质体的培养过程中，除了现有的方法之外，还可以根据研究材料或研究目的的不同，进行引申和发展，探索更能适合需要的新方法。

三、植物原生质体培养的研究进展和展望

20 世纪 70—80 年代，随着原生质体培养技术的不断改进，通过原生质体培养能再生植株的植物种类迅速增加。其中茄科的烟草属（*Nicotiana*）、番茄属（*Lycopersicon*），十字花科的芸薹属（*Brassica*），伞形科的胡萝卜属（*Daucus*）等双子叶植物，由于其原生质体培养较容易而被广泛应用于体细胞杂交研究。随着不对称细胞杂交技术的建立和发展，利用植物体细胞杂交技术转移目标性状以改良作物成为研究的热点。20 世纪 80 年代中期，单子叶植物原生质体再生植株技术相继被突破，开始对单子叶作物应用体细胞杂交进行改良，如玉米与小麦间的植株再生。

2000 年后，体细胞杂交无论在双子叶植物还是单子叶植物中都有了长足的发展，主要集中在禾本科、芸香科、菊科、豆科、茄科、十字花科、伞形科和百合科 8 科 29 属 36 种植物中再生。杨勇等（2007 年）还通过不对称体细胞杂交技术，将野生大豆（*Glycine soja* Sieb ACC547）

的耐盐特性引入栽培大豆(*G. max* Melrose)中,并且综合分析、比较了亲本及其体细胞杂交后代的耐盐特性,利用杂交后代材料筛选到了野生大豆特异的 *ndhH* 基因。付莉莉等(2009年)以陆地棉品系 YZ-1 原生质体为受体,以野生棉(*G. davidsonii*)原生质体为供体,开展不对称融合,对处理后的亲本进行电诱导融合后,再进行培养,获得了再生植株。

　　原生质体的融合不仅可以转移细胞核中的染色体组、染色体片段,还可转移细胞质中的叶绿体 DNA 及线粒体 DNA,并在一定程度上克服远缘杂交的不亲和性。配合使用常规育种技术,已在多种作物育种中培育筛选出具有优良特性的种质材料,甚至创造出自然界不存在的新种质资源。据不完全统计,目前有 400 多种植物的原生质体可以培养成功获得再生植株,并且已通过原生质体融合获得多种植物种间、属间甚至是科间的体细胞杂种。与基因工程相比,通过体细胞杂交途径进行育种具有其独特的优势,主要在于体细胞杂交可以转移基因工程无法实现的多基因控制性状。作为有性杂交的有益补充,体细胞杂交育种在理论和实践上都具有非常重要的意义,具有广阔的应用前景。

第三节　植物原生质体的分离

　　分离高质量的原生质体是进行原生质体培养和体细胞杂交的先决条件,对原生质体分离的要求是获得大量而又具活力的原生质体。因此,原生质体分离是原生质体培养的第一步,也是非常关键的一步,直接影响着原生质体培养的成功与否。最常用的原生质体分离的植物器官是叶片,因为在叶片中可以分离出大量形态、结构和发育阶段比较一致的细胞,而且叶肉细胞排列疏松,酶液很容易达到细胞壁进行酶解。除此之外,也可采用植物的其他部分进行原生质体的分离。当用完整的植株上的叶子做材料时,要考虑到植株及叶片的生理状态及环境条件。原生质体的分离一般也采用两种方法,即机械分离法和酶解分离法。

一、机械分离法

　　机械分离法是指在渗透溶液中,细胞进行质壁分离,细胞内的物质渗出,接着植物组织被分割并发生质壁分离复原从而释放出原生质体的方法。Klercker(1892 年)利用机械分离法从水剑叶(*Stratiotes aloides*)中分离出原生质体。机械分离法仅适用于较大的、高度液泡化细胞的组织,比如洋葱的鳞片、萝卜的根、黄瓜的中皮层及甜菜的根组织等,此方法操作简便,但是获得原生质体的产量很低。

二、酶解分离法

　　自从 1968 年纤维素酶和离析酶投入市场以后,植物原生质体研究才变成了一个热门的研究领域。原生质体的释放在很大程度上取决于用于消化细胞壁的酶的性质和组成。分离植物原生质体的酶,根据其作用可大致分为纤维素酶类、半纤维素酶(hemicellulase)类和果胶酶(pectase)类等,纤维素酶类和半纤维素酶类分别降解组成细胞壁的纤维素和半纤维素,而果胶酶类主要降解果胶层。一般来说,酶液中只要含有一定浓度的纤维素酶类和果胶酶类,即可分离出原生质体,但对于某些组织来说,如大麦的糊粉细胞,可能还需要半纤维素酶类,这是因为在其原生质体周围还留下一薄层抗纤维素酶的壁,这类细胞称为原生质球。

市售的最早的真菌酶制品是 Onozuka 纤维素酶 SS 和 Onozuka 离析酶 SS,这两种酶一直得到广泛的应用。另外,还有几种酶被用来处理那些不容易释放原生质体的组织,如解旋酶(helicase)、克隆酶(colonase)、蜗牛酶(glusulase)、消解酶(zymolyase)和果胶酶等。崩溃酶(driselase)同时具有纤维素酶、果胶酶、地衣多糖酶(lichenase)和木聚糖酶(xylanase)等几种酶的活性,对于从培养细胞中分离原生质体特别有效。在原生质体分离中常用的商品酶列于表 9-1 中。

表 9-1　在原生质体分离中常用的商品酶

	酶	来　源	生　产　厂　家
纤维素酶类	Onozuka R-10	绿色木霉	Yakult Honsha Co. Ltd. , Tokyo, Japan
	Meicelase P	绿色木霉	Meiji Seika Kaisha Ltd. , Tokyo, Japan
	Cellulysin	绿色木霉	Calbiochem. , San Diego, CA 92037, USA
	Driselase	*Irpex lutens*	Kyowa Hakko Kogyo Co. , Tokyo, Japan
果胶酶类	Macerozyme R-10	根霉	Yakult Honsha Co. Ltd. , Tokyo, Japan
	Pectinase	黑曲霉	Sigma Chemical Co. , St. Louis, MO 63178, USA
	Pectolyase Y-23	如本黑曲霉	Seishin Pharm. Co. Ltd. , Tokyo, Japan
半纤维素酶类	Rhozyme HP-150	黑曲霉	Rohm and Haas Co. , Philadelphia, PA 19105, USA
	Hemicellulase	黑曲霉	Sigma Chemical Co. , St. Louis, MO 63178, USA

由于商品酶的出现,现在实际上已有可能由每种植物组织分离出原生质体,只要该组织的细胞还没有木质化即可。据报道,叶肉细胞、根组织、豆科植物的根瘤、茎尖、胚芽鞘、块茎、花瓣、小孢子母细胞、果实组织、糊粉细胞、下胚轴和培养的细胞中都已分离出原生质体等。图 9-1 所示是由叶肉细胞分离原生质体的程序。

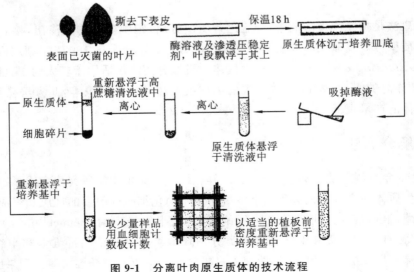

图 9-1　分离叶肉原生质体的技术流程

(E. C. Cocking)

第四节　植物原生质体的纯化及活力鉴定

一、植物原生质体的纯化

植物材料在酶溶液中保温足够的时间后,小心振动容器或轻轻地挤压叶块,使原来组织中的原生质体释放出来。此时酶解处理后的混合物中除了完整无损的原生质体之外,还含有未去壁的细胞、细胞碎片、叶绿体、微管成分、细胞团等组织残渣,要将这些杂质和酶液除掉,才能进行培养。一般先进行初筛,将酶解混合物通过一定孔径($40\sim100~\mu m$)的镍丝网过滤,孔径大小因植物种类而异,除去未消化的细胞团和组织块等较大的杂质,收集滤液于离心管中,之后进一步纯化。常用原生质体的纯化有以下几种方法。

1. 沉降法

将镍丝网滤出液置于离心管中,在$75\sim100g$下离心$2\sim3~min$后,原生质体沉于离心管底部,残渣碎屑悬浮于上清液中;弃去上清液,再把沉淀物重新悬浮于清洗液中,在$50g$下离心$3\sim5~min$后再悬浮,如此反复3次。常用的原生质体清洗液为CPW盐溶液(Cocking和Peberdy,1974年),成分为:KH_2PO_4 27.2 mg/L、KNO_3 101 mg/L、$CaCl_2 \cdot 2H_2O$ 1 480 mg/L、$MgSO_4 \cdot 7H_2O$ 246 mg/L、KI 0.161 mg/L、$CuSO_4 \cdot 5H_2O$ 0.025 mg/L,将pH调节为5.8。

2. 漂浮法

漂浮法是根据原生质体来源的不同,利用密度大于原生质体的高渗蔗糖溶液,离心后使原生质体漂浮于其上,残渣碎屑沉到管底的方法。具体做法是将悬浮在少量酶混合溶液或清洗液中的原生质体沉淀和碎屑置于含有21%蔗糖的培养基中,在$100g$下离心$10~min$。碎屑下沉到管底后,一个纯净的原生质体带出现在蔗糖溶液和原生质体悬浮培养基的界面上。用移液管小心地将原生质体吸出,转入另一个离心管中,反复离心和重新悬浮之后,如在沉淀法中一样,再将原生质体清洗3次,最后以适当的密度悬浮在培养基中。

3. 界面法

界面法的原理是,采用两种密度不同的溶液,离心后使完整的原生质体处在两液相的界面。Piwowarczyk(1979年)利用这个原理进行了梯度制备,具体方法是在离心管中依次加入一层溶于培养基中的500 mmol/L蔗糖,一层溶于培养基中的140 mmol/L蔗糖和360 mmol/L山梨醇,最后是一层悬浮在酶溶液中的原生质体,其中含有300 mmol/L山梨醇和100 mmol/L $CaCl_2$。经$400g$离心$5~min$后,刚好在蔗糖层上会出现一个纯净的原生质体层,而碎屑则移动到管底。

二、植物原生质体活力的鉴定

在原生质体培养前,常常先对原生质体的活性进行检测。测定原生质体活性有多种方法,如细胞质环流观察法、活性染料染色法、荧光素双醋酸酯(FDA)染色法等,也可以以氧的摄入量或光合活性作为原生质体活力的指标。这些方法各有其特点,常用的是荧光素双醋酸酯染色法。

1. 细胞质环流观察法

在显微镜下,根据细胞质环流和正常细胞核的存在与否,即可鉴别出细胞的死活。虽然利用相差显微镜可以得到更明显的图像,但在亮视野显微镜下常常也不难进行这样的观察。但对细胞周缘携有大量叶绿体的叶肉细胞原生质体来说,这种方法的作用不大。

2. 荧光素双醋酸酯染色法

FDA 本身无荧光,无极性,可透过完整的原生质体膜。一旦进入原生质体后,由于受到酯酶分解而产生有荧光的极性物质荧光素。它不能自由出入原生质体膜,因此有活力的细胞便产生荧光,而无活力的原生质体不能分解 FDA,因此无荧光产生。用 FDA 染色测活性的具体方法如下:

(1) 用丙酮制备 0.5% 的 FDA 贮备液,于 0 ℃下保存。

(2) 取洗涤过的原生质体悬浮液 0.5 mL,置于 10 mm×100 mm 的小试管中,加入 FDA 溶液,使其最终浓度为 0.01%。

(3) 将溶液混匀,置于室温 5 min 后,用荧光显微镜观察。激发光滤光片用 QB24,压制滤光片用 JB8。

(4) 观察:发绿色荧光的原生质体为有活力的,不产生荧光的为无活力的。由于叶绿素的影响,叶肉原生质发黄绿色荧光的为有活力的,发红色荧光的为无活力的。

3. 活性染料染色法

这种方法可以用作荧光素双醋酸酯染色法的互补法。当以伊凡蓝的稀溶液(0.025%)对细胞进行处理时,只有活力易受损的细胞能够摄取这种染料,而完整的活细胞不能摄取。因此,凡不染色的细胞皆为活细胞。

第五节　植物原生质体的培养

当获得分离纯化的原生质体后,即可在适宜的条件下进行原生质体的培养。

一、原生质体的培养方法

原生质体的常用培养方法有固体培养法、液体培养法、固液双层培养法等。

(一) 固体培养法(平板培养法)

首先取得密度为 $4×10^5$/mL 的原生质体悬浮液 1 mL,与 1 mL 含有 1.2% 低熔点(40 ℃)琼脂糖的培养基均匀混合,置于直径为 6 cm 的培养皿内,此时原生质体密度为 $2×10^5$/mL;混合液凝固后将培养皿翻转,在 25 ℃下置于四周垫有保湿材料的、直径为 9 cm 的培养皿内进行培养。用这种方法得到的原生质体分布均匀,有利于定点观察,也有利于在部分材料污染时抢救未污染的部分(图 9-2)。

(二) 液体培养法

进行液体培养时可以采取浅层培养和微滴培养。浅层培养是将含有一定密度原生质体的液体培养基在培养皿底部铺成一薄层,厚 1 mm 左右,用封口膜封口后进行培养;微滴培养是用滴管将原生质体悬浮液分散滴在培养皿底部,每滴 50~100 μL,盖好封严后置于潮湿的容

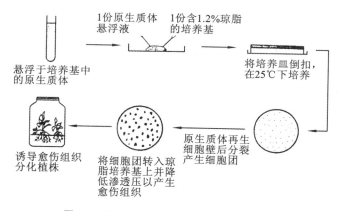

图 9-2　原生质体固体培养法的技术流程

(E. C. Cocking)

器中培养。液体培养法简便易操作,方便变更培养基或加液,但在浅层培养时原生质体间容易发生粘连,在微滴培养情况下则必须注意防止变干。

（三）固液双层培养法

将含有 0.7% 低熔点琼脂糖的固体培养基熔化后凝固于直径为 6 cm 的培养皿内,再加入 2 mL 原生质体与培养液的均匀混合物。开始培养的 1～2 d 要经常轻微摇动,使其均匀不聚集。用该方法培养原生质体,既有比较丰富的培养基,又不易干燥,而且细胞分裂后即可在固体培养基上生长和繁殖。

二、植物原生质体培养的操作技术

现以一步法制备烟草叶肉细胞原生质体为例,介绍原生质体培养的操作技术:

（1）由种在温室的 7～8 周龄的植株上选取充分展开的叶片。

（2）将叶片浸于 70% 乙醇中 30 s,再以 0.4%～0.5% 次氯酸钠溶液漂洗约 30 min。

（3）用无菌蒸馏水彻底洗净残存的次氯酸钠。

（4）用尖头镊子撕掉叶片的下表皮,再用解剖刀将去掉了下表皮的叶片切成小块。

（5）将剥去了下表皮的叶段置于一薄层 600 mmol/L 甘露醇-CPW 溶液中,注意要让叶片无表皮的一面与溶液接触。

（6）大约 30 min 以后,用灭菌的含有 4% 纤维素酶 SS、0.4% 离析酶 SS、600 mmol/L 甘露醇和 CPW 盐的酶溶液取代甘露醇-CPW 溶液。

（7）用封口膜将培养皿封严,置于暗处在 24～26 ℃下保温 16～18 h。

（8）用吸管轻轻挤压叶段,以释放出原生质体。

（9）通过一个 60～80 μm 的细胞筛过滤以除去较大的碎屑。

（10）将滤出液置于螺帽离心管中,在 100g 下离心 3 min,使原生质体(和剩余的碎屑一起)沉降。

（11）弃去上清液,将沉降物置于装在一个螺帽离心管中的、用 CPW 配制的 860 mmol/L 蔗糖溶液的顶部,在 100g 下离心 10 min。

（12）由蔗糖溶液的顶部把绿色的原生质体带收集起来,并转入另一个离心管中。

（13）在离心管中加入原生质体培养基以使原生质体悬浮,在 100g 下离心 3 min,重复本项清洗过程至少 3 次。

（14）最后一次清洗之后，加入足量培养基，使原生质体密度达到 $0.5 \times 10^5 \sim 1 \times 10^5/mL$。

（15）将原生质体植板于培养皿中，或成小滴（100～150 μL），或成一薄层。

三、植物原生质体培养的影响因素

（一）原生质体培养基

1. 无机盐

在原生质体培养的研究中，对微量元素的研究较少。一般认为原生质体培养基中的大量元素应比愈伤组织培养基中的浓度低。在大量元素中，对原生质体培养效果影响最大的是 Ca^{2+} 的浓度和氮源的种类及浓度。

2. 有机成分

含有丰富有机物质的培养基有利于细胞分裂。在培养基中添加谷氨酰胺、天冬氨酸、精氨酸、丝氨酸、丙氨酸、苹果酸、柠檬酸、延胡索酸、腺嘌呤、水解乳蛋白、水解酪蛋白、椰子汁、酵母提取物、脱落酸、尸胺、腐胺、尿胺、精胺、亚精胺、对甲基苯甲酸、小牛血清和蜂王浆等有机添加物，对于促进原生质体的分裂和细胞团及胚状体的形成都有一定的作用，但对于具体的植物种类应经过试验加以确定。

3. 植物生长调节物质

植物生长调节物质对原生质体的生长发育是非常重要的。不同植物的原生质体培养对植物生长调节物质的种类和浓度的要求存在较大的差异，甚至同种植物不同细胞系来源的原生质体培养对植物生长调节物质的要求也不尽相同。

总的来说，生长素和细胞分裂素是需要的，并要求二者适当配比。同时，在原生质体的不同发育阶段如起始分裂、细胞团的形成、愈伤组织的形成、器官或胚状体的发生、植株再生等需要不断地对激素的种类和浓度进行适时调整。另外，在每一步调整激素时，还应考虑到激素的后效应。较为一致的趋势是原生质体培养的前期通常需要较高水平的生长素或细胞分裂素才能启动细胞壁的再生或细胞分裂；但激素并非所有植物原生质体培养基所必需的，如柑橘原生质体在不加任何外源激素的情况下也能分裂形成多细胞团，进而发育成胚状体，添加激素反而有抑制作用。

4. 渗透压

在没有再生出一个坚韧的细胞壁以前，原生质体必须有培养基渗透压的保护。离体原生质体的一个基本属性是它们的渗透破碎性，由于细胞壁的突然消失和壁压的解除而立即崩裂。因而在酶溶液或原生质体清洗介质和原生质体培养基中必须加入适当的渗透压稳定剂。在具有合适渗透压的溶液中，新分离出来的原生质体看上去都是球形的。根据定量观察，原生质体在轻微高渗溶液中比等渗溶液中更为稳定。

培养基中的渗透压一般是以 500～600 mmol/L 甘露醇或山梨醇、葡萄糖、蔗糖和麦芽糖等调节的。据 Arnold 和 Eriksson（1976 年）报道，对于禾谷类植物和豌豆的叶肉原生质体来说，蔗糖或葡萄糖不能取代甘露醇或山梨醇来作为培养基中的渗透压稳定剂。然而有些研究发现，葡萄糖的作用优于其他的渗透剂。Shepard 等（1977 年、1980 年）在马铃薯、甘薯和木薯（*Manihot esculenta* Crantz）原生质体培养中则经常用蔗糖作为渗透压稳定剂。在雀麦草（*Bromus japonicus*）的原生质体培养中，蔗糖的效果比葡萄糖或甘露醇好。总之，在原生质体培养时选用渗透压稳定剂的种类和浓度因材料而异,当低于等渗浓度时原生质体易于破裂,太高时又易于收缩,均不利于细胞壁的再生。一般培养开始时以等渗为宜,通常细胞壁形成,细胞开始膨大和分裂时,即可逐渐降低渗透压稳定剂浓度。

（二）培养的密度

据早期发表的文献报道,原生质体培养只有在每毫升培养基 500～100 000 个细胞的密度下才能培养成功。1975 年高国楠等人以蚕豆属的 *Vicia hajastana* 悬浮细胞为材料,进行多个密度的培养,密度范围在每毫升 2～5 600 个细胞。结果发现,相当简单的 B₅ 培养基即能够维持密度大于 250 个/mL 的悬浮细胞的生长。如果进一步添加培养基中的营养物质,可以在更低的密度下生长。在营养物和生长调节剂十分完全的 KM 培养基上,密度低于 10 个/mL 的悬浮细胞或原生质体也可正常生长和增殖。后来这种技术得到改进,可以将单个原生质体培养成植株。不过在培养单个原生质体之前,最好先使其在高密度下培养数天,这样才能获得更高的成功率。

第六节　植物原生质体的再生

原生质体再生细胞壁后,细胞才能进行分裂。细胞不断地分裂增殖后形成细胞团或愈伤组织,再经诱导分化形成再生植株。

一、细胞壁的形成

在原生质体培养最初的 1～4 d 内,原生质体将失去它们所特有的球形外观,这种变化被视为再生新壁的象征。在蚕豆(*Vicia faba*)细胞原生质体培养的 10～20 min 后即能开始壁的合成,而叶肉原生质体经 8～24 h 培养后,才能在其周围见到细胞壁物质,大约 72 h 后才能形成完整的壁。在某些情况下原生质体保持无壁状态可长达 1 周以上,甚至数月之久。对烟草原生质体壁再生过程的观察表明,在新分离的原生质体膜外有许多突出的微管,其功能在于为新合成的纤维素微纤丝的沉积定向。这些微纤丝是在培养 2 d 后开始合成的,然后被运送到质膜外,并不断加厚。同时在垂周方面也有微纤丝沉积,于是最后形成连续的、致密的细胞壁。产生新壁的时间长短取决于植物和所用组织的种类。细胞壁发育不全的原生质体有时体积会增大,相当于原来体积的若干倍。有时可观察到原生质体的出芽现象,这是由于壁的合成不均匀造成的,在那些细胞壁薄弱的地方原生质突出形成芽。

细胞壁合成的快慢除受遗传因子支配外,也受培养基成分的影响。1972 年,Horine 和 Ruesink 报道,旋花科植物原生质体只有在外源供应一种易于代谢的碳源(如蔗糖)时,细胞壁才能再生。来自胡萝卜细胞悬浮液培养物的原生质体,若在培养基中加入聚乙二醇 1 500,细胞壁的发育就既快又比较均匀。另外,生长调节剂的种类和浓度也会影响细胞壁的再生。

二、细胞分裂与愈伤组织的形成

细胞分裂与细胞壁的形成有直接的关系,凡是不能再生细胞壁的原生质体也就不能进行正常的有丝分裂。细胞壁再生后的第一次分裂受到很多因素的制约,包括供体植物的基因型、培养基、培养条件以及原生质体供体组织的生理状况。比如:从迅速生长的悬浮培养的细胞分离的原生质体比从叶肉组织分离的原生质体更容易分裂;暗处理的叶片制备的原生质体比光照下生长的叶片更易分裂。

一般原生质体开始培养 2～7 d 出现第一次细胞分裂,以后分裂周期缩短,分裂速度加快。在生长良好的情况下,培养 2～3 周可长出细胞团,再经 2 周,可明显观察到愈伤组织的形成。在培养期间,每隔 1～2 周要向培养物中添加新鲜的培养液。由于细胞生长逐渐耗去培养基中的糖类,同时新加入的培养液中糖类浓度逐渐减小,这样就使培养液中总的渗透压下降,可以将其转移到不含渗透压稳定剂的原生质体培养基上诱导植株再生。

三、植株再生

Takebe 等 1971 年以烟草离体的原生质体进行培养,进而再生植株成功。茄科植物是最先也是最容易培养成功的,如茄子、马铃薯、番茄、辣椒等都已培养成功。目前已由原生质体再生植株成功的报道有很多,如胡萝卜、油菜、菊苣、木薯、苜蓿(*Medicago sativa*)、三叶草(*Trifolium*)、黄瓜、橙(*Citrus sinensis*)、棉花、大豆、草莓、当归(*Angelica sinensis*)和中华猕猴桃等。

在茄科植物原生质体培养中,早期培养需要加入较高浓度的生长素和细胞分裂素,使原生质体形成愈伤组织,然后转到含有低浓度生长素和高浓度细胞分裂素的培养基上再生植株。再生植株的培养基只加细胞分裂素,而不加加生长素,常用的培养基有 MS、NT、B_5 和 KM 培养基等。培养条件一般为 28～30 ℃,光照强度为 800～3 000 lx。

第七节　植物体细胞杂交

植物原生质体是一种优越的单细胞系统,它为体细胞遗传研究和作物改良提供了各种可能性。离体原生质体在培养中的表现常常优于完整的单细胞,是获得细胞无性系和选育突变体的优良起始材料。以原生质体为实验材料,还可进行很多其他方面的基础研究和应用研究,如利用刚刚游离出来的原生质体研究细胞壁的合成、膜的性质、病毒的侵染,以及有生命或无生命的显微结构的导入等。然而,离体原生质体最受重视的特性,是这些裸细胞无论来源如何都具有彼此融合的能力。

体细胞杂交(somatic hybridization)又称为原生质体融合,是指在离体条件下通过两个亲本体细胞原生质体的融合以及随后将融合产物(异核体)培养成杂种植株的过程。自从粉蓝烟草和郎氏烟草之间通过原生质体融合获得首例体细胞杂种以来,体细胞杂交技术不断发展和完善,它在植物遗传改良中的应用潜力已开始显现出来。

体细胞杂交过程包括一系列相互依赖的步骤,如原生质体制备、原生质体融合、杂种细胞选择、杂种细胞培养、由杂种愈伤组织再生植株,以及杂种植株的鉴定等(图 9-3),其中原生质体的制备和培养已在前几节讨论过,以下只介绍体细胞杂交技术中的其他几个问题。

一、自发融合

在酶解细胞壁制备原生质体过程中,有些相邻的原生质体能彼此融合形成同核体(homokaryon),每个同核体包含 2～40 个核,这种类型的原生质体融合称为自发融合,它是由

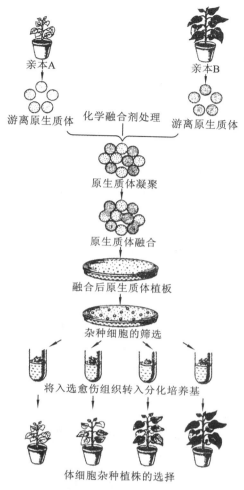

图 9-3　体细胞杂交过程的主要环节

(Bajaj,1977)

不同细胞间的胞间连丝扩展和粘连造成的。在利用植物的各种器官（或组织）制备原生质体时都观察到了自发融合现象,如燕麦根尖、花生根尖、烟草叶肉组织、大豆愈伤组织、蚕豆根尖和番茄叶肉等。若采用两步法制备原生质体,或在用酶混合液处理之前先使细胞受到强烈的质壁分离药物的作用,便可切断胞间连丝,减少自发融合的频率。

二、诱导融合

在体细胞杂交中,彼此融合的原生质体应有不同的来源,自发融合是无意义的,因此要进行诱导融合。所谓诱导融合,是指在制备出原生质体之后再加入融合剂,或采用其他方法促进二亲本原生质体融合。为了实现诱导融合,一般需要使用一种适当的融合剂。诱导融合可以是种内的,也可以是种间的。在 20 世纪 70 年代,为了融合植物原生质体,曾经试验过各种不同方法,如利用 $NaNO_3$、人工海水、溶菌酶、病毒、明胶、高 pH-高钙、聚乙二醇、抗体、植物凝血素伴刀豆球蛋白 A、聚乙烯醇等物质处理,用机械方法诱导粘连以及电融合等。在这些方法中,只有 $NaNO_3$、高 pH-高钙、聚乙二醇处理及电融合法得到了广泛的应用。利用高 pH-高钙法,已培育出烟草的品种间的体细胞杂种。利用聚乙二醇法也已经培育出烟草的品种间体细胞杂种及矮牵牛的品种间体细胞杂种。

(一) NaNO₃ 法

利用 $NaNO_3$ 融合剂,Carlson 等(1972 年)在植物中获得了第一个体细胞杂种,但这个方法的一个缺点是异核体(heterokaryon)形成频率不高,尤其是当用于高度液泡化的叶肉原生质体时更是这样。因此,有必要探索更为有效的融合技术。

(二) 高 pH-高钙法

1973 年,Keller 等开始研究烟草叶肉细胞原生质体的融合,他们用强碱性($pH=10.5$)的高浓度钙离子($50\ mmol/L\ CaCl_2 \cdot 2H_2O$)溶液在 37 ℃处理约 30 min 后,两个品系的烟草叶肉细胞原生质体进行了彼此融合。利用此方法,Melchers 和 Labib(1974 年)及 Melchers(1977 年)在烟草属中分别获得了种内和种间的体细胞杂种。对于各种矮牵牛的体细胞杂交来说,这种原生质体融合方法在杂种产量上优于其他几种常用的方法。不过,对于有些原生质体来说,这样的高 pH 可能是有毒的。

(三) 聚乙二醇法

采用聚乙二醇(PEG)作为融合剂时,异核体形成的频率很高,可重复性很强,而且对大多数细胞类型来说毒性很低,因此 PEG 作为一种融合剂已被广泛采用。PEG 诱导融合的另一个优点是没有特异性,形成的双核异核体的比例很高,能使完全没有亲缘关系的植物原生质体融合,形成如大豆-烟草、大豆-玉米和大豆-大麦等异核体。

PEG 诱导剂溶液通常选相对分子质量为 4 000~6 000 的 PEG,每 100 mL 融合诱导剂中含 PEG 30~50 g、$CaCl_2 \cdot 2H_2O$ 150 mg、KH_2PO_4 10 mg、甘露醇 3 g。

(四) 电融合法

植物原生质体电场诱导融合法(电融合法)是 20 世纪 70 年代末至 80 年代初兴起的一项原生质体的融合技术。在进行电融合时须将一定密度的原生质体悬浮液放于一个融合小室中,小室两端有电极。在不均匀的交变电场的作用下,原生质体相互靠近,紧密接触,在两个电极间排列成串珠状(图 9-4(a))。当施以足够强度的电脉冲时,就可使质膜发生可逆性电击穿,从而导致融合(图 9-4(b))。用这种方法获得的融合产物多数只包含 2 个或 3 个细胞。和化学融合法相比,电融合法的优点是操作简单、迅速、效率高。尤其重要的是,对原生质体伤害小,原生质体经电融合处理后没有中毒反应。然而,电融合所需的最适条件因材料而异,并且设备昂贵。

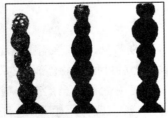

(a) 芹菜原生质体在交变弱电 (b) 在高压脉冲刺激下原生质体彼
  场作用下排列成串珠状   此融合

图 9-4　电融合

(H. A. Collin 等,1998)

第八节　杂种细胞的选择与鉴定

在经过融合处理后的原生质体群体中,既有未融合的双亲的原生质体,也有同核体、异核体和各种其他的核质组合。只有异核体才是未来杂种的潜在来源,但它在这个混合群体中只占很小的比例,一般为 0.5%～10%,而且其生长和分化往往竞争不过未融合的原生质体等。因此,有效地鉴别和选择杂种细胞,一直被视为体细胞杂交成功的关键。

一、用选择培养基进行互补选择

互补筛选法是利用双亲融合的原生质体(即体细胞杂种)在生理或遗传方面所产生的互补作用来进行选择的,在选择培养基上双亲与体细胞杂种生长发育不同,只有具有互补作用的体细胞杂种才能生长发育,而未发生互补作用的非杂种体细胞(即双亲)不能生长发育。根据互补类型的不同,可分为以下几种。

(一)遗传互补筛选法

当非等位隐性基因控制的两个突变体细胞融合后,由于每一个亲本细胞贡献一个正常的等位基因,纠正了另一个亲本的缺陷,令杂种细胞表现正常。例如,Melchers 和 Labib(1974年)将彼此互补的叶绿素缺失突变体和光敏突变体(在高强度光照条件下失绿的突变体)的原生质体融合后,在高光强条件下培养,2 个月后选出了 1 个绿色的细胞团,从中再生的植株也为正常绿色。在 F_2 代 2 种突变类型发生了分离,证明入选的细胞确为融合杂种。

(二)白化互补选择法

Cooking 等(1980 年)用绿色野生种大花矮牵牛(*Petunia parodii*)作为一个亲本,用细胞质白化的物种膨大矮牵牛(*P. inflata*)、小花矮牵牛(*P. parviflora*)等作为另一个亲本,将野生种与细胞质白化物种原生质体融合,并把它们植板在 MS 培养基上,结果未发生融合的绿色野生种 *P. parodii* 在很小的细胞团阶段(不能形成愈伤组织)时被淘汰,而另一个亲本白化物种的原生质体此时长出白色的愈伤组织,只有真正发生融合的杂种的原生质体才能够长出绿色的愈伤组织。

(三)抗生素抗性互补筛选法

Wijbrandi 等(1988 年)融合了具有卡那霉素抗性但无再生能力的番茄原生质体与具有较高再生能力的秘鲁番茄的原生质体,将融合原生质体经卡那霉素选择培养基培养,获得了既具有卡那霉素抗性,又具有较高再生能力的杂种细胞。

(四)抗性突变体互补筛选法

该方法是利用双亲原生质体对药物的抗性不同而进行选择的方法。在拟矮牵牛与矮牵牛种间原生质体融合时,采用亲本材料对药物抗性的差异进行杂种细胞的选择。拟矮牵牛在一定的培养基上只能形成小细胞团,不能形成植株,也不被放线菌素-D 所抑制;矮牵牛的原生质体能分化成植株,但在放线菌素-D 的培养基中不能生长。两者的融合体在含有放线菌素-D 的培养基中能够分裂、发育形成植株。

二、用物理特性差异进行选择

物理特性差异的选择方法又称为机械分离法,这种方法是根据亲本原生质体的物理特性如大小、颜色、漂浮密度、电泳迁移率、形成的愈伤组织等的差异筛选杂种细胞。该方法分为可见标志选择、荧光素标记选择和低密度植板选择等。

(一) 可见标志选择

在能促成一种以上类型细胞生长的系统中,相邻细胞团可能彼此融合形成一块混杂的组织。在这种情况下,必须找到某些可见的标志,如融合的原生质体与双亲的原生质体在颜色上的差别等。例如,选择大豆根尖的白色原生质体与粉蓝烟草的叶肉细胞原生质体融合时,可以用微吸管选择兼有绿色原生质体和白色原生质体的异核体,待异核体长成细胞团后再进一步培养和鉴定。

(二) 荧光素标记选择

对于在形态上彼此无法区分的原生质体(如2个品种的叶肉原生质体)融合形成的异核体来说,要进行目测选择可采用荧光染料标记方法:将2种原生质体群体分别用不同的荧光染料标记,然后通过荧光显微镜鉴别异核体。如用异硫氰酸荧光素(发绿色荧光)和碱性蕊香红荧光素(发红色荧光)分别标记2种烟草的叶肉原生质体,由于杂种细胞内应存在着这两种荧光染料,因此可以把它们鉴别出来。用荧光化合物标记原生质体,并不影响细胞再生植株的能力。

(三) 低密度植板的选择

如果融合产物在失掉可供鉴别的特征之前,不可能分离出来单独培养,则可在融合处理后,把原生质体以低密度植板在琼脂培养基上,以便追踪个别的杂种细胞及它们的后代。采用这样一种选择方法,以后就无须再进行突变系的分离。

三、用生长能力差异进行选择

原生质体的植株再生能力是广为应用的选择依据。在种内、种间与属间的体细胞杂交实验中,只要亲本一方能再生植株,杂种细胞就能再生植株。因而可将原生质体的植株再生能力看作显性性状,用来淘汰无再生能力的一方亲本。与其他选择方法相结合,将能再生的一方亲本淘汰,就可选出杂种植株。

Brewer 等(1999年)在 *Thlaspi caerulescens* 和欧洲油菜的体细胞杂交中,观察到一部分小细胞团浮在液体培养基表面,而另一些则粘贴在培养皿壁上。随后的 AFLP 分析表明,由漂浮的细胞团再生的植株绝大部分是体细胞杂种。因此,可以根据杂种细胞与双亲细胞这种生长特性的不同来进行早期选择。

细胞在培养基上的生长差异还可以人为地产生。如利用一些代谢抑制剂处理原生质体以抑制其分裂。常用的抑制剂有碘乙酸(IA)、碘乙酰胺(IOA)和罗丹明-6-G(R-6-G)等。R-6-G 能抑制线粒体氧化磷酸化,而 IA 和 IOA 则是糖酵解的抑制剂。线粒体氧化磷酸化和糖酵解都是发生在细胞质中产生能量的过程,因此处理后的原生质体得不到能量的供应,其生长发育受阻。只有当受到处理的原生质体与细胞质完整的原生质体融合,代谢上得到互补,才能正常生长。

四、形态学鉴定

形态学鉴定是最常用的鉴定方法,是利用杂种植株与双亲在表现型上的差异进行比较分析。叶片大小与形状、花的形状与颜色、叶脉、叶柄、花梗及表皮毛状体等都可用作鉴定的指标。另外,还可以利用转基因、诱变等方法人工创造双亲形态上的差异以增加鉴定的准确性。但是,仅依据形态学特征常常不能正确判断杂种的真实性,因为细胞在长期的培养过程中有时发生体细胞无性系变异,也会出现各种各样的形态变异。因此,形态学鉴定只能作为参考指标,必须与其他鉴定方法相结合。

五、细胞学鉴定

细胞学鉴定方法包括经典细胞学鉴定方法和分子细胞学鉴定方法。

(一)经典细胞学鉴定方法

经典细胞学鉴定方法是指通过对植株染色体数目、形态等的细胞学观察来鉴定体细胞杂种的方法。其中对染色体数目的观察最为常用。理论上讲,如果染色体不丢失,杂种细胞中染色体数目应为双亲染色体数目之和。细胞学鉴定的方法是先取根尖,鉴定染色体数目,再对杂种 F_1 进行花粉母细胞减数分裂观察。

(二)分子细胞学鉴定方法

目前用于体细胞杂种鉴定的分子细胞学方法是基因组原位杂交(genomic in situ hybridization,GISH)。GISH 是利用各染色体组 DNA 同源性程度的差异,对某一染色体或某个物种的染色体组 DNA 进行标记,同时用适量的另一物种总 DNA 作封阻,以减少或消除探针 DNA 与非同源或部分同源 DNA 的交叉杂交,提高了探针 DNA 与同源 DNA 杂交的机会。Shishido 等(1998 年)用多色基因组原位杂交(multicolor genomic in situ hybridization,McGISH),鉴定了水稻(AA)与其近缘野生种(BBCC)体细胞杂种中的 3 套不同染色体组。Yang 等(2009 年)用 GISH 法确定了甘薯与 *I. triloba* 的种间体细胞杂种。

六、用同工酶谱分析进行鉴定

同工酶(isozyme)是功能相同酶的多重分子形态,即同一种酶的多种分子形式,这些不同分子形式的酶具有相同或相似的底物,催化相同的反应,它们是特异基因的产物。杂种细胞中的同工酶谱一般是双亲酶谱之和,同时表现双方特有的酶带,有时也会出现双亲没有的新杂种带。如鉴定矮牵牛与拟矮牵牛体细胞杂种植株叶片中的同工酶过氧化氢酶(CAT)时发现,杂种中不但出现了双亲的酶谱带,而且出现了新的杂种酶谱带。

同工酶鉴定体细胞杂种的成功例子还有大豆与烟草杂种用醇脱氢酶(ADH)鉴定,番茄与马铃薯杂种用核酮糖二磷酸羧化酶鉴定。

七、用重组 DNA 技术进行鉴定

常用的鉴定植物体细胞杂种的分子生物学方法有限制性片段长度多态性(restriction fragment length polymorphism,RFLP)、随机扩增多态性(random amplified polymorphic

DNA，RAPD)、扩增片段长度多态性(amplification fragment length polymorphism，AFLP)、简单重复序列(simple sequence repeat，SSR)等。

采用分子标记鉴定体细胞杂种有以下几种情况：第一，相加性带型，即再生植株为双亲电泳谱带之和，从一个带型图上即能看出杂种特性。第二，单亲本带型，即再生植株在某些酶、引物、探针的带型图上具有一个亲本的特异带，而在其他酶、引物、探针的带型图上具有另一个亲本的特异带，结合起来才能看出杂种特性。第三，在一个酶、引物、探针的带型图上能看到融合双亲的特异带，但还出现了新的带或发生了带的丢失。在上述三种情况下均可以认为再生植株为体细胞杂种。

RAPD 是在 PCR 基础上发展起来的分子标记技术。它以基因组 DNA 为模板，以 1 个随机的寡核苷酸序列(通常 10 个碱基)为引物，通过 PCR 扩增反应，产生不连续的 DNA 产物，扩增产物经琼脂糖或聚丙烯酰胺凝胶电泳后，用 EB 或银染处理，以检测 DNA 序列的多态性。RAPD 是目前应用最为广泛的杂种鉴定方法，它既可以鉴定对称杂种，也可以鉴定非对称杂种，特别适用于对大量再生植株的初步筛选鉴定。

第九节　植物原生质体培养与体细胞杂交的应用实例

一、人参与胡萝卜体细胞杂交技术

贵重中药人参与胡萝卜亲缘关系较远，药用植物的优良性状如产量、品质等均由多基因控制，通过部分基因转移不能反映中药的全部物质基础，由于双亲的核基因和细胞质基因都参与了融合事件，因而会发生核基因和细胞质基因的重组，产生大量多样化的遗传变异个体，筛选获得的体细胞杂种群，可进一步获得我们所期望的新的种质资源，培育创新品种，达到改良物种的目的。

(一) 人参与胡萝卜愈伤组织诱导

1. 人参愈伤组织诱导

(1) 选取人参无菌苗的茎或叶。

(2) 用 0.1% 升汞溶液消毒 10 min，

(3) 接种于 MS＋3.0 mg/L 2,4-D＋0.2 mg/L BA 培养基上诱导愈伤组织。

(4) 从中筛选出颜色较浅、质地较疏松的愈伤组织接种于继代培养基(MS＋2,4-D 3.0 mg/L＋BA 1.0 mg/L ＋ 3% 蔗糖＋0.65% 琼脂，pH6.0)，每 30 d 继代一次。培养温度为(23±2) ℃，黑暗培养。

(5) 选取生长旺盛、疏松、颜色较浅的细胞系转移到与继代培养基相同的液体培养基中进行悬浮培养，每 15 d 继代一次。

2. 胡萝卜愈伤组织诱导

(1) 取胡萝卜肉质根。

(2) 用 0.1% 升汞溶液消毒 10 min，将消毒液冲洗干净。

(3) 接种 MS＋2.0 mg/L 2,4-D＋0.5 mg/L KT 培养基，添加 3% 蔗糖、0.65% 琼脂，pH6.0。

（4）诱导愈伤组织后，接入 MS＋2 mg/L 2,4-D 培养基，每月继代一次，同时用 MS＋2 mg/L 2,4-D＋3％蔗糖液体培养基进行悬浮培养，每周继代一次，形成快速生长的悬浮系。

（二）原生质体的游离纯化

（1）2.0％纤维素酶 R-10、0.1％果胶酶 Y-23，与 CPW 液（101 mg/L KNO$_3$、27 mg/L KH$_2$PO$_4$、246 mg/L MgSO$_4$ · 7H$_2$O、1 480 mg/L CaCl$_2$ · 2H$_2$O）、8％甘露醇配制为混合酶液，过滤灭菌。

（2）取生长 3 周左右的组培苗叶片，切成 0.5～1 mm 宽的细条，每 1 g 材料加入 10 mL 酶液，在 27 ℃黑暗条件下 50 r/min 酶解 12 h。

（3）取悬浮细胞，每 1 g 材料加入 10 mL 酶液，在 27 ℃黑暗条件下 54 r/min 酶解 8 h。

（4）酶解后的原生质体通过 53 μm 孔径的不锈钢滤网过滤，以除去未酶解完全的材料及细胞团，然后将滤液置于 10 mL 离心管中，800 r/min 离心 5 min，弃去的上清液（酶液）回收保存。

（5）用 CPW 液悬浮沉淀，混匀，800 r/min 离心 5 min，弃去上清液，重复上述处理 3 次，最后再用 MS 液体培养基洗涤一次。

（6）用 2 mL 原生质体培养基悬浮沉淀，获得原生质体悬浮液，备用。

（三）原生质体融合

（1）利用电融合法进行人参和胡萝卜叶肉细胞原生质体融合。将两种原生质体等体积混合，静置 10 min 左右，待原生质体沉淀稳定后进行融合。

（2）融合后静置 20～30 min，然后转入 10 mL 离心管，加原生质体培养基至 6～8 mL，800 r/min 离心 6 min。

（3）沉淀用原生质体培养基稀释至低密度（5×10^4 个/mL），吸取 1 mL 于直径为 3.5 cm 的培养皿中，封口，放入温度为（23±2）℃的培养箱中，在黑暗条件下进行培养。

（四）人参与胡萝卜体细胞杂种的鉴定

（1）取亲本愈伤组织及融合后再生愈伤组织各 1 g，加 1 mL 蒸馏水冰浴研磨，室温下 10 000 r/min 离心 10 min，吸取上清液分装待用。

（2）过氧化物同工酶采用垂直板聚丙烯酰胺电泳法，Tris-HCl 缓冲液（pH6.8），分离胶 7％，浓缩胶 3％，凝胶厚度 1.5 mm；采用醋酸联苯胺法染色，用蒸馏水冲洗。

（3）取亲本愈伤组织及融合后再生愈伤组织各 1 g，加 1 mL PBS 冰浴研磨，室温下 12 000 r/min 离心 10 min，吸取上清液与样品缓冲液按 1∶1 混匀后分装待用。

（4）总蛋白分析采用 SDS-PAGE 电泳法，Tris-HCl 缓冲液（pH8.5），分离胶 7％，浓缩胶 3％，凝胶厚度 1.5 mm；采用考马斯亮蓝 G-250 染色，脱色液脱色。

（5）杂种细胞除了与亲本具有共同的同工酶条带之外，还会含有自身特异的同工酶条带，杂种细胞的可溶性蛋白含量比未融合前人参和胡萝卜愈伤组织的含量高。

二、大白菜、青花菜和叶用芥菜的体细胞杂交技术

在芸薹属作物中，种间杂交通常作为扩大种质变异的手段，但有性杂交常由于种间不亲和、杂种一代的育性低等问题而严重限制所需基因渗入。体细胞杂交技术能够克服有性杂

交不亲和等障碍,可获得有性杂交无法实现的多样变化的新物种。通过远缘杂交转移近缘种的遗传物质,可拓宽作物育种的遗传基础,创新种质资源。

（一）原生质体的分离

（1）取大白菜、青花菜和叶用芥菜无菌苗的子叶与下胚轴,分别在 TVL（54.6 g/L 山梨醇、7.4 g/L $CaCl_2 \cdot 2H_2O$,pH5.6～5.8）溶液中切碎,静置 30 min,促使质壁分离。

（2）用滴管吸去 TVL 溶液并加入适量酶混合液,于 25 ℃下缓慢振荡（30 r/min）游离 8 h。

（3）酶液成分为 2％纤维素酶（Calbiochem）、0.5％离析酶（Calbiochem）、5 mmol/L 2-(N-吗啡)-乙基磺酸（MES）、0.4 mol/L 甘露醇、5 mmol/L $CaCl_2 \cdot 2H_2O$,pH5.8。

（4）酶解后的混合物经 100 目不锈钢网过滤,滤液用 800 r/min 转速离心 5 min,用 CPW 21S（0.272 mg/L KH_2PO_4、101 mg/L KNO_3、1 480 mg/L $CaCl_2 \cdot 2H_2O$、246 mg/L $MgSO_4 \cdot 7H_2O$、0.14 mg/L KI、0.025 mg/L $CuSO_4 \cdot 5H_2O$、21％蔗糖）悬浮沉淀。

（5）离心收集原生质体。

（6）原生质体用洗液（9.0 mg/L NaCl、18.4 mg/L $CaCl_2 \cdot 2H_2O$、0.8 mg/L KCl、1.0 mg/L 葡萄糖,pH 5.8）洗 2 次,将密度调至每毫升 1×10^7 个原生质体,备用。

（二）原生质体的融合

原生质体融合采用聚乙二醇融合法。

（1）首先把 3 种来源不同的细胞以 1：1：1 比例混合。

（2）在直径为 6 cm 的无菌塑料培养皿中滴入 7 滴混合原生质体溶液,静置 10 min,使原生质体沉积在培养皿底部。

（3）从原生质体混合液的正中央滴入同体积的 40％ PEG 溶液,静置 10 min,倾斜培养皿以去掉 PEG 和洗涤混合液。

（4）随后加入 2 mL 6.7％ PEG 溶液,静置 5 min,同样去掉培养皿中的混合液。

（5）再用改良的 Knop 培养基洗涤融合细胞 2 次后,加 2 mL 改良的 Knop 培养基,添加 0.2 mg/L 2,4-D、0.5 mg/L 6-BA、0.1 mg/L NAA、0.1 mg/L 激动素,用封口膜封闭,在 25 ℃培养箱里暗培养。

（三）原生质体培养及植株再生

（1）细胞经液体培养 3～7 d,当分裂至 8～10 个细胞时,将分裂的细胞用 0.15％琼脂糖包埋。

（2）包埋时先把灭菌的 0.3％琼脂糖（保持 37 ℃）和 2 倍 Kao 基本培养基（Kao 和 Michcharyluk,1975 年）+ 0.6 mol/L 蔗糖 + 4.0 mg/L 6-BA +4.0 mg/L 玉米素 +2.0 mg/L NAA +1.0 mg/L 激动素混合均匀。

（3）然后用灭菌的滴管取 2 mL 混合液,轻轻加入培养细胞的培养皿上。

（4）混合时轻轻摇晃培养皿,促使溶液半固体化,然后再封口,在 25 ℃培养箱里暗培养。

（5）培养 20～30 d,当 2～3 mm 的细胞团出现时,转移到固体分化培养基（MS+ 5 mg/L 玉米素+ 2 mg/L IAA,8 g/L 琼脂,pH5.6～5.8）,诱导不定芽分化。同时转为正常光照培养。

（6）切取 3 cm 左右的不定芽,接种到生根培养基（1/2 MS + 0.2 mg/L NAA）诱导生根,将生根植株移栽到塑料花盆,在温室条件下培养。

(四) 杂种植株的鉴定

再生植株在形态上明显区别于其融合亲本,表现在叶型(颜色、厚度、叶表面蜡粉或蜡层、绒毛)、花型(大小、颜色)、株型等方面。有时再生植株还具有形态学上的混合特征,如有些表现为大白菜与青花菜的中间型,有些为叶用芥菜与青花菜的中间型,有些再生植株具有 3 种亲本的共同特性。

小　　结

植物原生质体培养是指将植物细胞游离成原生质体,在适宜的培养条件下,使其再生细胞壁,培养成完整植株的过程。植物原生质体培养的主要程序包括原生质体的分离、培养和再生。原生质体的分离一般采用两种方法,即机械分离法和酶解分离法,其中以酶解分离法较常用。分离后的原生质体需要经过沉降法、漂浮法和界面法等方法纯化并对其活力进行鉴定后才可以进行下一步的培养,活力鉴定的方法有细胞质环流观察法、活性染料染色法、荧光素双醋酸酯染色法等。原生质体的培养方法包括固体培养法、液体培养法、固液双层培养法。影响原生质体的培养因素主要包括培养基中的无机盐、有机成分、植物生长调节物质、渗透压和培养的密度。原生质体培养后首先要进行细胞壁的再生,然后细胞不断地分裂增殖后形成细胞团或愈伤组织,再经诱导分化形成再生植株。

体细胞杂交是指将不同来源的原生质体相融合并使之分化再生、形成新物种或新品种的技术。融合的方法有自发融合和诱导融合,其中诱导融合包括 $NaNO_3$ 法、高 pH-高钙法、聚乙二醇(PEG)法和电融合法。在经过融合处理后的原生质体群体中,只有异核体才是未来杂种的潜在来源,一般比例为 $0.5\%\sim10\%$,而且其生长和分化往往竞争不过未融合的原生质体,因此,有效地鉴别和选择杂种细胞是体细胞杂交成功的关键。融合后杂种细胞的选择方法主要有互补选择法、物理特性差异选择法和生长能力差异选择法,也可以从形态学、细胞学、同工酶、分子生物学等方面对体细胞杂种进行鉴定区分。体细胞杂交在改良现有品种的抗性、转移细胞质不育基因及创造自然界不存在的新的种质资源等方面均有成功报道,是一种非常有前景的生物技术育种方式。

复习思考题

1. 原生质体培养的主要流程是什么?
2. 原生质体培养的纯化方式有哪些?
3. 试比较几种原生质体培养方式的优缺点。
4. 原生质体融合的方法有哪些?
5. 简述杂种细胞的选择鉴定方法。

第十章

体细胞无性系变异与突变体筛选

【知识目标】

1. 掌握植物体细胞无性系变异的含义、类型、特点、遗传学基础及影响因素。

2. 掌握细胞突变体的含义和类型，以及诱发和筛选突变体的方法。

【技能目标】

1. 在了解相关背景知识的基础上，明晰植物体细胞无性系变异与突变体筛选在植物品种改良及种质资源创新方面的应用价值和科学意义。

2. 通过学习和实践，学会体细胞无性系变异突变体的筛选方法。

第一节　体细胞无性系变异

一、体细胞无性系变异的定义

植物体细胞无性系变异（somaclonal variation）又称植物体细胞克隆变异，泛指在植物体细胞、组织和器官培养过程中，培养细胞和再生植株中产生的遗传变异或表观遗传学变异。植物体细胞无性系变异的产生没有种属特异性，几乎所有的植物离体组织或细胞培养物在培养过程中都存在不同程度的变异，包括形态学、生长习性、细胞遗传学、生化水平及分子生物学水平上的变异。体细胞无性系变异中多数变异是可遗传的，对育种学家来讲，这些可遗传的变异经过人工选择和培育，即可获得既具有亲本原来的优良性状，又带来某些新性状的新品种，因此，体细胞无性系变异在植物品种改良和选育新品种方面具有重要的意义。

二、体细胞无性系变异的普遍性

1969 年，Heinz 和 Mee 就观察到甘蔗体细胞培养中染色体数目和形态的变异及再生植株形态的变异。1985 年 Ahloowalia 和 Sherington 在黑麦草愈伤组织培养中也发现了再生植株的染色体数目和结构的变异及植株形态变异。随着植物组织和细胞培养研究的不断深入，人们渐渐发现再生植株中存在着广泛的变异。这些变异大多数能通过有性世代和无性繁殖稳定下来，而且涉及的性状十分广泛，迄今为止的研究都表明，体细胞无性系变异是植物组织培养过程中普遍出现的现象，不限于某些植物，也不限于某些器官，变异所涉及的性状也相当广泛，现已在 29 种植物中观察到体细胞无性系变异。这些变异包括外部形态、育性、生长势、抗性、次生代谢、染色体数目和 DNA 结构等各个方面。

三、体细胞无性系变异的类型

体细胞无性系变异根据是否能够稳定遗传,可分为外遗传变异(epigenetic variation)和可遗传变异(genetic variation)两大类型。

外遗传变异也称发育异常,是由于外部影响导致基因表达的改变,从而引起表型上的变异,这种变异一般在有性世代和无性世代都不能稳定遗传。常见的外遗传变异是组织培养中的复幼现象(rejuvenation phenomenon),即在离体培养的环境下,取自成龄的外植体会由于其能适应这种环境而一步步向幼龄化方向发展,因而组织培养物可以从成龄向幼龄状态的任何一种发育状态发展,形成的再生植株也会因为培养物所到达的发育阶段不同而表现出不同的发育状态。这种状态可以保持一段时间,也可以消失。另一种外遗传变异是培养的无性系组织或细胞的驯化作用(acclimatization),它们对生长素、细胞分裂素或维生素的需求会失去而变为自养。外遗传变异还包括移栽后的极强生长优势和短暂矮化等。

可遗传变异是指可以在有性世代和无性繁殖世代稳定遗传的变异。常见的可遗传变异有细胞变异(cell mutation)、序列变异(sequence variation)和表观遗传变异(epigenetic variation)。

体细胞无性系变异发生的频率较高,变异率可以高达 $30\% \sim 40\%$,有时甚至高达 90% 以上,某一具体性状的变异率为 $0.2\% \sim 0.3\%$,远远高于自然突变频率。

四、体细胞无性系变异的机理

近年来人们对植物培养细胞及其植株突变体能够产生广泛的遗传变异已有较深的认识,并从细胞生物学和分子生物学的不同层次和深度做了研究和分析,认为体细胞无性系变异是有其遗传基础的,表现在染色体畸变(chromosomal aberration)、DNA 甲基化(DNA methylation)、基因突变、基因重排(gene rearrangement)、基因扩增和丢失(gene amplification and loss)、转座子激活(transposon activation)、基因沉默(gene silence)等方面。

(一)染色体畸变

染色体畸变包括染色体数目和染色体结构两个方面的变异。染色体数目的变异包括高倍体、单倍体和非整数倍体变异;染色体结构的改变包括缺失、重复、倒位和易位等四种类型。Amato 认为在体细胞培养过程中产生的染色体数目变异,主要源自有丝分裂过程中纺锤体的异常,不同程度的纺锤体缺失导致染色体不分离、移向多极、滞后或不聚集,最终产生变异细胞。他还认为,培养细胞中的无丝分裂也是染色体数目变异的重要原因。在培养条件下,体细胞无性系高频率的染色体畸变现象已经有多例。如在水稻、大麦、小麦、玉米的无性系再生植株中都发现了染色体倍性变异,在大麦、小麦等植物的无性系再生植株中还发现非倍性变异。Ahloowalia 等(1985 年)研究表明,小麦体细胞无性系 SC4 代再生植株形态及产量发生明显变异,有的是因为无性系染色体数目发生很大变化;有的是因为无性系染色体结构发生变异,如后期染色体桥和染色体断片,这是染色体发生易位和缺失的结果。另外,染色体的断裂和重组也是植物体细胞培养物中经常观察到的一种现象,由于染色体断裂和重组,不仅可以使断裂或重组位点处的基因及其功能丢失,而且可以使邻近的通常能够转录的那部分基因的功能发生变化,或使未能表达的静止基因得以表达。

（二）DNA 甲基化

DNA 甲基化是一种表观遗传修饰。它是由 DNA 甲基转移酶催化 S-腺苷甲硫氨酸作为甲基供体,将胞嘧啶转变为 5-甲基胞嘧啶(mC)的一种反应。甲基化模式的改变则会导致植物产生大量的表型变异,如花期、育性、花及叶片的形态,植株的形态、颜色及种子的颜色等表型性状的改变。

许多研究表明,在植物组织培养过程中,不同植物 DNA 甲基化变异的趋势和模式存在明显的差异。多数植物的愈伤组织或再生植株存在 DNA 甲基化总体水平降低的趋势,而且不同植物体细胞无性系基因组 CCGG 位点的内外侧胞嘧啶残基发生去甲基化变异的频率也存在明显差异。然而在番茄的愈伤组织和豌豆的再生植株中则发生了 DNA 甲基化程度增加的变异。由于植物组织培养过程中 DNA 甲基化变异往往伴随着高频率的质量表型变异、转座元件的激活、异染色质诱发的染色体断裂以及高频率的序列变异,所以 Phillips 等(1994 年)认为 DNA 甲基化变异可能是植物体细胞无性系变异的一个根本原因。但是目前关于植物体细胞无性系甲基化变异与表型变异、DNA 序列变异及转座元件激活相关的例子还比较少。

（三）基因突变

基因突变是指基因序列中碱基发生了改变,导致由一种遗传状态转变为另一种遗传状态,基因突变被认为是体细胞无性系变异的重要来源之一。植物组织和细胞经离体培养后,在愈伤组织的脱分化和再化过程中常常会引起基因发生突变。有些基因突变严重时会影响到蛋白质活性甚至完全失活,从而影响了植物体的表型;有些突变虽然碱基发生了变化,但是同义变化,也有些突变不影响或基本上不影响蛋白质的活性,因此性状上无明显的变化。水稻花粉白化苗的再分化所产生的再生植株全为白化苗,说明花粉白化苗的形成是不可逆的,这可能是基因突变的结果。Brettell 等(1986 年)从玉米再生植株中提出 DNA,通过 Southern blat 分析,发现一个稳定遗传的突变体 *Adhl*,对突变基因 *Adhl-Usc* 进行克隆和分析,发现此突变基因的第 6 号外显子发生了单碱基对的改变,导致多肽序列中的谷氨酸为缬氨酸所代替。Dennis 等(1987 年)对玉米培养物 *Adhl-ls* 等位基因进行了碱基分析,发现此基因发生了无义突变,编码赖氨酸的密码子 AAG 突变为终止密码子 UAG。

（四）基因重排

基因重排是 DNA 分子内部核苷酸顺序的重新排列。在组织培养过程中,也会发生基因的重排,这是无性系变异的另一个原因。Das 在玉米栽培系 A188 的培养细胞中发现,玉米贮藏蛋白基因座位有高频率的基因重排出现,重排起源于 DNA 复制过程中的同源染色体重组和缺失、倒位和插入。Hartmann 观察到小麦幼胚愈伤组织继代 6 次后获得的再生植株的线粒体 DNA(mtDNA)发生重排,并且培养时间越长,再生植株 mtDNA 变异程度越大。由此可见,尽管 mtDNA 有很大的保守性,但组织培养也可使 mtDNA 发生较大的变异。

（五）基因扩增和丢失

基因扩增是细胞内某些特定基因的拷贝数专一性地大量增加的现象,是细胞在短期内为满足某种需要而产生足够的基因产物的一种调控手段。基因丢失是指在细胞分化过程中通过丢失掉某些碱基序列而失去基因活性。最近的研究表明,在正常的组织培养条件下,植物基因组会发生扩增和丢失,并且在 20 世纪 80 年代初就被认为是体细胞无性系变异的原因之一。

Lapitan 等(1988 年)以生物素标记的 480bp 重复序列 DNA 片段作为探针,发现小黑麦杂种再生植株当代 7R 染色体短臂端粒位置上的这种重复序列发生扩增,而且扩增至少遗传了 3 代。体细胞无性系中 rDNA 及其间隔序列以及一些重复序列,比较容易发生 DNA 序列的丢失。如 Brettell 等(1986 年)观察到小黑麦再生植株 1R 染色体上间隔区序列减少 80%,Brciman 等(1987 年)在小麦品种 ND7532 的再生植株中观察到 rDNA 间隔数目减少,并且进一步实验表明这种变异与离体培养有关,但并未检测到 ND7532 再生植株籽粒麦谷蛋白和醇溶蛋白谱带的变化。所以目前还不清楚细胞无性系中 DNA 序列减少对细胞分化、再分化及植株再生究竟有何生物意义。

(六)转座子激活

转座子(transposon,Tn)是存在于染色体 DNA 上一段可自主复制和位移的 DNA 序列。它可以通过切割、重新整合等一系列过程从基因组的一个位置"跳跃"到另一个位置。Larkin 等(1981 年)认为,在植物组织培养过程中,由于细胞分裂速度快,异染色质复制落后,引起细胞分裂后期染色体桥的形成和染色体断裂。在断裂部位的 DNA 修复过程中,属于异染色质部分的转座子发生去甲基化而被激活,转座子活化后发生转座,引起一系列的结构基因活化、失活和位置变化,造成无性系变异。Miller 等(1982 年)对烟草叶片组织进行原生质体的分离与培养,诱导了 TntlA 高效表达转座活性。Peschke 等(1987 年)在自交的玉米后代中发现了转座子,随后在玉米的体细胞无性系再生植株中,也检测到激活的转座子,并且认为转座子的激活可能起源于染色体断裂和重排及碱基去甲基化等。朱至清(1991 年)提出转座因子受组织培养中理化因素的诱导而被激活,然后由转座子的转座引起染色体断裂和结构变异以及结构基因的活化与失活等。目前的研究结果证明,在植物组织培养过程中,许多低拷贝反转录转座子均可被激活,同时一些高拷贝反转录转座子也具有转录活性。越来越多的证据表明,转座子的激活也是导致植物体细胞无性系高频率变异的主要原因之一,转座因子的激活对植物体细胞无性系变异具有重要作用。

(七)基因沉默

基因沉默是指生物体中特定基因由于种种原因不表达。基因沉默产生的变异最初由 Oono(1985 年)发现,他观察到水稻初级再生植株的矮化变异用 DNA 甲基化抑制剂处理可诱导正常表型的复原。说明这一矮化变异是可逆的,是基因沉默的结果。

综上所述,到目前为止,关于植物体细胞无性系变异的机理虽然提出了不少观点,但都只能对其中的某些现象进行解释。很难找到表型变异、细胞学变异与分子水平变异之间的直接相关关系,而体细胞无性系变异的各种细胞学和分子生物学证据有时又是相互关联的。同时,对不同材料的研究还经常出现相悖的结果。这些都说明植物体细胞无性系变异是极其复杂的,其机理还有待于深入研究。

五、体细胞无性系变异的特点

(一)变异广泛

体细胞无性系变异涉及的性状相当广泛,包括数量性状、质量性状、染色体数目和结构的变化、DNA 扩增和减少、生化特性变化等,其中以数量性状变化为主,如株高、叶型、成熟期、分化特性等。在无性系后代中还存在潜在隐性性状和显性性状的活化,不但出现显性性状变异,还常发现一些供体植株所没有的隐性性状变异,其中有些隐性性状(如雄性不育、矮秆等)对育种具有重大应用价值。

(二) 能基本保持原品种优良特性

体细胞无性系变异能基本保持原品种优良特性,因此可以根据育种目标,针对现有品种的个别缺点改变 1~2 个性状进行选育,以期在短期内(2~3 年)筛选出所需的性状,避免基因重组带来的麻烦。特别是对熟性、矮秆、粒型等性状的改变颇为有效。

(三) 可稳定遗传、后代稳定快

体细胞变异一般在无性系二代就可获得株系,这是优良性状选择的关键时期,可以大大缩短育种年限。但也有少部分无性系(不到 1%)是杂合体,要继续分离,不过这种分离多属简单分离,像株高、芒性等,分离程度与供体植株的遗传背景有关。一般水稻稳定无性系在 90% 左右,小麦为 30%~50%。

(四) 变异起点高、效率高

体细胞无性系变异由于是选择现行最好的种系作为起始材料,所以一旦育成就能超过现行的推广品种,无须经过多年的适应性实验,从而可大大提高品种改良的成效。体细胞变异还可通过在培养基中加入一定的选择压力而筛选到特定的突变体,如抗除草剂突变体、抗盐突变体等。同时因其存在细胞质突变,还有可能选择到新的细胞质雄性不育系。另外,体细胞无性系变异与辐射诱变相结合还可成为高敏细胞诱变育种的方法,提高植物品种改良的效率。

六、体细胞无性系变异的影响因素

影响植物体细胞无性系变异的因素主要包括植物的繁殖世代及品种差异、外植体来源、愈伤组织继代次数、培养基成分、培养过程中的理化因素及植株再生方式等几个方面。

(一) 植物的繁殖世代及品种差异

一般来说,长期营养繁殖的植物变异率高,可能是由于在外植体的体细胞中已经积累了遗传变异。赵成章(1990 年)利用离体诱变技术培育水稻雄性不育系,在起源于水稻体细胞及其花药培养的 R1 与 R2 代无性系中,共发现雄性不育突变 111 例,其中 R1 代 34 例,R2 代 77 例,突变频率在 R2 代(2%)高于 R1 代(1%)。不同品种之间的水稻雄性不育诱导频率也不相同,如 IR54 变异频率最高,而 IR36 等品种则没有雄性不育突变体。

(二) 外植体来源

对同一植株而言,顶芽、侧芽等分生组织的变异率低,而其他组织高。如起源于水稻花药愈伤组织的变异频率较高,平均为 4.38%,而起源于幼穗及成熟种子的频率较低,在 1.3%~3.13%。原生质体培养的体细胞变异大于细胞培养的变异,而细胞培养的变异又大于组织器官培养的变异。另外,外植体的生理状态和细胞分化的程度也影响变异的发生。

(三) 愈伤组织继代次数

一般来说,愈伤组织继代培养时间越长,继代次数越多,细胞变异的概率就越大。如经历5~9 次继代培养分化出来的水稻植株中,发生雄性不育突变频率比仅经历 4 次以下继代培养高 10 多倍。经历 4~6 代的愈伤组织分化出来的植株中,发生雄性不育突变的频率比仅经历

3 次以下继代培养高 3 倍多。

（四）培养基成分

马镇荣等研究发现，"IR26""青二矮"和"桂朝 2 号"等三个水稻品系，其 R2 代体细胞无性系雄性不育变异频率在 1988 年比 1987 年显著提高，而这两年所使用的培养基的某些关键成分不同，很有可能是由于培养基中这些不同成分造成的。还有研究发现，在水稻中凡是通过颖花直接出芽产生的再生植株均不能产生雄性不育变异，只有通过脱分化、再分化再生植株，才有雄性不育变异。这说明外植体的脱分化、再分化是产生雄性不育变异所必需的，而导致脱分化的关键因素是 2,4-D，所以可以说 2,4-D 是导致雄性不育变异的因素之一。

（五）培养过程中的理化因素

研究表明，在体细胞无性系变异过程中用理化因素处理可以提高雄性不育突变频率。Mohanty 等（1986 年）用不同剂量的 ^{137}Cs-γ 射线处理不同品种水稻带绿点的愈伤组织，获得了较好的诱变效果。他们指出，用离体诱变技术可以在短时间（2～3 年）产生水稻雄性不育系，而且诱发频率较高，平均为 0.5%～6%；用体细胞无性系变异也可获得雄性不育系，不过频率低，而且品种间随机性较大。因此，相比之下，离体诱变技术对产生雄性不育系可能具有速度快、频率高、效果好的特点。

（六）植株再生方式

陈维纶等研究发现，通过愈伤组织分化不定芽的方式，再生植株变异多；而通过分化胚状体途经再生植株变异较少，这说明植株再生方式对变异有影响。

七、体细胞无性系变异在农业上的应用

（一）创造育种中间材料或直接筛选新品种

据统计，诱导突变已被用来改良诸如小麦、水稻、大麦、棉花、花生和菜豆这些以种子繁殖的重要作物。在 50 多个国家中，已培育出 1 000 多个由直接突变体获得的或由这些突变体杂交而衍生的新品种，这些品种的主要特性包括品质改良、增强抗病性和抗逆性等。

（二）遗传研究

突变体作为基因克隆和标记筛选具有独特的优点，因为突变一旦发生，即可在表型上与供体显著不同，通过差异显示或分子杂交筛选，即可快速获得突变位的 DNA 序列，经过测序与功能鉴定，就可能获得与突变性状相关的基因。即使通过分析不能获得功能基因，这些 DNA 序列也可能作为与突变性状相关的分子标记，用于相关遗传研究。

（三）发育生物学研究

利用体细胞突变策略对植物发育基因的调控研究已取得了突破性进展，特别是利用拟南芥和金鱼草（*Antirrhinum majus*）等模式植物，已分离出一大批不同发育阶段和组织类型的突变体，包括顶端分生组织、根、开花转变、花序、花分生组织、胚胎发育等的一系列突变体。通过对这些突变体的研究，不仅建立了器官发育模式，而且分离鉴定了一大批与发育有关的基因，包括维持正常状态的基因、促进发育进程的基因，以及相关修饰基因等。

（四）生化代谢途径研究

生物的各种代谢活动涉及一系酶相关基因的表达，如果某一代谢过程的关键酶基因突变，则会影响到下游代谢链的正常进行。因此，突变体作为代谢活动调控研究的工具，具有十分便利和高效的优势。

第二节　植物体细胞突变体筛选

一、细胞突变体的定义及分类

细胞突变体是指在离体培养条件下，由植物细胞自发或诱变产生的变异细胞系或变异细胞所得到的个体。从突变的细胞所得到的细胞群称为突变细胞株或突变细胞系。一般认为，一个离体培养细胞突变体应具备 5 个基本特征：①突变体发生的频率低；②离开选择压力后，突变体性状稳定；③从突变稳定的再生植株中诱导的愈伤组织能表达其被选择出的表现型；④突变体能通过有性传递；⑤变异细胞中有改变的基因产物。

植物体细胞自发无性系变异和诱导无性系变异在体细胞无性系变异育种上都有着重要意义。自发产生的突变与诱发产生的突变没有本质上的区别，其原因都是 DNA 损伤来不及修复或者易错位修复以后带来的一系列变化。按照遗传成分改变范围的大小，可把突变的种类分为三个层次：其一是基因组突变，如染色体数目的改变或细胞质基因组的增减；其二是染色体突变，指染色体较大范围的结构变化，范围往往不止一个基因，而是同时有多个基因的变化，甚至达到可用显微镜检查识别的程度；其三是基因突变，指范围在一个基因以内分子结构的改变。

离体培养的细胞突变体按照选择类型的不同，还可分为抗病突变体、抗除草剂突变体、抗逆突变体、抗盐突变体、温度敏感型突变体、高光效突变体、营养缺陷型突变体等。

二、体细胞突变体筛选的发展与前景

早在 20 世纪 50 年代末期，植物细胞全能性的培养技术已经完成，使突变体的筛选与利用的工作可以从整体水平上转移到细胞水平上来进行，细胞突变体筛选的研究开始迅速发展起来。到了 70 年代初期，Oarlson、Binding 等在矮牵牛的培养细胞中筛选出营养缺陷型和几种抗性突变体，并相继开展了各种细胞突变体的筛选研究；70 年代末期，科学家们至少在 20 种植物上筛选出 60 多种突变表现型。

20 世纪 80 年代以后，人们开始研究突变体筛选在作物改良中的应用价值。例如，一些农作物的种子贮藏蛋白中，大都缺少这种或那种必需氨基酸，如大豆缺少甲硫氨酸，小麦缺少赖氨酸和苏氨酸等。因此，人们尝试利用细胞突变体来使某些氨基酸正常表达。如 Hibberd 和 Green（1982 年）通过研究获得了抗赖氨酸与苏氨酸的玉米突变体，其抗性既能在细胞水平上表达，又能在个体水平上表达，成功改良了植物的营养品质。

进入 20 世纪 90 年代，人们开始利用突变体进行植物的各种抗逆性筛选。耐盐细胞变异体的筛选开展得较早,也比较广泛,且在筛选林果和花卉育种方面具有很多优越性。因其多为无性繁殖,一旦筛选出耐盐突变体,就可以通过无性繁殖加以利用。如李玲等(1990年)用杨树嫩叶和幼茎发生的愈伤组织进行耐盐变异体筛选,获得了耐盐的再生植株。选择抗除草剂突变体的目的在于获得能抗某种除草剂的作物新品种,吕德兹等(2000年)用小麦幼胚在含锈去津的培养基上诱导愈伤组织,筛选出了能耐 $100\sim200$ mg/L 锈去津的细胞突变体,并获得再生植株。近年来,学者们利用病原菌分泌的毒素制作选择培养基,筛选出抗病突变体,如张喜春(2000年)等在培养基中添加不同浓度的制霉菌素(nystatin),用于抗晚疫病番茄突变体的筛选,获得的再生植株对晚疫病的抗性明显高于对照组,显示出良好的应用前景。此外,耐寒、耐热、耐旱等突变体的筛选在作物改良中也具有潜在的重要意义。

三、用离体培养细胞诱变进行突变体筛选的优缺点

(一) 优点

用离体培养细胞诱变进行突变体筛选的优点如下:
(1) 适用于各种可进行组织培养的作物;
(2) 持续快速提供变异源;
(3) 消除优良品种的一个或多个缺陷;
(4) 能提供新型变异株系。

(二) 缺点

用离体培养细胞诱变进行突变体筛选的缺点如下:
(1) 继代培养多次后,植株再生能力减弱;
(2) 一些变异经自交后,表现不稳定;
(3) 变异无可预见性,产生的变异不一定符合育种需要。

四、细胞突变体诱发和筛选的方法

体细胞无性系变异的筛选可在个体水平上进行,即对再生植株群体进行筛选,也可以在细胞水平上进行筛选,即离体筛选。无论哪种水平,体细胞无性系变异体的筛选都要经过以下四个步骤:起始材料的选择、诱发突变、突变细胞的选择、突变性状的遗传基础及其稳定性鉴定。

(一) 起始材料的选择

选择分离突变体的植物细胞材料是决定以后能否获得突变体的关键,其中亲本细胞系的再生能力和染色体数目稳定性显得尤其重要。如果所选用的亲本细胞系不能再生植株,那么突变细胞很可能也不能再生,更不用说对这些细胞系的再生植株进行鉴定分析;另一方面,如果筛选突变体的目的是获得能经有性生殖传代的植物,那么就应避免使用非整倍体的细胞作为选择的材料。此外,亲本细胞系的生长速度也可能影响突变体的筛选,因为生长缓慢或多次继代的细胞更易发生染色体数目和结构的变化,而这些变化容易导致植株再生困难,甚至不可能再生。

（二）诱发突变

1. 自发无性系变异

在植物体细胞组织培养中，由胚状体或原生质体产生的再生植株，经常有某些植株在形态、性状等方面出现与原来亲本性状不同的变异，如株高、分蘖、穗长、千粒重等，这种变异体经人工选择培养，即可培育成作物新品种。研究发现，这种自发变异的产生，可能与取材部位以及同一部位不同体细胞的自发变异有关，也可能与在组织培养条件下培养基中的不同组成物质及其含量的影响有关。此外，机械损伤和温度等物理因素以及细胞的代谢产物等都可引起细胞自发突变。

2. 诱导无性系变异

在植物组织或体细胞培养过程中，如果有目的地利用物理、化学因素对培养的植物组织或体细胞进行处理，诱发其遗传性发生变异，然后根据育种目标对变异材料进行筛选、鉴定、加工以培育新品种或新种质，就是诱导无性系变异育种（简称诱变育种）。诱变是创造变异和获得无性系突变体的重要途径，它与杂交育种相比，具有以下特点：①能够创造自然界原来没有的新性状、新类型，扩大杂交育种应用的遗传变异；②能有效地打破基因的连锁，提高基因重组频率；③能有效地改良品种的少数不良性状，保持其他原有的优良性状不变，从而培养出新品种；④诱变后代稳定快，育种年限短，能够在较短时间内获得有利用价值的突变体，以直接或间接利用。但是诱变也存在着随机性大、有利突变率低等缺点。

在离体条件下获得高等植物的细胞突变体时，使用诱变处理的必要性尚未得到满意的证实。据统计，用与不用诱变处理筛选分离而获得的突变体几乎相等。在所使用的诱发突变处理中，有物理处理和化学处理两种。诱变处理时，可用单一因子进行诱变，也可以两种或多种因子同时使用或连续交替使用，应根据实际情况及需要而定。

物理诱变因素主要有紫外线、X射线、C射线、A射线、B射线、中子、质子等。采用物理诱变因素的处理方法主要有以下几种。①外照射：使射线由被照射物体的外部透入内部诱发突变，这种方法较简便安全，可进行大量的细胞处理。外照射又可分为急照射和慢照射，前者是指在较短的时间内把全部剂量照完，后者则是指在较长时间内照射完全部剂量。②内照射：将放射源引入植物组织或细胞内使其放出射线诱变，常用的方法有浸泡法、注射法和饲入法等。内照射需要一定的防护设备，处理的材料在一定时间内仍带有放射性，应注意预防放射性污染。③重复照射：在几个世代中连续地进行照射处理。物理诱变有一定的缺陷，因为辐射对培养的体细胞可以在分子水平上造成各种酶系统和核酸的损伤；还会在染色体水平上引起染色体畸变；在生理水平上，会影响呼吸作用、大分子合成、激素合成和离子调控；在细胞水平上，影响细胞分裂、生长、增殖和分化等作用；在育种中，辐射也对DNA和染色体损伤较大。但物理诱变处理后无须对细胞进行任何处理便可直接进行培养。

化学诱变因素与物理诱变因素相比具有以下优点：损伤较小；诱导频率较低，但有利突变较多；具有一定特性、一定性质的诱变剂可能诱发一定类型的变异等。但是在诱变以后，必须彻底清洗处理过的细胞以去除残留的诱变剂，这一过程有可能对细胞产生损害，从而影响以后植株再生。根据对DNA的作用特点，化学诱变因素主要有以下三类。①碱基类似物：该类物质能在不影响DNA复制的情况下改变原来基因的碱基组成，如5-溴脱氧尿嘧啶是胸腺嘧啶的结构类似物,2-氨基嘌呤是嘌呤的结构类似物,培养基中加入这类物质,可使细胞 DNA 复制时发生碱基替代的突变。②烷化剂:这类物质含有一个或一个以上易起反应的烷基。常用的烷化剂有硫酸二乙酯、乙基磺酸酯、甲基磺酸乙酯、二乙基亚硝基胺、环氧乙烷、乙烯亚胺、芥子气、氮芥等。它们的主要作用是使构成 DNA 的碱基烷化,造成碱基错误配对而突变。③能结合到 DNA 分子中的化合物:该类物质通过引起 DNA 分子遗传密码的阅读顺序发生改变而导致突变。如亚硝酸可使构成 DNA 的碱基发生氧化脱氨基作用,使胞嘧啶变成尿嘧啶,腺嘌呤变成次黄嘌呤,鸟嘌呤变成黄嘌呤,从而在细胞 DNA 复制时造成碱基转换或颠换而突变。羟胺(NH_2OH)专门作用于胞嘧啶,使其羟化后不再与 G 配对而与 A 配对,结果原来的 G-C 对变成 A-T 对,造成突变。化学诱变剂诱变处理的主要方法有浸渍法、滴液法、注射法、涂抹法、施入法和熏蒸法等。

(三)突变细胞的选择

在离体条件下诱导植株外植体产生愈伤组织后,通过继代培养获得小细胞团或单细胞悬浮培养物,然后就要进行突变体的筛选,当然也可以从器官或细胞培养物中游离出单个的原生质体进行突变体筛选。常用的有直接筛选法和间接筛选法两种。

1. 直接筛选法

在设计的选择条件下,能使培养细胞或再生个体获得直接感官上的差异,因此,能使突变个体和非突变个体分离。最直接的做法是用一种含特定物质的选择培养基,在培养基上只有突变细胞能够生长,而非突变细胞不能生长,从而直接筛选出突变体,如抗除草剂、抗盐突变体的筛选,可在培养基中加入一定浓度的除草剂或增加渗透压的物质。另外,也可在再生植株水平上进行筛选,即在经过诱变处理的材料形成植株后,再筛选耐性植株。

2. 间接筛选法

间接筛选法是一种借助于与突变体表现型有关的性状作为选择指标的筛选方法。当缺乏直接选择表型指标或直接选择条件对细胞生长不利时,可考虑间接筛选法。例如,离体培养细胞中直接选择抗旱性是困难的,通过选择抗羟基脯氨酸的突变体,便可获得抗旱突变体。因为抗羟基脯氨酸的突变体可过量合成脯氨酸,而脯氨酸的过量合成往往是植物适应干旱的反应。抗病突变体的筛选也常常用间接筛选的策略。由于在离体培养中直接接种病原物会严重阻碍细胞生长,因此可以在培养基中加入一定剂量的病原物类毒素来增加选择压力。

(四)突变性状的遗传基础及其稳定性鉴定

在选择培养基上并非所有能够生长的细胞均为突变细胞,一部分细胞可能由于没有充分与选择剂相接触或没有受到选择剂的筛选而残留下来,还有可能经过选择后获得的是非遗传的变异细胞。鉴别经选择出来的细胞是否为突变细胞时,常用的方法是去除选择剂,让细胞或组织在没有选择剂的培养基上继代培养几代。如果仍能表现选择出来的变异性状,便可基本确认为突变细胞或组织。

鉴别变异细胞及组织再分化形成的植株是否为突变植株时,可用再生的植株开花结实后所获得的发芽种子或用种子长成的植株为材料,进一步诱导其形成愈伤组织,将这些愈伤组织转移到含有选择剂的培养基上进行培养,如果仍能表现变异性状,即可认为这些再生植株为突变植株。如果所选择的突变性状是可以在植株个体水平表达的性状,如抗病性等,也可以用再生植株本身进行鉴定。通过上述几种方法,已筛选出许多稳定的突变细胞系。

第三节 体细胞突变体筛选的应用实例

一、小麦耐盐细胞突变体筛选

（一）外植体的选择及处理

选择小孢子处于单核中、晚期的小麦穗，以 ^{60}Co γ 射线辐照诱变小麦穗，辐照剂量为 100 rad，辐照率为 28 rad/min。

（二）诱导培养

从辐照过的麦穗中取花药接种在诱导培养基（N_6＋2 mg/L 2,4-D＋0.5 mg/L KT＋0.3％ NaCl）上，诱导花粉形成愈伤组织，同时用不含 NaCl 的培养基作对照。

（三）继代培养

将形成的花粉愈伤组织转接到继代培养基（N_6＋2 mg/L 2,4-D＋0.5 mg/L KT）上，继代培养 1～3 次，继代间隔时间为 3 周。以不含 NaCl 的培养基上长出的花粉愈伤组织作对照。

（四）分化培养

将继代增殖的花粉愈伤组织转到分化培养基（N_6＋1 mg/L NAA＋1 mg/L KT＋0.3％ NaCl）上分化成苗。

（五）耐盐细胞的筛选

采用去掉选择压后又复压培养的方法，同时检测愈伤组织的耐盐稳定性，淘汰混杂的野生型盐适应细胞。

（六）耐盐植株的检测

将分化植株转移到与自然盐渍土含盐量相似的试验池中，检测这些植株的耐盐表现；然后对耐盐性良好的植株于分蘖盛期以秋水仙碱溶液进行染色体加倍处理，再进一步将入选株后代进行耐盐性稳定性测定和遗传分析，以便进行育种的应用。

二、烟草抗野火病突变体的筛选

（一）外植体的选择及预处理

选择威斯康星烟草 30 号的单倍体植株，酶解处理获得单细胞，然后用 0.25％甲基磺酸乙酯（EMS）处理单细胞（细胞密度为 2×10^3 个/mL）1 h 后，在单细胞培养基（MS＋1 mg/L NAA ＋1 mg/L 2,4-D＋0.05 mg/L 6-BA）上预培养 2 周。

（二）诱导培养

在诱导培养基（MS＋0.5 mg/L 2,4-D＋1.0 mg/L 6-BA）中加入等体积的野火病类似物蛋氨酸磺基肟（MSO，10 mmol/L）作为选择因子，培养数周，诱导细胞形成愈伤组织。

（三）突变细胞的筛选

将愈伤组织转入不加 MSO 的培养基中培养数周以脱去 MSO,再转入加有等体积 MSO（10 mmol/L）的培养基中培养数周,同时测定愈伤组织抗性,进行高抗"细胞株"选择。

（四）抗性植物的形成及检测

选择抗性愈伤组织,将其转移至芽分化培养基（MS+1 mg/L 6-BA +0.2 mg/L NAA）上,同时在培养基中加入秋水仙素,进行染色体加倍,再诱导生根（MS+0.2 mg/L NAA）形成植株。最后对再生植株进行抗生素敏感性测定和遗传分析。

小 结

植物体细胞无性系变异是指在植物细胞、组织和器官培养过程中,培养细胞和再生植株中产生的遗传变异或表观遗传学变异。体细胞无性系变异是植物组织培养过程中普遍出现的现象,变异所涉及的物种及性状相当广泛,而且变异发生的频率较高。植物体细胞无性系变异可分为外遗传变异和可遗传变异两大类型。常见的外遗传变异有组织培养中的复幼现象和细胞的驯化作用,常见的可遗传变异有细胞变异、序列变异和表观遗传变异。体细胞无性系变异的遗传基础表现在染色体畸变、DNA 甲基化、基因突变、基因重排、基因扩增和丢失、转座子激活、基因沉默等方面。体细胞无性系变异具有变异广泛,能基本保持原品种优良特性,可稳定遗传、后代稳定快,变异起点高、效率高等特点。植物的繁殖世代及品种差异、外植体来源、愈伤组织继代次数、培养基成分、培养过程中的理化因素、植株再生方式等都会影响体细胞无性系的变异方向。

细胞突变体是指在离体培养条件下,由植物细胞自发或诱变产生的变异细胞系或变异细胞所得到的个体。常用的诱变剂有两类:一类是物理诱变因素,另一类是化学诱变因素。体细胞无性系变异的筛选可在个体水平和细胞水平上进行,具体过程包括起始材料的选择、诱发突变、突变细胞的选择、突变性状的选择和突变性状的遗传基础及其稳定性鉴定。

随着组织培养技术的快速发展,体细胞无性系变异与突变体筛选技术在植物育种中的地位逐渐上升,在植物品种改良及种质资源创新方面具有重要的应用价值,同时也为遗传学、发育生物学和生化代谢途径等的研究提供了材料来源。

复习思考题

1. 学习和研究植物体细胞无性系变异有什么意义?
2. 简述植物体细胞无性系变异的遗传学基础。
3. 植物体细胞无性系变异的类型及其影响因素有哪些?
4. 用离体培养细胞诱变进行突变体筛选的优缺点有哪些?
5. 体细胞突变体诱导和筛选的方法有哪些?

第十一章

植物人工种子

【知识目标】

1. 了解人工种子的概念和种类。
2. 掌握人工种胚和人工胚乳的制作过程及人工种子的包埋方法。
3. 掌握人工种子的贮存和防腐方法。

【技能目标】

1. 通过实验操作，学会人工种子的制作方法。
2. 通过学习和实践，探索人工种子制作和工厂化生产过程中技术难题的解决方法。

第一节　人工种子的基本概念和应用价值

一、人工种子的基本概念及含义

人工种子又称合成种子(synthetic seed)、植物人工种子或体细胞种子，是指将植物离体培养的体细胞胚或芽包裹在含有养分和保护功能的人工胚乳(artificial endosperm)和人工种皮(artificial seed coat)中的类似种子的颗粒。广义的人工种子还包括：①经过或不经过适当干燥处理，不经包埋成球，直接播种发芽的体细胞胚；②用polyox等多聚体将多个体细胞胚包裹而成的饼状物；③将体细胞胚混在胶质中用流质播种法直接播种；④用凝胶包裹的顶芽、腋芽、小鳞茎等形成的种子。(李修庆，1990年)

与天然种子相似，完整的人工种子由体细胞胚(或胚类似物)、人工胚乳和人工种皮三部分组成(图 11-1)。最外层的人工种皮，起着保护体细胞胚中的水分免于丧失和防止外部力量冲

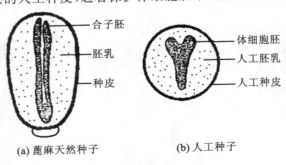

(a) 蓖麻天然种子　　　　(b) 人工种子

图 11-1　蓖麻天然种子和人工种子示意图

击的重要作用;种皮内的人工胚乳,含有体细胞胚或芽生长发育所必需的营养成分以及某些植物激素;最内层的体细胞胚或芽,在适宜的条件下能生长发育成完整的植株。

二、人工种子的种类

根据获得人工种子的难易程度,可以将人工种子分成两大类:一类是容易建立人工种子生产工艺的植物,如胡萝卜、苜蓿等,这些植物研究得较早,容易诱导产生高质量的体细胞胚;另一类是繁殖难度较大,但商品价值较高的一类植物,如一些珍贵的药材、名贵的花卉等。

此外,根据人工种子内部所包裹的繁殖体种类,又可以将人工种子分为体细胞胚人工种子和非体细胞胚人工种子。体细胞胚人工种子是以体细胞胚为繁殖体包裹制作而成的,非体细胞胚人工种子是以不定芽、腋芽、愈伤组织等为繁殖体包裹制作而成的。

三、人工种子的意义

人工种子与天然种子有许多相似之处,它本身就是人类模仿借鉴天然种子的结构和功能,利用现代生物技术制作出来的。人工种子不仅能像天然种子一样贮存、运输、播种、萌发和长成正常植株,而且有一些天然种子所不具备的特点或优势。

人工种子的意义如下:

(1) 对于一些在自然条件下不结实的植物,或者种子很少、很昂贵的植物来说,人工种子无疑开辟了一条新的繁殖途径;

(2) 有一些植物已经通过体细胞胚途径成功生产出人工种子,其繁殖速度快、种子数量多的特点是其他繁殖途径无法相比的;

(3) 人工种子技术如果与植物杂交育种技术结合起来,可以固定杂种优势,从而大大地缩短植物(尤其是多年生木本植物)的育种年限,提高育种效率;

(4) 通过筛选出适宜的人工胚乳营养成分,向人工胚乳中添加植物激素、杀菌剂、除草剂、抗生素、防腐剂以及农药等方式,可以人为地控制植物的生长发育和抗性;

(5) 某些植物由于长期营养繁殖,容易积累病毒等有害微生物,人工种子的繁殖途径可以在一定程度上克服这些有害微生物的积累;

(6) 人工种子可直接播种并适合机械化操作,从而大大提高工作效率。

四、人工种子的研究进展

1978 年,美国生物学家 Murashige 在第四届国际植物组织和细胞培养会议上,首次提出了“人工种子”的设想;1980 年,用聚氧乙烯包裹胡萝卜、柑橘等体细胞胚的人工种子问世。以体细胞胚为包埋材料产生人工种子的研究技术开始于 1978 年,但目前能够成功诱导出体细胞胚的植物种类有限;20 世纪 80 年代后期开始,以非体细胞胚为包埋材料产生人工种子的研究陆续展开,利用水稻不定芽和幼穗、白术(*Atractylodes macrocephala*)茎段和腋芽,以及半夏小块茎作为包埋繁殖体制作人工种子都已取得成功。

自从人工种子的概念被提出来以后,国内外在人工种子领域的研究报道还有很多。国外对于人工种子的研究主要集中在生产技术的应用、体细胞胚培养方法、田间生长状况等方面,在美国、日本等一些发达国家已经实现了人工种子生产的大田化,目前美国已经有大面积的人工种子产芹菜上市;在国内,人工种子研究涉及的植物种类比较多,既有对于粮食作物和经济作物(如水稻、小麦、马铃薯等)人工种子的研究,也有对于观赏植物、沉水植物、重要珍稀药用植物(如半夏、金线莲(Anoectochilus roxburghii)、石斛等)人工种子的研究。目前,胡萝卜、芹菜的体细胞胚发生体系已经成功构建;水稻人工种子可以通过体细胞胚发生途径和包埋不定芽、幼穗的途径获得;研制的园林植物人工种子保持了珍稀苗木的特性,并可以快速获得脱毒苗。

人工种子技术从一诞生起就向世人展示了它独特的魅力和诱人的前景。随着农业生物技术的飞速发展,尤其是植物组织培养技术与工厂化生产的日益紧密结合,基于植物组织培养原理和技术的人工种子技术必将成为21世纪高科技种子业中的主导技术之一,引起一场种植业革命。

第二节　人工种子的制作

人工种子制作流程首先是进行外植体的选择和愈伤组织的诱导,然后进行人工种胚(artificial embryo)的诱导和同步化(synchronization)、人工种子的包埋(人工胚乳的制作)、包裹外膜(人工种皮的筛选)、人工种子的贮藏与防腐,以及人工种子的发芽实验等工作。

一、外植体的选择和愈伤组织的诱导

不同植物种类的诱导体细胞胚的能力不同,一般来说,单子叶植物比双子叶植物体细胞胚容易产生。同一植物的不同品种之间的体细胞胚的诱导率也有较大差异,一般幼嫩、生理状态活跃的材料比较容易培养。同一植物不同的部位诱导产生体细胞胚的能力也不同,如茄子的叶和子叶更容易产生体细胞胚,番茄下胚轴更容易产生胚状体(Moghaieb等,1999年)。同时,外植体选择与体细胞胚质量有关,如沈大棱(1991年)发现,由水稻幼穗诱导的胚性愈伤组织质量最好,其次是幼胚或成熟的种子胚,而其他部分诱导出来的愈伤组织很难产生体细胞胚。

二、人工种胚的诱导和同步化

(一)胚状体的诱导

人工种胚指的是人工种子内部的有生物活性的繁殖体,相当于天然种子的胚,比较理想的人工种胚是体细胞胚。在一定条件下能形成大量高质量的体细胞胚是人工种子制作的前提。用于人工种子的体细胞胚的基本要求如下:①形态上与天然的合子胚类似,经过原胚、心形胚、鱼雷形胚、子叶胚等发育阶段;②萌发后既要有根的生长,又要有茎端分生组织的分化,形成生长正常的具有完整茎叶的幼苗;③体细胞胚的基因型应与亲本一致,产生的健壮植株的幼苗的表型也应与亲本相同;④耐干燥并能较长时间保存。此外,胚状体的大小对人工种子的发芽速度和整齐度也有很大影响。高质量的胚状体播种后能及时发芽出苗,且根与芽几乎同时生长;养料充足,具有一定抗逆性,成活力强;下胚轴不膨大,无愈伤组织;发育的同步性好,经分选后大小基本一致,发芽成苗较整齐、正常、无畸形。

目前,已建立体细胞胚诱导技术的植物有200多种,但多数胚状体质量低,能成功制作种子的作物仅有苜蓿、鸭茅(Dactylis glomerata)等数十种。

（二）影响胚状体诱导的因素

研究表明,影响体细胞胚产生的主要因素包括遗传基因型、培养基与培养条件以及激素。

1. 遗传基因型

体细胞胚的产生在不同类型的植物间具有明显差异。在已成功获得体细胞胚的植物中,以自然条件下容易产生无融合生殖胚的植物为多,且培养条件相对较为简单,如咖啡属植物、芸香科植物等。即使是同类植物的不同基因型,在体细胞胚诱导的难易、形成时间以及单个外植体产生体细胞胚的数量上也存在明显差异。马铃薯 18 个不同基因型品种的体细胞胚形成能力的比较研究显示,以接种外植体与体细胞胚能否形成的资料统计,有 7 个品种的体细胞胚产生率为 100%,而最低的只有 10%。

2. 培养基与培养条件

影响体细胞胚产生的培养基与培养条件主要有氮源、碳源、无机盐、光照条件等。氮源被认为是体细胞胚产生的重要因素,氮的类型与用量不但影响体细胞胚的发生,而且对胚胎发生的同步化也有作用。体细胞胚的产生要求培养基中含有一定浓度的还原态氮,如甘氨酸、氯化铵等在诱导体细胞胚的产生中很有效,而硝态氮效果则不太明显。

碳源在组织培养中起到维持外植体的渗透压和提供体细胞胚发育能源的作用,它对体细胞胚的诱导和转换成苗有一定作用。如在黄连体细胞胚的转换实验中,曾用 1.5% 的果糖、葡萄糖、蔗糖、麦芽糖等进行实验,结果发现经过滤灭菌后,蔗糖及果糖的效果最好,体细胞胚转换率达 80% 以上。但经高压灭菌后,蔗糖、葡萄糖和果糖的效果均有所降低,只有麦芽糖的效果更好了。其中,麦芽糖可能是一种催熟因子,能诱导停滞在前期的体细胞胚进一步发育成熟。所以通常采用麦芽糖作为碳源制作人工种子。

光照条件对体细胞胚的产生也有一定影响,因植物种类而异,如烟草和可可体细胞胚产生要求高强度光照,而胡萝卜和咖啡的体细胞胚产生则要求全黑暗条件,高强度的白光、蓝光抑制胡萝卜悬浮细胞的体细胞胚产生和体细胞胚生长。

此外,一些研究还发现,待球形胚形成后,如果降低培养基的无机盐浓度,也可显著促进体细胞胚的进一步发育。

3. 激素

2,4-D 是应用最为广泛的生长素,对体细胞胚的产生具诱导作用,浓度使用则因植物品种及基因型而异,一般单子叶植物要求浓度较双子叶植物高。在胡萝卜、三叶草及苜蓿悬浮细胞系诱导体细胞胚产生的体系中,体细胞胚产生一般经过两个阶段:第一阶段是在较高 2,4-D 浓度下,外植体细胞的脱分化、愈伤组织的诱导及胚性细胞及细胞团的形成;第二阶段则是降低 2,4-D 浓度产生早期胚胎,待球形胚形成后,除去生长素促进体细胞胚的继续发育。对枸杞体细胞胚发育的研究表明,胚性愈伤组织形成后,如不及时转入降低或除去 2,4-D 的培养基中,则胚性细胞就不能进入体细胞胚胎发育。而人参、西洋参、刺五加(*Acanthopanax senticosus*)等不需降低或除去 2,4-D 也可产生大量体细胞胚。同时,有些植物,如水稻、玉米等的花药培养,在不添加任何激素的条件下也能形成胚状体。这可能与各种植物本身内源激素的不同有关。此外,一定浓度范围的激动素对体细胞胚的产生也具有诱导作用,GA 和乙烯抑制胚胎发育,ABA 则对有些植物体细胞胚产生起诱导作用,对另一些植物体细胞胚产生则表现为抑制作用。TDZ 最初作为棉花落叶剂用于生产,随后发现它具有生长素和细胞分裂素的双重功能,因此,TDZ 被广泛用于体细胞胚的诱导,一般微量的 TDZ 就能促进体细胞胚的产生。

（三）胚类似物的诱导

以体细胞胚为包裹材料的人工种子要求高质量的体细胞胚能够大量同步产生，但目前只有少数植物能建立这样的体细胞胚产生系统。为此，人们积极探讨用体细胞胚以外的胚类似物来生产人工种子。

胚类似物或非体细胞胚是指芽、短枝、愈伤组织、花粉胚、块茎、球茎等繁殖体。也有将芽茎段、原球茎、粒状组织、试管苗等也归入芽一类中。1987年，Bapat等首次成功地采用桑树试管苗腋芽制作非体细胞胚的人工种子，此后这方面的研究日益增多。相对于体细胞人工种子来说，非体细胞人工种子有以下优点：①几乎所有粮食作物、经济作物、园艺作物在离体条件下都以不定芽、原球茎、茎段等方式进行增殖；②诱导植物体细胞胚胎产生难度很大，而以非体细胞胚为包裹材料降低了人工种子制作的难度；③体细胞胚诱导一般需要对外植体进行脱分化与再分化，这个过程中体细胞克隆存在高频率的变异，而通过微芽的方式能把变异的风险降到最低。

1998年，Standard等按其来源与特性把制作人工种子的非体细胞胚分为三类：第一类是球茎、原球茎等天然单极性繁殖体（natural unipolar propagules，NUPs）；第二类是微切段（microcuttings，MCs），如带顶芽或腋芽的茎节段、不定芽；第三类是处于分化状态的繁殖体（differentiating propagules，DPs），如拟分生组织、细胞团、原基等。

NUPs繁殖体贮藏了较多的营养物质，本身具有较强的繁殖能力，制成的人工种子一般不需添加植物生长激素就具有很高的发芽率。MCs是目前非体细胞胚人工种子的主要繁殖体，在无菌培养基上具有较高的发芽率，但由于其没有根或根原基，如果把人工种子播于不添加营养物质和激素的无菌水或其他基质中，萌发率一般非常低。一般在包裹前对微切段进行预培养，可大大提供其萌发率。DPs繁殖体处于脱分化状态，一般需在人工胚乳中添加各种营养物质和生长激素，以促使其分化成其他类型的繁殖体（如不定芽、球茎、体细胞胚等）。

在园艺植物上，姜用枝芽、香蕉用茎尖、大花蕙兰（*Cymbidium hubridum*）用原球茎、蕹菜（*Ipomoea aquatica*）及甘薯用腋芽、百合用小鳞茎、微型薯用不定芽、紫花苞舌兰（*Spathoglottis plicata*）用种子均成功制作了非体细胞胚人工种子。

（四）人工种胚的同步化

在人工种胚的制作过程中，同步化非常重要，它指的是在同一培养体系中的所有细胞都同时通过细胞周期的某一特定时期。通过同步化，可以得到具有相同代谢活动的均一细胞样品，且体细胞胚在形态上大小一致，在发育进程上也基本一致；在生产实践方面，要真正实现体细胞胚的工厂化和自动化生产，同步化是关键技术之一，只有实现了同步化，人工种子活力强、萌发率高的优势才能充分体现出来，进而才能真正满足基于人工种子技术的植物优良品系扩繁及大面积造林的需要。对体细胞胚产生进行同步化控制、筛选和纯化的方法有过滤选择法、渗透压选择法、低温抑制法、梯度离心法等物理方法，也有饥饿法、阻断法、激素调节法等化学方法。

1. 过滤选择法

把胚性细胞及悬浮液分别用 $80~\mu m$、$53~\mu m$、$40~\mu m$、$27~\mu m$ 的滤网过滤，重复几次后可以按体积大小分开。

2. 渗透压选择法

不同发育阶段的胚具有不同的渗透压要求，通过调节培养基的渗透压可以达到胚状体同步发育的目的。例如,向日葵的幼胚在发育过程中,球形胚的渗透压为 17.5%,心形胚的为 12.5%,鱼雷形胚的为 8.5%,而成熟胚的则降至 5.5%。

3. 低温抑制法

采用低温处理导致发育停滞,处理一段时间后恢复正常温度,可以使胚性细胞达到同步分裂的目的。

4. 梯度离心法

在细胞悬浮培养的适当时期,收取处于胚胎发育某个阶段的胚性细胞团,转移到无生长素的培养基上,可使多数胚状体同步发育。

5. 饥饿法

除去培养基中某些营养成分而导致细胞处于停止生长期。

6. 阻断法

在培养初期加入抑制 DNA 合成的药剂,如 5-氨基尿嘧啶,使细胞 DNA 合成暂时停止,当除去 DNA 抑制剂时,细胞开始同步分裂。

7. 激素调节法

通过调节培养基中激素的种类和比例来实现同步。如胡萝卜的体细胞胚,把 2,4-D 从培养基中去掉,可获得成熟体细胞胚,也有人认为 ABA 有利于体细胞胚的发育。

三、人工胚乳的制作

与自然界中胚乳的功能相似,人工胚乳中含有一定的营养成分,对人工种胚起到保护作用。人工胚乳一般由基本培养基、碳源、植物生长调节物质、金属离子、杀菌剂、防腐剂、农药、抗生素以及除草剂等物质组成。

(一)基本培养基

能为人工种子的萌发提供无机盐和有机物,根据植物种类不同以及繁殖体的不同,可以选择适宜的基本培养基,如 MS、N_6、B_5、SH 培养基,其中 MS 培养基最为常用。

(二)碳源

用于人工胚乳中的碳源有蔗糖、果糖、麦芽糖或淀粉,其中蔗糖的应用最广泛,糖类除了为人工种子的构建和萌发提供必需的碳源外,还起到调节渗透压和防止营养成分外泄的作用,并在人工种子低温贮藏过程中起到保护作用。

(三)植物生长调节物质

植物生长调节物质在人工种子中发挥着重要的作用,既可以促进体细胞胚的胚根、胚芽生长与分化,也可以促进非体细胞胚繁殖体进一步转化成苗,在人工种子中比较常用的植物生长调节剂有 6-BA、KT、IAA、IBA、NAA、GA_3 和 ABA。

(四)其他物质

人工种子的优势之一就是能够向其中加入杀菌剂、防腐剂、农药、抗生素以及除草剂等物质,从而有效地人为控制影响植物生长发育的因素,或者提高植物的抗逆性。例如,在半夏人工种子中添加多菌灵后,对霉菌抑制效果明显,且不影响萌发率。

金属离子如 Ca^{2+}、Cu^{2+}、Al^{3+}、Fe^{2+}、Zn^{2+}、Mn^{2+} 等都可以和海藻酸钠发生离子交换形成胶体。研究发现，Ca^{2+} 是目前比较理想的离子交换剂，它对繁殖体的萌发和转化没有负面影响，而其他的金属离子可能影响合子胚的萌发，甚至会导致其死亡。

四、人工种皮的筛选

人工种皮起着保护胚状体的作用，通常包括两个部分：内膜和外膜。内膜应具备以下条件：①对繁殖体无毒、无害，有生物相容性，能支持胚状体；②具有一定的透气性、保水性，既不影响人工种子的贮藏保存，又使人工种子在发芽过程中正常生长；③具有一定强度，能维持胶囊的完整性，以便人工种子的贮藏、运输和播种；④能保持营养成分和其他添加剂不渗漏；⑤能被某些微生物降解（即选择性生物降解），降解产物对植物和环境无害。在内膜外涂覆外膜，除了能有效提高人工种子的保水能力和防止营养渗漏，还可保护人工种子不受土壤中的微生物、温度和 pH 的变化以及其他生物和物理化学因素的影响，同时便于人工种子的运输、贮藏和播种。

内膜最早采用的材料是聚氯乙烯，但它具有一定的毒性，又易溶于水。后来又采用海藻酸钠、明胶、果胶酸钠、琼脂、琼脂糖、淀粉、树胶及固化剂等。海藻酸盐是目前比较常见的包埋材料，具有成胶容易、操作条件温和、使用方便、毒性低、成本低等优点，一般用 $CaCl_2$ 作固化剂，添加活性炭可以改变其透气、透水性；添加壳聚糖后，种子不易粘连，萌发率和成苗率增加。但海藻酸盐也存在一些缺点，如水分容易流失、表面易结团等。

为解决单一内膜存在的问题，人们又着手外膜的研究。在胶囊外包裹一层疏水的聚合物外膜可弥补海藻酸钠作包埋基质的缺点。Reden Baugh 的研究表明，Elvex 4260（10％环己烷）用作外膜时发芽率可达 80％，但在播种实验中，其胚状体的转化率比海藻酸钠水凝胶囊系统低，且该药价格昂贵，所以难以推广使用。Ling-fong Tay 等用壳聚糖作为外膜制作的人工种子，萌发率达 100％，但在有菌条件下萌发率仍然不高。邓志龙等还用聚乙烯丙酸酯为外膜，对安祖花人工种子进行包裹，不妨碍其种子萌发。人们还试图寻找其他制种方式和包裹材料，以完善现有的人工种子制作技术。海藻酸钠包埋制种方式的比例已从 1990 年的80.5％降到现在的 65.2％，聚合物包埋法也从 11.1％降到10.9％，而新出现的组合包埋法以及其他各种新方法（如流体播种、液胶包埋、琼脂包埋、铝胶囊包埋等）正呈现上升的趋势。一些新的包埋材料也逐渐在研究利用，如许光学等试验了 19 种聚合物及其组合物，发现 13 种材料可作为包埋材料。

五、人工种子的包埋

包埋人工种子的方法主要有液胶包埋法、干燥包裹法和水凝胶法。

（一）液胶包埋法

液胶包埋法是将胚状体或小植株悬浮在一种黏滞的流体胶中直接插入土壤。Drew（1979年）用此法将大量胡萝卜体细胞胚放在无糖而有营养的基质上，获得了 3 颗小植株；Baker（1985 年）在流体胶中加入蔗糖，结果有 4％的胚存活了 7 d。

（二）干燥包裹法

干燥包裹法是将体细胞胚经干燥后再用聚氧乙烯等聚合物进行包埋的方法。尽管 Kitto

等报道的干燥包裹法成株率较低,但它证明了胚状体干燥包埋的有效性。

（三）水凝胶法

水凝胶法是指通过离子交换或温度突变形成凝胶包裹材料的方法。Reden Baugh 等 (1987 年)首先用此法包裹单个苜蓿胚状体制得人工种子,离体成株率达 86%,这种包埋法现已被广泛用于人工种子的包埋。

六、人工种子的贮藏与防腐

由于人工种子的制作和播种栽培不一定同步,因此,对其贮藏技术的研究就显得尤为重要。干燥、低温和添加生长抑制剂都是适当延长贮藏时间的常用方法,种皮外包裹滑石粉、液状石蜡等也可能延长贮藏时间、保证种子质量。不同包埋材料贮藏的方法也不同,目前应用最多的是干化法和低温法的组合。

（一）干化贮藏

干化能增强人工种子幼苗的活力,有助于贮藏期间细胞结构及膜系统的保持和提高酶的活性。体细胞胚的适度干化处理往往有助于提高胚活力和人工种子的抗逆性。已有研究发现在高湿度下缓慢干化,人工种子有较高的发芽率和转化率。如用聚氧乙烯干燥固化法制作胡萝卜的人工种子,在 4 ℃黑暗条件下可存放 16 d。用 ABA 处理胡萝卜体细胞胚,干化 7 d 后仍有生活力,并得到再生植株,胡萝卜愈伤组织在 15 ℃及相对湿度为 25%条件下存放 1 年后仍可生长。

关于裸胚干化处理后直接播种已进行过许多尝试。例如:鸭茅体细胞胚在 23 ℃条件下干化 21 d,萌发率达 12%,转化率达 4%;将大豆体细胞胚干化到原先体积的 40%～50%,再吸水,萌发率达到 31%;干化还有助于芹菜体细胞胚贮藏期间细胞结构及膜系统的保持和提高酶的活性,使体细胞胚具有更好的耐贮性。

目前,有关包裹体细胞胚的干化处理报道较多。例如:Kitto 等(1985 年)将富含胡萝卜体细胞胚的悬浮培养液包于水溶性塑料薄膜内,形成的胶囊在 26 ℃下干化 4 d 后,再吸水萌发,从 20 个胶囊中获得了两棵植株;Takahata(1993 年)干化甘蓝体细胞胚到含水量 10%,转化率达 48%;Kim 等发现利用 ABA 预处理,有利于提高体细胞胚干化后的存活率;Kitto 等发现用高浓度的蔗糖预处理体细胞胚能提高其干化耐受性,延长贮藏时间,提高贮藏后的萌发率。Timbert 等(1996 年)研究表明,脯氨酸也能提高胡萝卜体细胞胚的干化耐受性。李修庆 (1990 年)发现,海藻酸钠包埋的胡萝卜体细胞胚经干化后其超氧化物歧化酶和过氧化物酶的活性显著提高,从而减轻低温贮藏对胡萝卜体细胞胚的伤害。

（二）低温贮藏

低温贮藏是指在不伤害植物繁殖体的前提下,通过降低温度来降低繁殖体的呼吸作用,使之进入休眠状态。一般适宜的贮存温度为 4～7 ℃,随着贮藏温度的升高和贮藏时间的延长,人工种子的萌发率和成苗率都会大幅度降低。不同的植物种类人工种子对于贮藏温度的反应明显不同,这可能与植物本身维持生命活动的酶系差异有关。例如:甘薯植物体内维持生命活动的酶系属高温酶系,其保持活性的最低温度是 9 ℃,当温度降为 4 ℃时,贮藏的甘薯人工种子因繁殖体中的酶系全部失活而死亡;而杜鹃植物体内维持生命活动的酶系属低温酶系,杜鹃人工种子在 4 ℃下贮藏,萌发率和出苗率均较高。

随着超低温技术的发展,其在人工种子保存方面的应用也日渐成熟。目前应用于人工种子超低温保存的方法主要是预培养-干燥法,即将人工种子经一定的预处理,并进行干燥,然后浸入液氮保存。

(三)防腐

由于人工胚乳中含有糖类等有机物质,加上目前尚未得到可真正称为人工种皮的包裹材料,富含营养的人工胚乳一旦暴露于田间这种开放系统,就会受到微生物的侵染。因此,必须采取一定措施,使人工种子具备相当的防腐抗菌能力。在人工种子中添加有效成分,加速其萌发,这样能避免烂种及人工胚乳中养分的过度流失,如在胡萝卜人工种子中添加赤霉素就能达到此效果。在人工种皮中加入防腐剂 CH、CD、WH831 和对蛭石灭菌后播种,能提高人工种子在有菌条件下的萌发率和转化率;在人工种皮中加入 400~500 mg/L 先锋霉素、多菌灵、氨苄西林和羟基苯甲酸丙酯,均有不同程度的抑菌作用,使甘薯人工种子在有菌的 MS 琼脂培养基上萌发率提高了 4%～10%;用 100 mg/L 青霉素和 0.1% CTM 作为苎麻(*Boehmeria nivea*)人工种子的防腐抗菌剂,在自然土壤中发芽率和成苗率均达到 100%,加入山梨酸作为防腐剂能在一定时间内对水稻人工种子起到防腐、抑菌作用。在包埋介质中添加的防腐剂只要保证人工种子发芽前不染菌即可,但要找到对胚无伤害,尤其是不影响胚的正常发育和萌发的防腐剂还很困难。

七、人工种子的发芽实验

包裹好的人工种子含水量大,易萌芽,通常要对它在无菌条件下和有菌条件下进行发芽实验。无菌条件是指把包裹好的人工种子接种在 MS 或 1/2MS 培养基中培养。有菌条件是指把种子接种在蛭石和沙(1∶1)中,在温度为(25±1) ℃,光照为 10 h/d,光照强度为 1 500 lx,并保持一定湿度的开放条件下培养。定时观察、统计发芽的粒数,并计算发芽率。

第三节　植物人工种子的应用实例

一、半夏人工种子的制作技术

半夏是我国重要的传统中药材,目前其人工种子技术研究已经比较成熟。

(一)胚的制备

取半夏的块茎,通过固体培养后,转入液体培养基悬浮培养,获得半夏的小块茎悬浮系,并以小块茎为人工种子的繁殖体。

(二)种皮的制备

人工种皮含 4% 海藻酸钠、2% $CaCl_2$、2% 壳聚糖。

(三)胚乳的制备

1/2 MS 液体培养基＋0.2 mg/L NAA＋0.1 mg/L GA_3＋0.5 mg/L BA＋0.4 mg/L 青

霉素＋0.3％多菌灵粉剂＋0.2％苯甲酸钠＋1.0％蔗糖＋0.5％活性炭,作为人工胚乳成分。

（四）贮藏

在 4 ℃下贮藏 20 d 后的萌发率及成苗率分别达 82.8％和 78.6％。

二、水稻人工种子的制作技术

利用水稻不定芽无性繁殖系制作人工种子。

（一）外植体获得

剥去稻种颖壳的糙米,用 2 μg/mL 2,4-D 溶液浸泡过夜,用洗涤精和自来水反复冲洗后,用 0.1％升汞溶液灭菌 15～20 min,用无菌水冲洗数遍。

将米粒接种在 MS＋2 μg/mL 2,4-D＋0.5 μg/mL KT 诱导培养基上。25 ℃暗培养,2 d 后胚芽出现,7 d 后胚芽基部开始膨大,切除胚芽后继续培养,25 d 后胚性愈伤组织出现,然后将其移至含 1 μg/mL IAA＋0.5 μg/mL BA 的 MS 培养基上,可分化出绿苗。

（二）种胚的制备

1 个月后,将绿苗的顶端切除,置于 MS＋3 μg/mL BA＋0.2 μg/mL NAA 增殖培养基上,待苗长高后再切除顶部。如此反复继代,即可筛选出不定芽。（26±2）℃光培养,光强为 1 500 lx。

（三）种子的制备

将分化的 2～3 mm 不定芽置于含 2％海藻酸钠＋铜盐＋100 mg/L 肌醇＋2 mg/L BA＋0.5 mg/L NAA 的 MS 培养基的凝胶液中,在无菌条件下将含有不定芽凝胶滴入 $CaCl_2$ 溶液中固化成直径为 6 mm 的水稻人工种子。

小　结

植物人工种子技术是 20 世纪 80 年代中期开展起来的一项生物技术,从一开始就吸引了科学家们的兴趣。人工种子是指将植物离体培养的体细胞胚或芽包裹在含有养分和保护功能的人工胚乳和人工种皮中的类似种子的颗粒。完整的人工种子由体细胞胚（或胚类似物）、人工胚乳和人工种皮三部分组成。人工种子与天然种子有许多相似之处,但人工种子有许多天然种子没有的优点。

人工种子制作包括外植体的选择和愈伤组织的诱导、人工种胚的诱导和同步化、人工胚乳的制作、人工种皮的筛选、人工种子的包埋、人工种子的贮藏与防腐等工作。高质量的体细胞胚能否产生是人工种子制作的关键,影响其产生的主要因素有遗传基因型、培养基及培养条件、生长调节物质,目前利用芽、愈伤组织、茎段等胚类似物为制种材料的比例逐渐上升。人工胚乳应根据各种不同植物的要求、特点有目的地选择培养基、碳源、生长调节物质等。人工种皮的研制则由单一种皮向复合种皮发展。人工种子的包埋方法主要有液胶包埋法、干燥包裹法和水凝胶法,其中水凝胶法被广泛应用。人工种子的贮藏方法有干化法和低温法,实践中常将两种方法结合使用。虽然人工种子有很好的应用前景,但要进入实用化阶段还面临诸多困难。

复习思考题

1. 什么是人工种子？主要包括哪些部分？
2. 与天然种子相比较，人工种子有哪些优点和局限性？
3. 查阅文献，举例分析说明人工种子制作的技术流程与应用。
4. 目前人工种子商品化生产的主要限制因素是什么？

第十二章

植物种质资源的离体保存

【知识目标】
1. 了解植物种质资源保存的概念及意义。
2. 熟悉种质资源限制生长保存和超低温保存的原理。
3. 掌握限制生长保存和超低温保存的方法。

【技能目标】
1. 通过学习和实践，掌握种质资源限制生长保存和超低温保存的技术。
2. 在满足相应条件的基础上，能够利用超低温保存技术进行珍稀植物的种质资源保存。

第一节　植物种质保存的概念及意义

一、植物种质保存的概念

种质(germplasm)是指亲代通过生殖细胞或体细胞直接传递给子代并决定固有生物性状的遗传物质。植物种质资源(plant germplasm resources)（又称品种资源、遗传资源或基因资源）是生物多样性的重要组成部分，是选育优质、高产、抗病（虫）、抗逆新品种的物质基础，是生物技术研究取之不尽的基因来源。种质资源保存是资源研究的基础，是指利用天然或人工创造的适宜环境，保存种质资源，使个体中所含有的遗传物质保持其遗传完整性，并且有高的生活力，能通过繁殖将其遗传特性传递下去。

植物种质资源保存方法有原境保存(in situ conservation)和异境保存(ex situ conservation)两类，前者就地进行繁殖以保存种质，包括建立自然保护区、天然公园等，后者是指将种质保存于该植物原生态生长地以外的地方，包括异地（种质圃或植物园）保存、种质库（种子）保存、离体（试管）保存等。原境保存和异地保存需要大量的土地和人力资源，成本高，且易遭受各种自然灾害、虫害和病害的侵袭。种质库保存虽然所占空间小，能够保存很多年，容易干燥、包装和运输，但对于"顽拗型"、脱水敏感型及无性繁殖的植物难以保存。

基于上述原因，从 20 世纪 60 年代开始，人们利用离体培养再生植株的技术，进行了种质资源离体保存的研究。Henshaw 和 Morel(1975 年)首次提出植物种质离体保存(germplasm conservation in vitro)的概念，它是指对离体培养的小植株、器官、组织、细胞或原生质体等材料，采用限制、延缓或停止其生长的处理使之得以保存，在需要时可恢复生长并再生植株的方法。迄今为止，种质离体保存已应用于多种植物，取得了很好的效果。常用的种质离体保存方法可分为限制生长保存(slow growth conservation)法和超低温保存(cryopreservation)法。

种质离体保存有以下优点：①所占空间少，节省人力、物力和土地；②有利于国际的种质交流及濒危物种抢救和快繁；③需要时，可以用离体培养方法快速大量繁殖；④避免自然灾害引起的种质丢失。

二、植物种质资源保存的意义

种质资源越多，其多样性越丰富，改良品种或选育新品种的潜力就越大。未来的农业生产在很大程度上取决于对种质资源的占有量和利用程度。植物遗传多样性是保护人类生存环境和维持农业持续稳定发展的一个关键因素，如何保存和利用物种多样性是当今社会面临的重大课题之一。同时，由于自然灾害和生态条件恶化，现有植物物种以平均每天一种的速度消失，物种一旦灭绝，人类将永远失去利用它的机会。目前，全世界有 5 万～6 万种植物的生存受到不同程度的威胁。因此，种质资源的搜集和保存已受到世界各国以及国际植物遗传资源委员会（IBPGR）的重视。IBPGR 认识到园艺植物在育种上的重要性，担心现存的具有遗传特性的品种以及稀有濒危的植物资源会逐渐被遗失，或因追求单一有利性状的育种，而使目前尚未发现和利用的重要资源丢失。因此，需要积极成立国家、国际区域性和世界性的园艺植物引种制度与保存机构，同时利用所采集的园艺植物，建立植物基因库及开展保存工作。

正常条件下的离体培养不适合于种质资源保存。因为在这种条件下，材料生长很快，需经常进行继代，工作量及费用增加，在继代过程中易受微生物污染，而且会由于取样的随机性造成基因资源的丢失。因此，理想的离体培养保存方法是使培养物处于无生长或缓慢生长状态，使转移继代的间隔时间延长。1986 年 IBPGR 组织编写的《试管苗基因库计划和操作》一书中，首先支持木薯、甘薯、可可（*Theobroma cacao*）、香蕉（*Musa* spp.）、柑橘（*Citrus* spp.）等作物试管苗保存研究。国际马铃薯中心（CIP）也进行了甘薯试管苗的保存研究。

自 20 世纪 70 年代以来，又把冷冻生物学（cryobiology）和植物离体培养技术结合起来，发展了种质资源离体冷冻保存（freezing conservation in vitro）或超低温保存技术。1973 年 Nag 和 Street 首次报道保存在液氮中的胡萝卜悬浮细胞恢复生长，促进了植物种质超低温保存的研究和应用。近半个世纪以来，用超低温保存成功的植物已超过 100 种，涉及保存的种质材料有原生质体、悬浮细胞、愈伤组织、体细胞胚、胚、花粉胚、花粉、茎尖（根尖）分生组织、芽、茎段、种子等。植物种质超低温保存技术（包括材料选择、预处理、冷冻及保存、解冻、后处理、活力评价、再生等）有的已较为成熟，并在许多植物种质中得到应用。目前，已在这一领域进行了广泛的基础和应用研究，取得了一定的进展，形成了行之有效的技术体系，种质离体保存已在多种植物上得到应用，并取得了很好的效果。随着种质离体保存技术的不断发展和完善，已经或正在建立一些种质离体保存库，如国家种质徐州甘薯试管苗库保存甘薯 1 400 份，国家种质克山马铃薯试管苗库保存马铃薯 900 份。

第二节　限制生长保存

限制生长保存是指改变培养物生长的外界环境条件或培养基成分，以及使用生长抑制物质，使细胞生长速度降至最低限度，而延长种质资源保存时间的方法。限制离体培养物生长速度的方法有低温、提高渗透压、使用生长延缓剂或抑制剂、降低氧分压、干燥、饥饿和改变光照条件等。这些方法的基本原理类似,即严格控制某种或某几种培养条件,限制培养物的生长,只允许其以极慢的速度生长。抑制生长的外植体可以是茎尖、茎段以及愈伤组织,一般用顶端分生组织作为外植体。这些外植体取材容易,生活力的鉴定一目了然,需要时繁殖迅速。这种保存方法经几十年的发展,技术上较完善,基本可在保证有较高的存活率、较低的变异率的前提下,中期(半年至数年)保存植物种质资源。

一、低温保存法

在植物的生长条件中,温度是一个重要的因素。一般植物生长的最佳温度为 20~25 ℃,温度降低以后,植物的生长就会受到抑制,生长速度减慢,老化延缓,植物培养时的环境温度是影响生长的最重要的因素之一,因此可通过降低温度延长继代的时间间隔而达到保存种质的目的。植物种质资源的低温保存是指用离体培养的方式在非冻结状态的低温下(一般为 1~15 ℃)保存种质的方法。该方法简单,存活率高。

对植物而言,低温常常是指那些比常温稍低一些的温度。如果低温超过细胞原生质体所能忍受的临界温度,就会导致植物细胞遭受冻害而死亡。植物对低温的耐受力不仅取决于基因型,也与它们的起源和生长的生态条件有关。很多植物种质都可用低温保存。在低温保存植物培养物过程中,正确选择适宜低温是保障存活率的关键。温带生长的植物适宜在 0~6 ℃下保存,而热带植物保存的最适低温为 15~20 ℃。因此,像马铃薯、苹果、草莓及大多数草本植物可以在 0~6 ℃下保存,而木薯、甘薯的保存温度不能低于 15 ℃。

试管苗成熟度也是影响低温保存的重要因素,过于幼嫩的试管苗不适于低温保存,由于生长旺盛,在低温条件下其幼嫩部位容易受到低温伤害,并发生玻璃化现象,从而影响试管苗保存。所以接种后要在常温下进行一段时间培养,才可进行低温保存。低温保存的同时,必须给予试管苗一定强度的光照(一般小于 2 000 lx),在完全黑暗条件下,试管苗会发生黄化和徒长,但刚转接时一般完全黑暗,2~3 d 后才进行弱光培养保存。

二、高渗透压保存法

高渗透压保存法是指通过提高培养基的渗透压,从而减缓生长速度,达到限制培养物生长的目的。具体方法是在培养基中添加一些高渗化合物,如蔗糖、甘露醇、山梨醇等,此类高渗化合物提高了培养基的渗透势,减少离体培养物吸收养分和水分的量,从而减缓生理代谢过程,继代培养间隔时间可延长到 1 年。

一般来说,离体培养物正常生长所使用的培养基中蔗糖浓度为 2%~4%,将蔗糖浓度提高到 10% 左右时,就可达到抑制培养物生长的目的。但由于蔗糖是组织培养中最常用的碳源和能源,提高渗透压的同时又对材料生理代谢产生不利的影响。因此,添加惰性物质,如甘露醇、山梨醇等,可以既限制离体培养物的生长,又避免蔗糖浓度过高造成的伤害。一般可用 4%~6% 甘露醇处理培养基,也可用 2%~3% 蔗糖加 2%~5% 的甘露醇混合处理。此外,还可以通过增加培养基中琼脂的用量来提高渗透压,降低培养物的生长速度。

研究表明,不同植物培养物保存时适宜的渗透物质含量不同,但试管苗保存时间、存活率、恢复生长率受培养基中高渗物质含量影响的变化趋势基本相同,呈抛物线形。因此,适宜浓度的高渗物质对特定培养物高质量、长时间的保存是必要的。

三、生长抑制剂保存法

通常情况下,离体培养基中附加生长素或细胞分裂素,可促进外植体生长与发育,但种质离体保存培养基中,需添加生长抑制剂,延缓外植体的生长。研究表明,在种质离体保存中使用植物生长抑制剂可以延缓或抑制离体培养物的生长,不仅能延长培养物在试管中的保存时间,而且能提高试管苗的质量和移植成活率。目前,常用的生长抑制剂有矮壮素、B_9、多效唑、脱落酸、高效唑、青鲜素、烯效唑、三碘苯酸、膦甘酸、甲基丁二酸等。

生长抑制剂可单独使用,也可与其他激素混合使用。多效唑与 6-BA、NAA 配合使用,也能明显抑制水稻试管苗上部生长,促进根系发育,延长常温保存时间。高效唑是三唑类植物生长抑制剂,能显著抑制葡萄试管苗茎叶的生长,适用于试管苗的中长期保存。

四、低压保存法

低压保存植物培养物是由 Caplin 首先提出的,可在常温下进行,非常适合对冷敏感的热带植物的离体保存。其原理是通过改变培养容器中气体状况,抑制培养物细胞的生理活性而延缓衰老,从而达到保存种质的目的。关于低压保存的原理,有以下两种解释:一种认为,二氧化碳的量随氧分压的降低而减少,加上温度较低,因此呼吸作用减弱;另一种认为低氧下,空气不断流动,带走了乙烯等有毒气体,因而延缓衰老。

低压保存法包括低气压系统(LPS)和低氧分压系统(LOS)两种方法。LPS 是通过降低培养物周围的大气压而起作用,其结果是降低了所有气体分压,使培养物的生长速度降低。采用这种方法时培养基易失水,从而限制培养物贮藏时间,可通过增加培养室的相对湿度或减少空气交换量来缓解。LOS 是在正常气压下,向培养容器中加入氮气等惰性气体,使其中氧分压降低到较低水平,从而达到抑制生长的目的,但氧分压不可过低,否则生长速度极度下降。用 LPS 和 LOS 保存不同组织器官和种类,均可得到以下 3 种相似结果:①外植体在低压下,其生长速度和生长量均降低;②无论是有结构还是无结构的植物组织均受影响;③对植物培养体的影响相同,且均不会导致培养物表型上的差异。

五、干燥保存法

水是生命活动的基质,降低培养物水分含量,其生命活动就能延缓,这与传统的种子干燥贮存类似。干燥保存法是指将植物材料用无菌风、真空、硅胶或高浓度蔗糖等进行干燥预处理,适度脱水,移入适宜的低温、低湿下,进行植物种质保存的方法。

目前常采用的脱水方法有干燥脱水和高浓度蔗糖预处理。干燥脱水方法有胶囊化处理和脱水处理两种。胶囊化处理是将愈伤组织块等放在灭菌的明胶当中,然后密封,这一胶囊可在未经灭菌实验室中放置几天进行干燥;脱水处理是直接将植物材料置于层流橱,在无菌空气流或真空中干燥脱水。高浓度蔗糖处理是将培养基中的蔗糖浓度增高到 171.2 g/L 或更高,预培养 2~4 周,可提高干燥培养物的存活率。此外,先经高浓度蔗糖预处理,再使用无菌空气或硅胶等干燥脱水方法也可提高存活率。

预处理后的材料常贮藏在 0 ℃以上的低温环境中,也可在室温条件下保存。

六、饥饿法

饥饿法是从培养基中减去某种或某几种营养元素,或者降低其浓度,或者略微改变培养基成分,使培养物处于最慢生长状态。通过调整培养基的养分水平(1/2MS、1/4MS),可有效地限制细胞生长。罗淑芳等(1994 年)研究了碳源对甘薯种质试管保存的影响,结果表明,改良MS 培养基中,添加乳糖、甘露糖或葡萄糖为碳源比以蔗糖为碳源有更显著抑制生长的作用。

Assy Bah 等(1993 年)在(27±1) ℃、暗条件下,将成熟的椰子合子胚贮藏在不含蔗糖、含2 g/L 活性炭的改良 MS 培养基中,保存 6 个月后,进行再生培养,合子胚 100%存活并再生植株;而在含 15 g/L 蔗糖、不含活性炭的改良 MS 培养基中,保存 1 年后只有 51%的合子胚存活并能再生植株。

七、其他方法

植物正常生长必须通过光合作用合成自身物质并进一步获得能量,所以减小光照强度和缩短光照时间,也可限制培养材料的生长。限制或延缓生长保存,一般继代间隔时间在 0.5~1.5 年。两种以上方法结合使用,效果更好。如韩沙沙(2011 年)将低温保存法和高渗透压保存法结合用于苹果的种质保存。如何采用复合限制生长措施,使继代间隔时间进一步延长,将是今后离体保存技术研究的方向。

第三节　超低温保存

一、超低温保存的概念及意义

(一) 超低温保存的概念

超低温(ultra-low temperature)通常是指低于 −80 ℃(干冰温度)的低温,主要是液氮(−196 ℃)及液氮蒸气相条件。超低温保存一般是在−196 ℃(液氮温度)的超低温下保存生物或种质,使保存的活细胞的物质代谢和生长活动几乎完全停止。这样不仅能够保持生物材料的遗传稳定性,而且不会丧失其形态发生的潜能,还有利于保存和抢救物种,尽可能避免组织、细胞继代培养及自然界中积累性突变等的发生,是长期稳定地保存植物种质资源及珍贵实验材料的一个重要方法。

超低温保存早期大多采用冻结化保存技术,主要有快速冷冻和慢速冷冻两种方法,现在新发展起来的方法有玻璃化法(vitrification method)、干燥冷冻法(desiccation freezing method)、包埋脱水法(encapsulation dehydration method)等。

(二) 超低温保存的意义

超低温保存的意义如下:

(1) 长期保持种质遗传性的稳定;

(2) 保持培养细胞形态发生能力;

(3) 保存珍稀及濒危植物的种质资源;

（4）保存不稳定性的培养物，如单细胞；

（5）长期贮存去病毒的种质；

（6）防止种质衰老；

（7）延长花粉寿命，解决不同开花期和异地植物杂交上的困难；

（8）便于国际种质交换；

（9）经过超低温保存后的再生植株，有可能产生高抗寒性的新材料；

（10）用于超低温保存的设备较简便，不需要大量的基本建设投资。

二、超低温保存的原理

植物的生长、发育是一系列酶反应活动的结果。植物细胞处于超低温环境中，细胞内自由水被固化，仅剩下不能被利用的液态束缚水，酶促反应停止，新陈代谢活动被抑制，植物材料处于"假死"状态。如果在降、升温过程中，没有发生化学组成的变化，而物理结构变化是可逆的，那么，保存后的细胞将保持正常的活性和形态发生潜力，且不发生任何遗传变异。

超低温保存时，降温冷冻和化冻过程最易造成对植物材料的伤害。因此，在降温冷冻过程中必须创造一个适宜的条件，使植物材料发生保护性脱水。冬季的植物材料，由于经过抗寒锻炼，已经发生了保护性脱水及提高了抗寒力，所以采用冬季植物材料进行超低温保存容易获得成功。目前，生物材料经高含量的渗透性化合物处理后快速投入液氮，可明显地增强生物组织的抗冷和耐冷能力，这些化合物在植物抗冻生理学上被称为冷冻保护剂或防冻剂。防冻剂分为两类：一类是能穿透细胞的低相对分子质量化合物，如二甲基亚砜（DMSO），各种糖、糖醇等物质；另一类是不能穿透细胞的高相对分子质量化合物，如聚乙烯吡咯烷酮、聚乙二醇等。防冻剂在低温下能起到一定的保护作用，但一种防冻剂往往不具备良好的防冻特性。在实践中往往采用多种防冻剂配合使用。如采用"10% DMSO ＋8% 葡萄糖 ＋10% PEG ＋0.3% $CaCl_2$"的处理，可有多方面的作用，DMSO 既能增加细胞膜透性，加快胞内水分向胞外转移的速度，又能进入细胞，增大溶质数量，从而抑制细胞内冰晶的形成；PEG 在细胞外能延缓冰晶的增长速度，配合 DMSO 使胞内水分外移；糖能保护细胞膜，增强膜耐"冷冲击"的能力；Ca^{2+} 也有助于加强整个细胞膜体系的稳定性。对多数植物来说，DMSO 是最好的保护剂。Salaj 等（2011 年）研究了防冻剂 DMSO 结合使用麦芽糖、蔗糖和山梨醇，对黑松的胚性组织的保存效果，发现麦芽糖和蔗糖处理优于山梨醇。另外，在化冻时还要防止细胞内次生结冰，因此，多数情况下采用快速化冻方法，即在 34～40 ℃水浴中化冻。

三、超低温保存的方法及技术

（一）植物材料的选择

研究表明，材料选择应综合考虑培养物的再生能力、变异性和抗冻性。一般来说，培养细胞处于指数生长早期比在延迟期和稳定期耐冻能力强。常用的保存材料类型有芽及茎尖分生组织、幼胚与胚状体、悬浮培养细胞与愈伤组织、原生质体和花粉等。芽的超低温保存是保存无性繁殖植物种质的简便途径。胚作为超低温保存材料，往往体积较大，应尽可能选取未成熟的幼胚作为材料。悬浮培养细胞的超低温保存，应选取处于指数生长期的细胞；愈伤组织的旺盛生长是冷冻保存所必需的。原生质体没有细胞壁，排除了冷冻期间细胞中产生的张力，所以受伤害较少，但原生质体的冷冻保存操作复杂、技术难度大，成功的例子不多。超低温保存花粉可延长花粉寿命,解决花期不遇和异地植物杂交等问题,建立起花粉种质库,为国际种质交换提供便利。

（二）植物材料的预处理

对外植体进行预处理的目的是使材料适应将遇到的超低温环境,除去延迟期和稳定期的细胞,提高分裂相细胞比例,减小细胞内自由水含量,避免细胞内在冷冻过程中形成大冰晶。常用的方法有预培养、低温锻炼和加入防冻剂。

1. 预培养

在培养基中加入能提高抗寒力的物质如山梨醇、脱落酸、脯氨酸、甘油,或增加糖浓度等,然后进行 7～12 d 培养,增强细胞的抗寒能力。预培养主要应用于悬浮培养细胞和愈伤组织。

2. 低温锻炼

一般是将外植体放在低温(0～3 ℃)下锻炼数天至数星期,处理后可明显提高材料的抗冻力。也有人认为,分不同温度组进行变温处理,效果会更好。不同材料适宜处理的温度与时间不同。对某些植物材料,尤其是对低温敏感的植物,超低温保存显得尤为重要。在低温锻炼过程中,细胞膜结构可能发生变化,蛋白质分子间双硫键减少,硫氢键含量提高,而细胞内蔗糖及某些具有低温保护功能的物质也会积累,从而增强细胞对冰冻的耐受性。

3. 加入防冻剂

在冻存前,一般还进行防冻剂处理。具体方法是先将防冻剂预冷至 0 ℃,等体积与材料或含材料培养基混合,静置 30～60 min。因为 DMSO 等防冻剂有毒,所以必须在 0 ℃下处理,而且处理时间不宜过长,一般不超过 1 h。

（三）降温冷冻方法

材料经防冻剂处理 30～60 min 后,应立即降温冷冻,最后用液氮低温保存。

1. 慢冻法

通常是在防冻剂存在下,以 0.1～1.0 ℃/min 的降温速率降温,连续降到－196 ℃进行冷冻。在这种降温速率下,可通过细胞外结冰,使细胞内的水分减少到最低限度,从而达到良好的脱水效果。此法需要程序降温仪,技术系统较昂贵。但对许多不抗寒的植物而言,易保存成功。

2. 分步冷冻法

分步冷冻法包括两步冷冻法和逐级冷冻法。前者从 0 ℃降到－30～－40 ℃,然后才浸入液氮,主要用于悬浮细胞和原生质体的超低温保存。后者是制备不同等级温度的冰浴,如－10 ℃、－15 ℃、－23 ℃、－35 ℃或－40 ℃等;待保存材料经防冻剂在 0 ℃预处理后,逐步通过这些温度,样品在每级温度上停留一定时间(4～6 min),然后浸入液氮。

3. 快冻法

将待保存材料从 0 ℃(或其他预处理温度)直接投入液氮中或其蒸气相中,其降温速率可达 300～1 000 ℃/min。此方法简单,不需复杂、昂贵的设备,比较适用于已高度脱水的植物材料。快速冷冻使细胞内的水分迅速通过冰晶生成的危险温度区(－10～－140 ℃),而细胞内的水分还未来得及形成冰核,就降到－196 ℃的安全温度,此时细胞内的水为玻璃化状态,该状态对细胞结构不产生破坏作用,从而减轻或避免细胞内结冰的危害。

4. 玻璃化法

玻璃化法是指生物材料经高浓度玻璃化保护剂处理后,快速投入液氮保存,使保护剂和细胞内水分来不及形成冰晶或冰晶没有足够的时间生长,从而一同进入一种人工的完全玻璃化状态。在此玻璃化状态中,水分子没有发生重排,不产生结构和体积的变化,不会伤害组织和细胞,因而化冻后细胞仍有活力。

玻璃化法操作程序简单,省时省力,不需昂贵的仪器,在植物的超低温保存研究中得到了广泛的应用;保护剂中的一些成分对植物材料的毒害作用较大,脱水胁迫作用会影响保存的存活率,所以防冻剂的合理选择与浓度搭配始终是成功保存的难点和重点。

5. 包埋脱水法

包埋脱水法是将包含材料的褐藻酸钠溶液滴向高钙溶液,形成固化小球,同时辅以高浓度蔗糖预处理,使材料获得高的抗冻力和抗脱水能力,结合适当的脱水和降温方式,液氮下保存。样品在用褐藻酸钠和氯化钙包埋后,可避免其裸露时可能受到的损伤,使样品所处的环境更为恒定。

包埋脱水法有很多优点,如不需要昂贵、复杂的降温设备,降温过程要求不甚严格;脱水过程缓和,程序简单,一次能处理较多材料,不使用 DMSO 等对细胞有毒的防冻剂等,对低温保护剂敏感的植物有着很大的应用潜力。同时,包埋过程也是一个制作人工种子的过程,在实验室和生产上都方便应用。但在一些植物中成苗率低,与玻璃化法相比,组织恢复生长较慢,脱水所需时间长。韩沙沙等(2011 年)进行了苹果离体保存包埋脱水法和玻璃化法的比较,认为包埋脱水法的存活率与玻璃化法比没有明显差异,但包埋脱水法处理茎尖没有恢复期,可以直接生长,并且一次可以处理大量茎尖。

6. 干燥冷冻法

干燥冷冻法一般是将植物材料经无菌风、真空、硅胶或高浓度蔗糖等进行干燥预处理,适度脱水,通过控制脱水速度和脱水程度以增强植物的抗冻性,然后液氮保存。干燥冷冻法的关键在于采用合适的脱水方式,使其含水量降到一定程度后,再投入液氮保存。目前干燥冷冻法常采用的脱水方法有三种,即直接用无菌空气或硅胶等干燥脱水、高浓度蔗糖预处理、先高浓度蔗糖预处理再干燥脱水。干燥冷冻法与包埋脱水法有相似之处,只是材料不经包埋过程,操作更简单;但相同材料下,存活率偏低,且开展研究较少。

7. 其他方法

除上述方法外,结合玻璃化法和包埋脱水法的优点还建立了包埋脱水玻璃化法。它与包埋脱水法的不同之处在于用玻璃化溶液处理代替了干燥过程,进行材料脱水处理,然后包裹珠与玻璃化溶液一同进入玻璃化状态。该法具有能同时处理大量材料、操作简单、脱水时间短、成苗率高等特点。

(四) 化冻及洗涤

化冻(解冻或解融)是再培养能否成功的关键。升温给细胞造成的伤害并不亚于降温带来的伤害。升温损伤主要是迁移性的再结晶,即降温过程中形成的小冰晶重新增长。从$-196\sim0\ ℃$的升温过程中,如化冻过慢,细胞内玻璃化水可能发生次生结冰,从而破坏细胞结构,导致死亡。目前常用的化冻方法有以下两种:

(1) 快速化冻法　将样品直接放在 37 ℃水浴中化冻,完全融化后,立即移开样品,以防热损伤和高温下防冻剂的毒害。这种方法的优点是可使植物材料快速地通过冰熔点附近的温度危险区。有研究表明,缓慢升温可致细胞内冰晶生长,而快速升温可取得相对较高的存活率。

(2)慢速化冻法　该法是在 0 ℃、2~3 ℃或室温下进行化冻。如木本植物的冬芽在 0 ℃化冻可获得最高的存活率。因为冬芽在秋、冬低温锻炼以及慢速化冻的过程中,细胞内的水已最大限度地流到细胞外结冰。如果快速化冻,吸水时会受到猛烈的渗透冲击,从而引起细胞膜破坏。对于缓慢降温到 -80 ℃的胚来说,相对较低的升温速率(20 ℃/min)常带来较高的存活率。

除了干冻处理的生物样品外,解冻后的材料一般都需要洗涤,以清除细胞内的防冻剂。一般是在 25 ℃用含 10%蔗糖的 MS 基本培养基洗涤 2 次,每次间隔不宜超过 10 min。对于玻璃化冻存材料,化冻后的洗涤很重要,这一过程不仅可除去高含量防冻剂对细胞的毒性,而且提供一个过渡期,以防渗透损伤。但在某些研究中发现,不经洗涤直接接入固体培养基上,数天后冻存材料即可恢复生长,洗涤反而有害。

(五)细胞组织活力、存活率的鉴定评价

超低温保存植物种质,其目的是要长期保持植物的高活力、存活率以及遗传完整性,能通过繁殖将其遗传特性传递下去。因此,对冻后细胞组织活力、存活率以及遗传稳定性的检测显得非常重要,它是超低温保存成功与否的最后评判标准。常用的方法有以下几种。

1. 再培养

化冻和洗涤后,立即将保存的材料转移到新鲜培养基上进行再培养。在再培养过程中,观测细胞组织的复活情况、存活率、生长速度、组织块大小和质量的变化,以及分化产生植株的能力和各种遗传性状的表达。

在培养初期,一般有一个生长停滞期。研究表明,植物材料在冷冻和解冻期间也会遭受不同程度的损伤。为了比较各处理材料之间的差异,可以将不同对比材料培养在同一培养皿的平板上,做 3 个以上重复。根据培养物(如愈伤组织)的颜色变化,是否产生新的细胞组织,以及新组织的增长速度等情况判断各处理间的差异。这是一种切实可行、简便有效的方法。

2. 染色法

染色法是常用的鉴定方法,有 TTC 还原法、FAD 染色法、活性染料法等。

TTC 还原法(氯化三苯基四氮唑还原法)可显示细胞内的脱氢酶活性。脱氢酶使 TTC 生成一种三苯基甲䐶。该物质不溶于水,但溶于乙醇。因此,酶活性培育反应后,可用乙醇抽提,然后用分光光度计进行测定。

FDA 染色法(荧光素双醋酸酯染色法)是由于 FDA 本身不发荧光,只有当它渗入活细胞内后,通过酯酶的脱酯化作用生成荧光素,荧光素在紫外光的激发下才产生荧光,以此来鉴定细胞活力。

由于染色法是根据细胞内某些酶与特定的化合物反应生成的颜色来判别酶的活性,因此,不能反映细胞真正的活力。

3. 细胞结构变化

观察细胞物理结构变化可以评价超低温保存后材料恢复效果。目前已有一些测试超低温保存材料的物理结构变化的方法,如冰冻细胞的超微结构观察,红外分光光度计(infra-red spectroscopy)检测细胞的生活力等。

4. 生化变化

评价超低温保存后材料恢复效果的方法也包括生化反应变化的测试。可用气相色谱法分

析保存后材料释放的气体组分和含量,用液相色谱法分析保存后材料的主要药效组分和含量变化。

5. 遗传特性保持分析

评价超低温保存后材料的恢复效果的方法还包括遗传特性的保持分析。种质保存的根本目的是要保持遗传性状的稳定。迄今为止,关于超低温保存后遗传性状的分析有以下一些方法:①细胞全能性的保存,形态发生能力的表达情况;②对保存材料的形态特征及生长发育的观察;③后代染色体结构和数目的分析,用细胞流量计数器(flow cytometry)检测细胞倍性等;④蛋白质和同工酶谱的分析;⑤细胞特异产物的分析;⑥抗逆性的分析;⑦借助分子标记技术进行鉴定。

第四节　影响离体保存种质遗传完整性的因素

种质保存的目标是在最大限度地延长保存时间的同时,保持种质遗传完整性,并能够恢复生长、繁殖。影响离体保存材料遗传完整性的因素很多,主要有体细胞无性系变异、保存材料和保存方法。

一、体细胞无性系变异

对于植物种质资源的离体保存尤其是缓慢生长保存而言,体细胞无性系变异是影响离体保存种质遗传稳定性、完整性的主要因素。事实上,对培养物进行长时间的离体保存,培养基物理和化学参数的改变以及延长继代培养的时间都会促使这种情况发生。

一般来说,超低温保存的遗传稳定性是较高的。这是由于保存期间植物材料中所有的细胞分裂和代谢活动均中止且继代培养的次数最少。但再生的小植株之前也经受了一系列不同处理,如外植体培养、预培养、防冻剂处理、冷冻、解冻、恢复和对再生小植株的增殖等,对离体保存种质的遗传稳定性都可能产生影响。

二、保存材料与保存方法

在种质离体保存中,保存材料和保存方法与保存种质的遗传变异和再生能力密切相关。一般来说,种子、胚、花粉,以及由胚或实生苗获得的试管培养物的遗传变异较大,种子、胚、茎芽、茎尖和试管苗等作为保存材料容易再生、恢复生长和繁殖,而采用愈伤组织、悬浮细胞、花粉等材料则不易再生植株。从理论上来讲,只要存在细胞分裂和生长,都可能产生变异。因此在选择种质离体保存方法时,应尽量限制保存种质的生长。

目前,还难以使长期保存、遗传完整性、容易恢复生长和再生三者达到有效的统一,因为采用限制或延缓生长的试管培养保存法时,一般需频繁继代才能长期保持,造成遗传不稳定性,并且增加工作量;采用超低温保存法时,冷冻损伤影响成活再生,并且没有普遍适用的冷冻程序;考虑保存方便和再生能力的同时,往往又忽视材料本身的遗传稳定性。

进行植物种质离体保存,在注意选择保存材料的基础上,应着重解决以下问题:①寻找长期不需继代的限制生长试管保存法;②寻找无损伤或损伤小的超低温保存法;③研究限制生长的生理机制,特别是各种限制生长因子对保存物生长代谢的影响,找出既能最大限度减缓生长,又不造成保存物走向衰亡的"可忍受"生理指标,为施加适宜的限制因子提供依据;④研究培养物对冷冻和解冻的生理生化反应,探索减少冻害损伤的方法;⑤研究保存材料与方法对保存种质在分子、细胞和个体水平上对遗传完整性的影响。

第五节　植物种质资源离体保存的应用实例

一、水稻试管苗保存技术

对水稻单倍体植株的幼穗进行培养,将诱导产生的不定芽进行超低温保存,是水稻单倍体长期保存的有效方法。

（一）材料的选择

取花药培养获得的单倍体单株,经分蘖繁殖后获得的无性系。

（二）诱导不定芽

取第 2 次枝梗及颖花原基分化期到雌雄蕊形成期(幼穗长 3～10 mm)的幼穗,接种到固体诱导培养基(MS＋3％蔗糖＋2 mg/L NAA＋2 mg/L KT)上,在 26 ℃,光照培养条件下诱导产生不定芽。

（三）继代培养

将 3 mm 左右的不定芽从培养的幼穗上切分出来,转入继代培养基(MS＋3％蔗糖＋4％山梨醇,或 MS＋3％蔗糖＋20％马铃薯提取液)中培养。培养 7 d 后,进行超低温保存。

（四）添加防冻剂

将继代培养后的不定芽转入 1.8 mL 冻存管中,冰浴条件下加入预冻了的防冻剂(10％DMSO＋0.5 mol/L 山梨醇)淹没材料,盖上瓶盖,冰浴平衡 45～60 min。

（五）冰冻降温程序

将在冰浴上平衡后的安瓿瓶转入程序降温仪,以 1.0 ℃/min 的降温速率从 4 ℃降至－40 ℃,停留 1 h 后,投入液氮保存。

（六）解冻与再培养

将液氮保存的不定芽从液氮中取出,迅速投入 38～40 ℃的水浴中快速解冻,并用培养液(MS＋3％蔗糖)洗涤 3 次,随即转入再生培养基(MS＋3％蔗糖＋0.5 mg/L NAA＋2 mg/L KT)中,26 ℃暗培养 7～10 d 后,再行光照培养。

（七）RAPD 分析

将超低温保存后的再生苗移栽到室外,成活并形成较多分蘖后,随机选 3 株,分别取幼叶提取基因组 DNA 进行 RAPD 分析。

二、苹果限制生长离体试管保存技术

苹果是多年生无性繁殖的木本果树,其种质资源主要靠田间种植保存,占地面积大,管理成本高,一旦遇到极端自然环境的威胁或人为因素危害,就可能导致资源丢失。离体保存种质是较为安全、有效的种质资源保存方法。采用限制或延缓生长措施保存苹果种质,一般继代间隔时间在 1 年以下。应采用复合限制生长措施,使继代间隔时间进一步延长。

(一)试管苗培养

试管苗的基本培养基为 MS+1.0 mg/L BA+0.05 mg/L NAA+3％蔗糖+0.6％琼脂,将 pH 调节为 5.8,培养温度为 (25±2)℃,光强为 1 500 lx,光周期为 12 h 光照/10 h 黑暗。

(二)低温保存

在低温条件下,试管苗的生长和芽的分化均明显受到抑制。温室条件下生长 3 个月的试管苗,在 5 ℃,光周期为 8 h 光照/16 h 黑暗条件下,可继续保存 6 个月。其茎尖仍保持绿色,继代存活率在 80％以上。

(三)提高渗透压保存

在蔗糖浓度提高至 5％～7％时,芽的分化数量明显增多,芽粗而充实,保存 8 个月后仍全部存活。

培养基中附加甘露醇后节间不伸长,不生长,可保存 7 个月。

在琼脂浓度提高到 10 mg/L 条件下,培养基的试管苗高度变矮,丛芽少,生长势受到明显抑制。

(四)抑制剂限制生长保存

在培养基中加入生长抑制物质 ABA,显著地抑制了试管苗芽的分化,芽分化的时间推迟,继代后 15 d,不添加 ABA 的所有茎段均有芽的分化,而添加 5 mg/L ABA 处理,芽的分化率为 15％。在 5 mg/L ABA、10 mg/LABA 处理下,保存 8 个月,试管苗叶片依然浓绿,全部存活。而在不添加 ABA 的条件下,芽虽然分化多,生长旺盛,但自第 2 个月开始,叶片干枯,8 个月后叶片全部枯死脱落,继代后仅有 5％的试管苗存活。

三、地黄离体试管保存种质资源的技术

地黄 (*Rehmannia glutinosa* Libosch)是我国最重要的中药材之一,已有 1 000 多年的栽培历史,近年来从全国各主产区收集地黄样品 50 余份,通过在相同的条件下栽培,分离纯化出 20 余个形态显著不同的栽培品种。由于地黄为典型的异花授粉植物,杂交后代"疯狂"分离,难以保持亲本的优良性状,生产上主要采用营养繁殖。离体试管保存是地黄种质资源保存的一种新途径。

(一)试管苗培养

将"土城""北京 1 号""85-5""金状元""邢疙瘩""红薯王""七顶葵"和"千层叶"等品种的茎尖进行培养,得到茎尖苗。

（二）低温保存效果

将茎尖苗转接在 MS+0.2 mg/L BA+0.02 mg/L NAA 的培养基中,培养 20 d 后,取长约 2 cm 的茎尖转接在相同配方的培养基中,25 ℃、20 ℃、15 ℃下各培养 1 d,然后转入冰箱冷藏室低温(4~6 ℃)黑暗保存。保存 4 个月后发现,不同品种的生存率不同,"北京 1 号"和"85-5"生存率较高,分别为 91% 和 67%;"土城"和"邢疙瘩"较低,分别为 40% 和 33%。10 个月后,各品种的保存苗多数死亡。

（三）培养基保存效果

将同一品种("85-5")的茎尖苗接种在不同培养基(A:蒸馏水+10 g/L 琼脂;B:1/2MS+5 g/L 琼脂;C:MS+10 g/L 琼脂;D:1/2MS+0.5 mg/L BA+0.02 mg/L NAA+10 g/L 琼脂;E:MS+0.5 mg/L BA+0.02 mg/L NAA+10 g/L 琼脂)上,4~6 ℃下黑暗保存。

10 个月后,保存苗在 A 号培养基上,除 1 支试管污染外,其余均处于存活状态;其他培养基上的保存苗多数基部褐化死亡。说明地黄试管苗对低温的耐受力具有品种特异性,A 号培养基可实现地黄种质资源的中期保存。

（四）地黄试管苗离体保存

为了种质的安全,保存材料应增加备份,每个品种应保存 20~30 支试管,每 2~3 个月检查 1 次,当存活苗显著减少时,应及时恢复培养,使试管苗恢复生长活力,然后进行下一周期的保存。如果在保存前,进行适当的干旱和低温锻炼,使试管苗表皮的保护功能加强,同时尽量加大试管苗和培养基的接触面积,保存时间可能大幅度延长。

小　结

植物种质离体保存是指对离体培养的小植株、器官、组织、细胞或原生质体等种质材料,采用限制、延缓或停止其生长的处理使之保存,在需要时可恢复其生长,并再生植株的方法。常用的离体保存方法有限制生长保存和超低温保存。

限制生长保存是指改变培养物生长的外界环境条件或培养基成分,以及使用生长抑制物质,使细胞生长速率降至最低限度,而延长种质资源保存时间的方法,包括低温、提高渗透压、使用生长延缓剂或抑制剂、降低氧分压、干燥、饥饿和改变光照条件等方法。

超低温保存是指在−80 ℃(干冰温度)到−196 ℃(液氮温度)甚至更低温度下保存生物或种质的方法。在超低温条件下保存材料,可以大大减慢甚至终止代谢和衰老过程,保持生物材料的遗传稳定性,最大限度地抑制生理代谢,减少变异的发生。超低温保存的基本程序包括植物材料的选取、预处理、冷冻、化冻及洗涤等。材料选取后的预处理方法有预培养、低温锻炼和利用防冻剂。预处理后冷冻的方法有慢冻法、分步冷冻法、快冻法、玻璃化法、包埋脱水法、干燥冷冻法等。对冷冻后细胞组织活力、存活率及完整性鉴定的方法有再培养、染色法,以及通过观察细胞结构变化、生化变化或进行遗传特性保持分析来进行鉴定。超低温保存的这些程序虽因植物种类和细胞类型在研究时存在差异,但它们依据的基本原则是完全相同的。超低温保存是低温生物学中较为崭新的领域,存在着许多需要解决的问题,但随着理论和技术的不断完善,超低温保存必将在植物种质资源的保存实践中发挥更大的作用。

植物种质保存的目标是在最大限度地延长保存时间的同时,保持种质遗传的完整性,并能够恢复生长、繁殖。影响离体保存材料遗传完整性的因素很多,主要有体细胞无性系变异、保存材料和保存方法等。

复习思考题

1. 什么是种质资源?简述种质资源保存的重要性。
2. 常用的种质资源保存方法有哪些?各有何特点?
3. 什么是限制生长保存?限制生长保存的主要途径有哪些?
4. 什么是超低温保存?超低温保存的优点是什么?
5. 超低温保存的基本操作程序有哪些?
6. 超低温保存时在降温冷冻过程中怎么依据材料选择降温方式?
7. 哪些因素会影响超低温保存的效果?

第十三章

植物细胞遗传转化与转基因

【知识目标】

1. 了解植物转基因的用途和意义。

2. 掌握植物细胞遗传转化的离体培养方法。

3. 掌握植物转基因的技术和方法。

【技能目标】

1. 通过学习和实验,学会几种植物细胞遗传转化的离体培养方法。

2. 通过学习和实践,至少学会一种植物转基因的技术和方法,并学会对转基因植物进行鉴定和选择等。

3. 通过文献,了解转基因植物的安全性,探讨如何对转基因植物进行合理的生产应用。

第一节 植物细胞遗传转化与转基因的有关术语

植物转基因技术是利用现代生物技术,将人们期望的目标基因,经过人工分离、重组后,导入并整合到植物的基因组中,或者对植物基因敲除、屏蔽,从而改善植物原有性状或赋予其新的性状。转基因过程包括外源基因的克隆、表达载体的构建、遗传转化体系的建立、遗传转化体的筛选、遗传稳定性分析等。

下面介绍植物细胞遗传转化与转基因的有关术语。

1. 遗传转化

遗传转化(genetic transformation)是指同源或异源的游离 DNA 分子(质粒和染色体 DNA)被自然或人工感受态细胞摄取,并得到表达的过程。根据感受态建立的方式,它可以分为自然遗传转化(natural genetic transformation)和人工转化(artificial transformation)。前者感受态的出现是处于一定生长阶段的细胞具有的生理特性;后者则是通过人为诱导的方法,使细胞具有摄取 DNA 的能力,或人为地将 DNA 导入细胞内。

2. 标记基因

标记基因(marker gene)是选择标记基因(selectable marker gene)的简称,是指其编码产物能够使转化的细胞、组织具有对抗生素或除草剂的抗性,或者使转化细胞、组织具有代谢的优越性,在培养基中加入抗生素或除草剂等选择试剂的情况下,非转化的细胞死亡或生长受到抑制,而转化的细胞能够继续存活,从而将转化的细胞、组织从大量的细胞或组织中筛选出来的一类基因。

3. 报告基因

报告基因（reporter gene）是指其编码产物能够被快速地测定，常用来判断外源基因是否已经成功地导入受体细胞、组织或器官，并检测其表达活性的一类特殊用途的基因。报告基因实际上是起到了判断目的基因是否已经成功地导入受体细胞并且表达的标记基因的作用，故当报告基因被用来区分转化和非转化细胞、组织、器官时，也可将其称为标记基因。

4. Ti 质粒

土壤中的根癌农杆菌能诱导植物伤口形成冠瘿瘤（crown gall），该细菌的致瘤能力来源于细菌内的一个额外染色体即质粒，该质粒称为 Ti 质粒（tumor-inducing plasmid，瘤诱导质粒）。在 Ti 质粒上有一段 T-DNA（T-DNA region），即转移-DNA（transfer-DNA），又称为 T 区（T region）。根癌农杆菌通过侵染植物伤口进入细胞后，可将 T-DNA 插入植物基因组中。因此，根癌农杆菌是一种天然的植物遗传转化体系。

5. Ri 质粒

发根农杆菌能诱发寄主植物产生毛状根，决定毛状根产生的环状 DNA，就是 Ri 质粒（root-inducing plasmid，根诱导质粒）。Ti 质粒和 Ri 质粒是理想的基因克隆载体，通过它们可以将外源的 DNA 转移到植物细胞，并再生出能够表达外源基因的转基因植物。

6. 共培养

共培养（cocultivation）是指农杆菌与外植体共同培养的过程。

7. 种质转化系统

以植物自身的种质细胞，特别是植物生殖系统的细胞（花粉、卵细胞、子房和幼胚等）为媒介，将外源 DNA 导入完整植物细胞，实现遗传转化的技术称为种质转化系统（germ line transformation system），该技术也称为生物媒体转化系统或整株活体转化系统。

8. 直接转化系统

直接转化系统（direct transformation system）是指不用任何载体，采用物理或化学方法直接将外源基因导入受体细胞的技术，如基因枪转化法、脂质体介导转化法、超声波转化法等。

9. Vir 区

Vir 区（virulence region）上的基因与 T-DNA 从细菌转移到植物细胞的过程有关，此区段上的基因能够使农杆菌表现出毒性，故也称为毒性区。

10. Con 区

Con 区（region encoding conjugations）即接合转移编码区，该区段上存在着与细菌间结合转移的有关基因 *tra*，调控 Ti 质粒在农杆菌之间的转移。

11. Ori 区

Ori 区（origin of replication）基因调控 Ti 质粒的自我复制，故也称为复制起始区。

12. 转基因植物安全性及其评价

转基因植物安全性是指为使转基因植物及其产品在研究、开发、生产、运输、销售、消费等过程中受到安全控制、防范其对生态和人类健康产生危害而采取的一系列措施的总和。

对转基因植物的安全性评价主要集中在两个方面：一个是环境安全性，另一个是食品安全性。转基因植物的环境安全性评价要回答的核心问题是转基因植物释放到田间去是否会将其基因转移到野生植物中，或是否会破坏自然生态环境，打破原有生物种群的动态平衡。在食品安全性方面，如果转基因植物生产的产品与传统产品具有实质等同性，则可以认为是安全的；

若转基因植物生产的产品与传统产品不存在实质等同性,则应进行严格的安全性评价。在进行实质等同性评价时,必须确保转入外源基因或基因产物对人畜无毒。如转 Bt 杀虫基因玉米除含有 Bt 杀虫蛋白外,与传统玉米在营养物质含量等方面具有实质等同性,要评价它作为饲料或食品的安全性,则应集中研究 Bt 蛋白对人畜的安全性。在自然条件下存在着许多过敏源,在基因工程中如果将控制过敏源形成的基因转入新的植物中,则会对过敏人群造成不利的影响。因此,转入过敏源基因的植物不能批准商品化。另外,还要考虑营养物质和抗营养因子的含量等。

第二节　植物转基因的用途和研究进展

一、植物转基因的用途和意义

植物转基因技术是指把从动物、植物或微生物中分离到的目的基因,通过各种方法转移到植物的基因组中,使之稳定遗传并赋予植物新的农艺性状,如抗虫、抗病、抗逆、高产、优质等。转基因植物在生命科学基础研究方面也具有重要的作用。此外,利用转基因植物作为生物反应器还可生产药用蛋白和可降解塑料等。

(一) 植物品质改良及新品种的培育

植物转基因技术可高效、快速提高粮食作物、蔬菜、林木树种和花卉草种的产量、品质和抗耐性,为培育高产、高抗、多抗的优质新品种提供了科学的手段。目前转基因技术已在棉花、大豆、玉米等主要农作物上得到了很好的应用,对全球农业产生了深刻的影响。通过转基因技术对植物进行品质改良,可获得口感好、营养成分高、具有某种保健功能或者生育期改变等具有人类所期望的良好品质的转基因植物。例如,研究人员已成功地将其他物种的 psy(八氢番茄红素合成酶(phytoene synthase)基因)、lcy(番茄红素(lycopene)基因)等基因整合到水稻基因组中,改变水稻胚乳无法合成维生素 A 的现实,从而实现人们从水稻的食用中也能获得维生素 A 的设想。再如,北京大学成功以马铃薯作为生物反应器将编码必需氨基酸的基因转入马铃薯,获得了富含必需氨基酸的马铃薯品系。

(二) 医药研究

转基因技术可以把植物作为生物反应器,进行药物蛋白(疫苗、抗体等)、工业用酶、糖类、脂类等一些有益次生代谢产物的生产,具有成本低、周期短、效益高和安全性好的特点。携带不同目的基因的转基因植物将成为人类治疗各种疑难杂症的资源丰富的"药库"和"生产车间",不断为人类提供大量的药物来源。例如,烟叶已经作为生物反应器生产出多种有用的动物蛋白,马铃薯、香蕉和胡萝卜已经作为生物反应器培育抗乙型肝炎病毒疫苗,等等。

(三) 开发能源

随着世界经济的发展,加速了对石油等有限的不可再生矿质能源的消耗,世界面临着能源枯竭的严重问题。为解决能源危机,各国政府正加紧开发可再生能源。生物质能作为一种可再生的、清洁的、易实现工业化生产的新型能源,已受到广泛重视。利用转基因技术研究以农作物为原料生产乙醇、生物柴油等生物燃料有着光明的发展前景,以能源植物为主的生物质能将是人类未来的理想选择。目前,转基因能源植物的研究已成为转基因技术领域研究的热点之一,并取得了很大的进展,生物柴油已成为世界上产量增长最快的替代燃料。

(四) 保护环境

转基因植物对于强化环境的自净功能、降低污染处理成本、减少环境污染,保护生态环境具有非常重要的作用。这是因为转基因技术可以生产许多抗性强、适应性广的植物,最大限度地利用土地资源,增加全球植被的覆盖率,减少水土流失和土地沙漠化,减少因 CO_2 增加引起的温室效应。抗病、抗虫转基因作物的广泛种植,可以减少农药的使用量。转基因植物可对土壤中的有毒污染物进行高效吸收或生物降解,通过植物修复(phyto-remediation)系统使受污染的环境得到修复。

二、植物转基因的研究进展与展望

自从 1983 年第一例转基因植物问世以来,转基因植物在全球的种植面积增长迅速,种植转基因植物的国家从 1992 年的 1 个增长到 1996 年的 6 个,1998 年的 9 个,1999 年进一步增长到 12 个,目前国际上有 30 多个国家批准 3 000 多例转基因植物进入田间试验,并且有美国、加拿大、中国等 20 多个国家成功进行了商品化生产。全球转基因植物的种植面积 1996 年仅为 1.7×10^6 hm^2,1997 年为 1.1×10^7 hm^2,1998 年增长到 2.78×10^7 hm^2,1999 年又比 1998 年增长 44%,达到 3.99×10^7 hm^2。截至 2011 年,全球 29 个国家约有 1 670 万农户种植了 1.6×10^8 hm^2 的转基因作物。

早在 1994 年,Fraley 就对生物工程研究的前景进行了设想。1995—2000 年,人们主要进行作物农艺性状(如作物的抗除草剂、抗病、抗虫等)方面的研究。2000—2005 年,主要是通过作物的淀粉、糖、脂肪酸等方面的改良而进一步加强食品加工方面的研究。2005—2010 年,药物学方面的研究成为主要研究内容。2010 年以后,则集中进行特殊化学成分的研制与生产。植物转基因在培育现代社会所需的集高产、优质、稳产、抗逆于一身的农作物新品种方面,显示出独特的技术优势和全新的开发前景。

美国转基因植物的商业化速度进展很快,其推广应用处于世界领先水平。1994 年美国 Calgene 公司研制的转基因延熟番茄首次进行商业化生产,到 1998 年底就有 30 多例转基因植物被批准进行商业化生产。1999 年全球转基因植物种植面积中,美国就占 72%,达 2.87×10^7 hm^2;其次是阿根廷 6.7×10^6 hm^2,占 17%;加拿大 4.0×10^6 hm^2,占 10%;中国名列第 4 位,1999 年种植面积达 3.0×10^5 hm^2,占 1%;其他国家的种植面积占比都小于 1%。种植的转基因植物种类主要有大豆(约占 54%),玉米(约占 28%),棉花(占 9%),Canola 油菜(占 9%),马铃薯、西葫芦和木瓜(小于 1%)。按转基因植物的性状划分,抗除草剂约占 71%,其中抗除草剂的大豆约占 54%,Canola 油菜占 9%,玉米占 4%,棉花占 4%。抗虫转基因植物约占 22%,主要是抗虫玉米(约 19%)和抗虫棉(3%);抗虫兼抗除草剂占 7%,主要是玉米(5%)和棉花(2%);抗病毒和其他性状转基因植物的比例小于 1%。

在国家"863"高新技术研究与发展计划及国家科技攻关计划的资助下,中国转基因植物的研究和开发也取得了显著的进展,有些研究已经达到国际先进水平。目前经我国农业部审查并经全国基因工程安全委员会批准商品化生产的作物主要有抗虫转基因棉花、抗病毒烟草、延迟成熟期的转基因番茄、抗 CMV 转基因番茄、抗 CMV 转基因甜椒。此外,抗虫玉米、水稻、大豆、烟草,抗病马铃薯、烟草,抗除草剂大豆等正在进行田间试验。除转基因抗虫棉已经大面积生产外,其他几种转基因作物的种植面积较小。

第三节　植物细胞遗传转化的离体培养方法

要进行植物细胞的遗传转化,必须建立植物受体系统。植物受体系统的建立是基因转移的基础。目前建立的各种转化方法都是以受体材料的离体培养技术为基础的。根据转化时培养材料外植体的不同,可将转基因的离体培养方法分为叶盘培养转化法(leaf dish transformation)、愈伤组织培养转化法、茎尖培养转化法、种胚培养转化法、不定芽培养转化法、单细胞培养转化法以及原生质体培养转化法等。

一、叶盘培养转化法

叶盘培养转化法是 Monsanto 公司 Morsch 等(1985 年)建立起来的一种转化方法。其操作步骤如下。

1. 取材

用打孔器从消毒叶片上取下直径为 2～5 mm 的圆形叶片,即叶盘。

2. 侵染

将叶盘放入培养至指数生长期的根癌农杆菌液浸泡几秒钟,使根癌农杆菌侵染叶盘。

3. 培养

用滤纸吸干叶盘上多余的菌液,将这种经侵染处理过的叶盘置于培养基上共培养 2～3 d。

4. 筛选再生

将叶盘转移到含有头孢霉素或羧苄青霉素的培养基中,除去根癌农杆菌。与此同时,在培养基中加入抗生素进行转化体的筛选,使转化细胞再生为植株。

5. 检测

对这些再生植物进行检测,确定它们是否整合有目的基因以及表达情况。

目前,叶盘培养转化法已在多种双子叶植物上得到成功的应用。实际上,其他外植体如茎段、叶柄、胚轴、子叶愈伤组织、萌发的种子均可采用类似的方法进行转化。该方法的优点是适用性广且操作简单,是目前应用最多的方法之一。

二、愈伤组织培养转化法

愈伤组织培养转化法是指外植体经脱分化培养诱导愈伤组织,然后利用农杆菌来感染愈伤组织,导入外源基因,进而获得转基因的再生植株。

愈伤组织培养需要先将外植体接种到培养基上,在一定条件下进行愈伤组织诱导。由于大多数愈伤组织细胞处于分生细胞状态,易于接受外源基因侵染,因此转化率较高。这种方法的特点是外植体来源广泛,转化扩繁量大,可获得较多的转化植株。但是愈伤组织的继代培养周期不能过长,以免细胞老化而不利于转化后的植株再生。

三、茎尖培养转化法

茎尖培养转化法是把茎尖分生组织或含有此分生组织的茎尖分离,再将茎尖放入培养至指数生长期的根癌农杆菌液浸泡几秒钟,使根癌农杆菌侵染茎尖,将这种经侵染处理过的茎尖置于培养基上共培养 2～3 d,再转移到含有头孢霉素或羧苄青霉素的培养基中,除去根癌农杆菌。与此同时,在该培养基中加入抗生素进行转化体的筛选,使转化细胞再生为植株。对再生植物进行检测,确定它们是否整合有目的基因以及表达情况。

四、种胚培养转化法

种胚培养转化法是首先分离出种子中的胚,然后按茎尖培养转化的方法进行转化。对种胚进行离体培养一般用于以种子进行繁殖的植物,在转化前要选择发育良好的材料进行种胚培养。

五、不定芽培养转化法

不定芽培养转化法是指外植体细胞越过脱分化阶段,直接分化出不定芽,从而获得再生植株的受体系统。采用子叶、胚轴和幼嫩叶片、幼茎等为外植体,在适宜的培养技术控制下,均可以直接分化出芽。但由于外植体细胞直接分化芽比诱导愈伤组织困难得多,转化频率一般很低。这种受体系统比较适用于无性繁殖植物,对于有性繁殖植物要相对困难一些。

六、单细胞培养转化法

单细胞培养转化法是以单个植物细胞作为受体细胞,将外源基因通过根癌农杆菌或者基因枪的方法导入受体细胞,再生成转基因植株的转化方法。此法得到的转化体不含嵌合体,一次可以处理多个细胞,得到相对较多的转化体。应用此法进行基因转化时,其先决条件就是要建立起良好的单细胞培养体系。

七、原生质体培养转化法

原生质体培养转化法是以原生质体作为受体细胞,将根癌农杆菌与原生质体作短暂的共培养,然后洗涤除去残留的根癌农杆菌,置于含抗生素的选择培养基上筛选出转化细胞,进而再生成植株。此法与单细胞培养转化法一样可以得到相对较多的转化体。应用此法进行基因转化时,其先决条件就是要建立起良好的原生质培养和再生植物技术体系。

第四节　植物转基因的技术和方法

植物基因转化的方法可分为载体介导的转化方法、基因直接导入法和种质系统法三大类。载体介导的转化方法主要包括根癌农杆菌介导转化法、发根农杆菌介导转化法和病毒介导转化法等,基因直接导入法主要包括基因枪转化法、聚乙二醇转化法、脂质体介导转化法、电击转化法、超声波转化法、激光微束穿孔转化法、显微注射转化法和碳化硅纤维介导转化法等,种质系统法主要包括花粉管通道转化法、生殖细胞浸泡转化法、胚囊和子房注射法等。以下介绍几种常用的转化方法。

一、根癌农杆菌介导转化法

根癌农杆菌是普遍存在于土壤中的一种革兰氏阴性细菌。它能在自然条件下感染大多数双子叶植物的受伤部位,将 T-DNA 插入植物基因组中。因此,根癌农杆菌是一种天然的植物遗传转化体系。人们将目的基因插入经过改造的 T-DNA 区,借助根癌农杆菌的感染实现外源基因向植物细胞的转移与整合,然后通过细胞和组织培养技术,再生出转基因植株。

二、基因枪转化法

基因枪(particle gun)转化法又称微弹轰击法(microprojectile bombardment, particle bombardment),是指利用火药爆炸、高压气体和高压放电作为驱动力(这一加速设备称为基因枪),将载有目的基因的金属颗粒加速,高速射入植物组织和细胞中,然后通过细胞和组织培养技术,再生出新的植株。

三、电击转化法

电击转化法也称电穿孔法(electroporation),其原理是利用高压电脉冲($200\sim600$ V/cm)的作用在原生质体上"电激穿孔",形成可逆的瞬间通道,然后将原生质体在组织培养基中培养 $1\sim2$ 周,选择已转化的细胞,作进一步的分化培养,最后获得转化的再生植物。随着技术的改进,并与化学法结合,目前该法的转化率可高达 1.2%。

电击转化法的优点是操作简便,特别适合于瞬间表达研究。缺点是必须经过原生质体培养,且电穿孔易造成原生质体损伤,使其再生率降低。将电击转化法与聚乙二醇转化法、脂质体介导转化法和激光微束穿孔转化法等结合使用及不断改进技术,都可有效提高转化率。

四、聚乙二醇转化法

聚乙二醇(PEG)是一种水溶性的化学渗透剂,pH $4.6\sim6.5$,因多聚程度不同而异。聚乙二醇转化法的原理是可使细胞膜之间或使 DNA 与膜形成分子桥,促使相互间的接触和粘连,并可通过改变细胞膜表面的电荷,引起细胞膜透性的改变,从而诱导原生质体摄取外源基因 DNA。

聚乙二醇转化法具有以下优点:一是操作简单、成本低、不需昂贵的基因转化仪器;二是在所得到的转化体中,嵌合体很少;三是受体植物不受种类的限制,对已建立原生质体再生系统的植物都可采用;四是结果比较稳定,重复性好。但由于建立作物原生质体再生系统较为困难,加上聚乙二醇转化法对原生质体活力的有害作用,会使转化率下降,一般在 $10^{-5}\sim10^{-3}$。要提高转化率,可将聚乙二醇转化法与电击转化法、脂质体介导转化法和激光微束穿孔转化法等结合使用。

五、花粉管通道转化法

花粉管通道(pollen-tube pathway)转化法是在授粉后,向子房注射目的基因,利用植物在开花、受精过程中形成的花粉管通道,将外源 DNA 导入受精卵细胞,并进一步地整合到受体细胞的基因组中,随着受精卵的发育而成为带转基因的新个体。

花粉管通道转化法的最大优点是不依赖组织培养再生植株,技术简单,不需要装备精良的实验室,常规育种工作者易于掌握。同时该方法的受体材料为植株整体,省略了细胞组织培养的诱导和传代过程,避免了原生质体再生以及组织培养过程中可能导致的染色体变异或优良农艺性状丧失等问题,排除了植株再生的障碍,特别适合于难以建立有效再生系统的植物。而且由于转化的是完整植株的卵细胞、受精卵或早期胚胎细胞,导入 DNA 分子的整合效率较高。但该法的使用在时间上受到开花季节的限制。

六、显微注射转化法

显微注射转化法是利用显微注射仪将外源基因直接注入已固定的植物细胞的细胞核或细胞质中,从而实现基因转移。受体细胞最初仅用原生质体,现在已发展为适用于带壁的悬浮细胞、花粉粒、卵细胞、子房等。

显微注射转化法突出的优点是转化率高,整个操作过程对受体细胞无药物毒害,有利于转化细胞的生长发育。其缺点是操作烦琐耗时,工作效率低,并需精细的操作技术和精密的仪器设备。

七、激光微束穿孔转化法

激光微束穿孔转化法是将激光聚焦成微米级的微束照射细胞后,利用其热损伤效应使细胞壁上产生可恢复的小孔,使加入细胞培养基里的外源基因进入植物细胞,从而实现基因的转移。具体方法是在荧光显微镜下找出合适的细胞,然后用激光光源替代荧光光源,使细胞壁被击穿,外源 DNA 进入受体细胞。

该法具有操作简便、适用性广、无宿主范围限制、能转化细胞器等优点。但该方法仪器昂贵,转化率较低,故有待于进一步研究和完善。

八、脂质体介导转化法

脂质体介导(liposome mediated)转化法是根据生物膜的结构和功能特征,用磷脂等脂类化学物质合成的双层膜囊将 DNA 或 RNA 包裹成球状,导入原生质或细胞,以实现遗传转化的目的。脂质体介导转化法有两种具体方法:一是脂质体融合(liposome fusion)法,先将脂质体与原生质体共培养,使脂质体与原生质体膜融合,而后通过原生质体的吞噬作用把脂质体内的外源 DNA 或 RNA 分子高效地转入植物的原生质体内。最后通过原生质体培养技术,再生出新的植株。二是脂质体注射(liposome injection)法,通过显微注射把含有外源遗传物质完整的脂质体注射到植物细胞以获得转化。

脂质体介导转化法有多方面的优点,例如脂质体可以保护 DNA 在导入细胞之前免受核酸酶的降解作用,降低对细胞的毒害效应,包裹在脂质体内的 DNA 可以稳定贮藏,适用的植物种类广泛,重复性好等。美国 BRL 公司研制了一种新型脂质体,只要将该脂质体与 DNA 简单地混合,即可将 DNA 包裹在脂质体内,并可有效地转化植物细胞。脂质体的商业化生产无疑为脂质体介导转化法的广泛应用奠定了基础。

九、生殖细胞浸泡转化法

生殖细胞浸泡转化(imbibition transformation)法就是指将种子、胚、胚珠、子房、幼穗甚至幼苗等直接浸泡在外源 DNA 溶液中,利用渗透作用可将外源基因导入受体细胞并得到整合与表达的一种转化方法。生殖细胞浸泡转化法的原理是利用植物细胞自身的物质转运系统将外源 DNA 直接导入受体细胞。

生殖细胞浸泡转化法是植物转基因技术中最简单、快速、便宜的一种转化方法。它不需要昂贵的仪器设备和复杂的组织培养技术,可以进行大批量的受体转化工作,并且容易推广普及。但该法的转化率较低,重复性较差,而且筛选和检测也比较困难。

第五节 转基因植物的鉴定和选择

在植物遗传转化中,外源基因导入植物细胞的频率是相当低的。在数量庞大的受体细胞群体中,通常只有少数细胞获得了外源 DNA,而整合到基因组并实现表达的转化细胞则更少。因此,必须采用一定的方法筛选和鉴定出含有目的基因的转化细胞。

目前已发展出一系列的筛选和鉴定转基因细胞的方法。这些鉴定和筛选方法,根据检测基因的功能,分为调控基因(包括启动子、终止子等)检测法、选择标记基因检测法和目的基因直接检测法。根据检测的不同阶段,分为整合水平检测法和表达水平检测法。整合水平检测法主要有 Southern 杂交、PCR(polymerase chain reaction)、PCR-Southern 杂交、原位杂交和DNA 分子标记技术等。表达水平检测法中最简便和使用广泛的是报告基因检测法。除报告基因检测法外,表达水平检测法还包括转录水平检测法和翻译水平检测法。转录水平检测法有 Northern 杂交和反转录 PCR(RT-PCR)检测等。翻译水平检测法有酶联免疫吸附法(ELISA)和 Western 杂交。

一、选择标记基因检测法

在构建植物表达载体时,除含有目的基因和各种表达调控元件外,一般情况下还插入了供选择用的选择标记基因(selectable marker gene)。经过遗传转化,所有这些表达载体上的插入序列一同整合到受体植物染色体基因组中。

选择标记基因的主要功能是使转化的植物细胞产生一种选择压力,未转化的细胞在施用选择剂时,不能生长、发育和分化,而转化细胞对该选择剂具有抗性,可继续存活,因而能从大量的细胞或组织中筛选出转化细胞及植株。该方法已成为植物遗传转化中一种方便、快捷的转基因植物鉴定方法。

植物基因工程所应用的选择标记基因都具有以下 4 个特征:①编码一种不存在于正常植物细胞中的产物,如酶和蛋白质等;②基因较小,易构成嵌合基因;③能在转化体中得到充分表达;④容易检测,并能定量分析。

目前,常用的选择标记基因主要有两大类。一类是编码抗生素的抗性基因,如新霉素磷酸转移酶(neomycin phosphotransferase)基因 npt Ⅱ、潮霉素磷酸转移酶(hygromycin phosphotransferase)基因 hpt 和二氢叶酸还原酶(dihydrofolate reductase)基因 $dhfr$;另一类是编码除草剂抗性基因,如草丁膦乙酰转移酶(phosphinothricin acetyltransferase)基因 bar、5-烯醇丙酮酰草酸-3-磷酸合成酶(5-enoylpyruvate shikimate-3-phosphate)基因 $epsps$。

二、报告基因检测法

理想的植物报告基因应具备以下特征：①编码的产物是唯一的，并且对受体细胞无毒；②表达产物及产物的类似功能在未转化的细胞内不存在，即无背景；③产物表达水平稳定，便于检测等。

转基因植物常用的报告基因主要有 β-葡萄糖醛酸乙酰转移酶（β-glucuronidase）基因（*gus*）、胭脂碱合成酶（nopaline synthase）基因（*nos*）、章鱼碱合成酶（octopine synthase）基因（*ocs*）、荧光素酶（luciferase）基因（*luc*）和绿色荧光蛋白（green fluorescent protein）基因（*gfp*）等。

（一）*gus* 基因的检测

gus 基因是应用较为广泛的报告基因。它来自大肠杆菌，编码 β-葡萄糖醛酸乙酰转移酶。该酶与 5-溴-4-氯-3-吲哚-β-D-葡萄糖苷酸酯底物发生作用，产生蓝色沉淀反应，既可以用分光光度法测定，又可以直接观察到植物组织由沉淀形成的蓝色斑点。检测容易、迅速，只需少量的植物组织即可在短时间内完成测定。

（二）*nos* 和 *ocs* 基因的检测

胭脂碱合成酶能催化冠瘿碱的前体物质精氨酸与 α-酮戊二酸进行缩合反应，生成胭脂碱。章鱼碱合成酶能催化精氨酸与丙酮酸缩合生成章鱼碱。目前主要采用纸电泳法检测 *nos* 和 *ocs* 基因。纸电泳分离被检植物组织抽提物，精氨酸的电泳迁移率最大，章鱼碱的迁移率略大于胭脂碱。电泳后用菲醌染色。菲醌与精氨酸、胭脂碱、章鱼碱作用后在紫外光下显示黄色荧光，放置 2 d 后变为蓝色。

（三）*luc* 基因的检测

用作报告基因的 *luc* 基因主要来自细菌和萤火虫。细菌荧光素酶以脂肪醛为底物，在还原型黄素单核苷酸参与下，使脂肪醛氧化为脂肪酸，同时放出光子。萤火虫荧光素酶在镁离子、三磷酸腺苷和氧的作用下，催化 6-羟基喹啉类物质生成氧化荧光素，同时放出光子。依据上述原理建立的 *luc* 基因的检测方法简便、灵敏。

（四）*gfp* 基因的检测

绿色荧光蛋白（GFP）是维多利亚水母（*Aequorea victoria*）中分离纯化出的一种可以发出绿色荧光的物质。与其他选择标记相比，GFP 的检测具有不需要添加任何底物或辅助因子，不使用同位素，也不需要测定酶的活性等优点。同时 GFP 生色基团的形成无种属特异性，在原核细胞和真核细胞中都能表达，其表达产物对细胞没有毒害作用，并且不影响细胞的正常生长和功能。所以利用 *gfp* 作为选择标记基因，可以很方便地从大量的细胞或组织中筛选出转化细胞及植株，并且可用来追踪外源基因的分离情况。

三、分子生物学检测法

植物转基因操作中，除利用抗生素抗性和除草剂抗性等选择基因排除非转化细胞，以及利用 *gus* 和 *gfp* 等报告基因显示转基因成功外，还可以从分子水平鉴别出阳性转化体，明确目的基因在转基因植株中的拷贝数和转录与表达情况。

（一）外源基因整合与否及其整合拷贝数的鉴定

1. PCR 检测

（1）常规 PCR 检测。

PCR 技术是利用 DNA 聚合酶的酶促反应,在模板 DNA、引物和 4 种脱氧核糖核苷酸存在的条件下,通过 3 个温度依赖性步骤(即变性、退火和延伸),进行 DNA 扩增。经 PCR 扩增所得目的片段的特异性取决于引物与模板 DNA 间结合的特异性。根据外源基因序列设计出一对引物,通过 PCR 反应便可特异性地扩增出转化植株基因组内外源基因的片段,而非转化植株不被扩增,从而筛选出可能被转化的植株。

PCR 检测所需的 DNA 用量少,纯度要求也不高,不需用同位素,实验安全,操作简单,检测灵敏,效率高,成本低,已成为当今转基因检测不可或缺的方法,被广泛应用。然而,PCR 检测易出现假性结果。引物设计不合理,靶序列或扩增产物的交叉污染,外源 DNA 插入后的重排、变异等因素都会造成检测的误差。因此,常规 PCR 的检测结果通常仅作为转基因植物初选的依据,有必要对 PCR 技术进行优化,并对 PCR 检测为阳性的植株做进一步验证。

（2）优化的 PCR 检测。

优化 PCR 技术的目的在于提高扩增产物的特异性、推测目的基因的拷贝数及整合情况,从而提高检测的效率。常见的有多重 PCR(MPCR)、降落 PCR(TD-PCR)、反向 PCR(IPCR)和实时定量 PCR(real-time quantitative PCR)等。

①多重 PCR:MPCR 是在同一管 PCR 反应体系中,使用多套针对多个 DNA 模板或同一模板的不同区域进行 PCR 扩增的方法。与普通 PCR 法相比,MPCR 反应更快捷、更经济,只需 1 次 PCR 反应,就能检测多个靶基因。由于 MPCR 技术是在同一反应管中加多对引物同时对多个靶位点进行检测,因此对引物的要求较高,不同引物间的相互干扰应降至最低;同时扩增的目的片段大小也不能太接近,否则凝胶电泳时难以分开,无法辨别。

②降落 PCR:TD-PCR 是一种在一支反应管或少数几支反应管中通过一系列退火温度逐渐降低的反应循环来达到优先扩增目的基因目的的 PCR 方法。它通过体系自身的代偿功能弥补反应体系和并非完美的循环参数所造成的不足。此方法保证了最初形成的引物模板杂交体具备最强的特异性。尽管最后一些循环采用的退火温度会降到非特异的 T_m 值,但此时的扩增产物已开始呈几何扩增,在余下的循环中处于超过任何非特异性 PCR 产物的地位,从而使 PCR 产物仍然呈现出特异性扩增。

③反向 PCR:IPCR 与普通 PCR 相同之处是都有一个已知序列的 DNA 片段,引物都分别与已知片段的两末端互补。不同的是对该已知片段来说,普通 PCR 两引物的 3′-末端是相对的,而 IPCR 则是相互反向的。因而 IPCR 可以扩增已知序列片段旁侧的未知序列。根据这一特点,可以对外源基因在植物基因组中整合的拷贝数进行分析。多拷贝多位点整合时,扩增产物在电泳图谱上呈现多条带,单拷贝时只得到一条带。

④实时定量 PCR:实时定量 PCR 是一种在 PCR 反应体系中加入荧光基团,利用荧光信号积累实时监测整个 PCR 进程,最后通过标准曲线对未知模板进行定量分析的方法。通过引物和(或)探针的特异性杂交对模板进行鉴别,特异性好,准确性高,假阳性率低;采用灵敏的荧光检测系统对荧光信号进行实时监控,灵敏度高;荧光信号的强弱与模板扩增产物的对数呈线性关系,线性关系好;通过荧光信号的检测对样品初始模板浓度进行定量,误差小;同时该法操作简单,自动化程度高。

2. Southern 杂交

Southern 杂交是利用经过标记的 DNA、RNA 探针与靶 DNA 进行特异性杂交,分析外源基因在植物染色体上的整合情况(如拷贝数、插入方式)以及外源基因在转基因后代的稳定性。Southern 杂交可以不受操作过程中的 DNA 污染影响并清除转化中的质粒残留所引起的假阳性信号,准确度高,特异性强,是研究转基因植株外源基因整合最可靠的方法,已广泛应用于水稻、小麦、玉米、大豆、油菜、桃等各类作物转基因植株的检测。然而该方法程序复杂,成本高,且对实验技术条件要求较高,使其使用受到了限制。

(二) 外源基因在转化植株中是否转录的检测与鉴定

1. Northern 杂交

可以通过细胞总 RNA 和 mRNA 与探针杂交来分析外源基因在转化植株中的转录水平,此方法称为 Northern 杂交。它是研究转基因植株中外源基因表达及调控的重要手段。Northern 杂交程序一般分为三个步骤:植物细胞总 RNA 的提取、探针的制备、印迹及杂交。Northern 杂交比 Southern 杂交更接近于目的性状的表现,因此更有现实意义。但 Northern 杂交的灵敏度有限,对细胞中低丰度的 mRNA 检出率较低。因此,在实际工作中更多的是利用 RT-PCR 技术对外源基因的转录水平进行检测。

2. RT-PCR

RT-PCR 的原理是在反转录酶作用下,以待检植株的 mRNA 合成 cDNA,再以 cDNA 为模板扩增出特异的 DNA。RT-PCR 可在 mRNA 水平上检测目的基因是否表达。RT-PCR 十分灵敏,能够检测出低丰度的 mRNA,特别是在外源基因以单拷贝方式整合时,其 mRNA 的检出常用 RT-PCR。由于 RT-PCR 是在总 RNA 或 mRNA 水平上操作,检测过程中必须注意 RNA 的降解和 DNA 的污染,另外还要设置严格的对照来防止假性结果的出现。

(三) 转基因植株外源基因表达情况的检测与鉴定

尽管在 mRNA 水平也能一定程度地研究外源基因的表达,但存在 mRNA 在细胞质中被特异性地降解等情况,mRNA 与表达蛋白质的相关性不高,基因表达的中间产物 mRNA 水平的研究并不能取代基因最终表达产物的研究。转基因植株外源基因表达的产物一般为蛋白质,外源基因编码蛋白在转基因植物中能够正常表达并表现出应有的功能才是植物基因转化的最终目的。外源基因表达蛋白检测主要利用免疫学原理,ELISA 及 Western 杂交是外源基因表达蛋白检测的经典方法。

1. ELISA 检测

ELISA 是酶联免疫吸附法(enzyme-linked immunosorbent assay)的简称,其原理是抗原或抗体的同相化及抗原或抗体的酶标记,把抗原-抗体反应的高度专一性、敏感性与酶的高效催化特性有机结合,从而达到定性或定量测定的目的。ELISA 有直接法、间接法和双抗夹心法。目前使用最多的是双抗夹心法,其灵敏度最高。一般 ELISA 为定性检测。如作出已知转基因成分浓度与吸光度的标准曲线,也可据此来确定样品转基因成分的含量,达到半定量测定。使用 ELISA 检测外源基因表达蛋白具有便捷、灵敏、特异性好、试剂商业化程度高、成本低、适用范围广、实验结果易读等特点。但也存在本底过高、缺乏标准化等问题。

2. Western 杂交

Western 杂交是将蛋白质电泳、印迹、免疫测定融为一体的蛋白质检测技术,其原理是将聚丙烯酰胺凝胶电泳（SDS-PAGE）分离的目的蛋白固定在固相膜上（如硝酸纤维素膜），再将膜放入高浓度的蛋白质溶液中温育，以封闭非特异性位点，然后在印迹上用特定抗体（一抗）与目的蛋白（抗原）杂交，再加入能与一抗专一结合的标记二抗，最后通过二抗上的标记化合物的性质进行检出。根据检出结果，可知目的蛋白是否表达、浓度大小及大致的相对分子质量。此方法特异性高，可用于定性检测。由于 Western 杂交是在翻译水平上检测目的基因的表达结果，能够直接表现出目的基因的导入对植株的影响，在一定程度上反映了转基因的成败，所以具有非常重要的意义，被广泛采用。Western 杂交的缺点是操作烦琐，费用较高，不适合做批量检测。

综上所述，转基因植物的检测方法很多。PCR 可以检测目的基因是否整合在受体细胞的染色体上，PCR 检测灵敏，但易受 DNA 污染，同时对多位点插入难以检测。检测外源基因整合在植物染色体上最可靠的方法就是 Southern 杂交和原位杂交。Southern 杂交可检测外源基因插入的拷贝数和插入方式，是一种较为精确的分析方法，也是目前鉴定外源基因存在于转基因植物中的权威方法；原位杂交可以检测外源基因存在的位置、整合外源基因的染色体及外源基因在该染色体上的位置。在外源基因的转录水平上，可用 Northern 杂交和 RT-PCR 检测。Northern 杂交是研究转基因植物中外源基因表达的重要方法，然而较烦琐，而 RT-PCR 较之操作简单，且更灵敏，特别是单拷贝时更常用。若外源基因编码蛋白质，在转基因植物中表达蛋白的检测可采用 ELISA 和 Western 杂交。用 Western 杂交检测外源基因是否表达，用 ELISA 则可做定量检测，两者常结合起来应用。从转基因植物的检测技术来看，新技术不断涌现，多种技术相互结合，互相补充，逐渐朝着高效、便捷、安全、自动化方向发展。

四、生物学性状鉴定

由于转基因的目的是想通过外源基因在转化植株体内表达，来提高植株在某一性状方面的表达程度，因此在进行了分子生物学检测以后还要进行生物学鉴定，以确定基因是否可以正常地表达性状，并稳定地遗传给后代。如果一些有价值的目的基因被转入，还必须鉴定基因的功能及其表型。特别是在那些转入基因的目的是增加植物抗性的研究中，为了检测基因是否转入或者转入后是否表达，可以给转基因植株一定的选择压力，如果产生抗性，表明是转基因植株。例如抗除草剂基因植株，可以通过喷洒除草剂检测，具有除草剂抗性的转基因植株才能成活。抗病植物，可以通过人工接种相应的病菌进行检测，抗性表现显著增强的植株可以确定为转基因植株。转 Bt 基因抗虫植物，可以通过抗虫实验来筛选。抗旱基因的植株，可以通过对干旱的胁迫能力进行筛选。如转基因植物是食用粮食作物或油料，还要通过转基因植物的安全性检测，以免对人类和环境造成危害，如果转化的是花色素合成酶基因，则凭肉眼就可直观鉴定花色变化。

五、转基因植株检测的其他技术

（一）基因芯片技术

生物芯片（biochip）是指高密度固定在固相支持介质上的生物信息分子（如寡核苷酸、基因片段、cDNA 片段或多肽、蛋白质）的微阵列。生物芯片可分为基因芯片及蛋白质芯片。这两类芯片都可用于转基因植物的检测与鉴定，但目前应用潜力较大的是用于转基因植株中外源基因表达调控的 cDNA 芯片。cDNA 芯片能够检测出由外源基因整合及外源基因不同的整合方式所引起的植物基因组任何微小的表达差异。将不同被测样品的 mRNA 分别用不同的荧光物质标记,各种探针等量混合与同一阵列杂交,可以得到外源基因表达强度差异的信息,从而实现外源基因表达调控的对比研究。

将目前通用的报告基因、选择标记基因、目的基因、启动子和终止子的特异片段固定于玻片上制成检测芯片,与从待检植株抽提、扩增、标记后 DNA 杂交,杂交信号经扫描仪扫描后,再经计算机软件进行分析,可对转化植株进行有效筛选。利用基因芯片对转基因水稻、木瓜、大豆、玉米、油菜等作物的检测结果表明,利用此方法检测转基因植物快速且准确。

与常规技术相比,生物芯片的突出特点是高度并行性、多样性、微型化及自动化。目前,由于成本高,它的推广应用受到了限制。此外,假阳性背景也使其应用受限。随着生命技术的不断发展,计算机处理软件的进一步开发利用,生物芯片必将得到越来越多的应用。

(二)试纸条技术

试纸条技术(strip technology)与 ELISA 原理相似,不同之处是以硝化纤维素膜代替聚苯乙烯反应板为固相载体。先将特异性抗体吸附在膜上,将膜放入混有样品的溶液中,蛋白质随着液相扩散,遇到抗体,发生抗原-抗体反应,通过阴性对照筛选阳性结果,并给出转基因成分含量的大致范围。试纸条方法是一种快速、简便的定性检测方法,将试纸条放在待测样品抽提物中,5～10 min 就可得出检测结果,检测过程不需要特殊仪器和熟练技能,经济便捷,特别适用于田间和现场检测。

(三)原位杂交技术

原位杂交(in-situ hybridization)是通过杂交确定被检物在样本中的原本位置,是定位外源基因在染色体上和在组织细胞内表达的主要方法。染色体 DNA 原位杂交可确定外源基因在染色体上的整合位置,对研究外源基因遗传特性有重要意义。许多实验表明,位置效应是影响外源基因稳定及表达的重要因素。利用 mRNA 原位杂交可直观地观察到外源 mRNA 的表达量及不同发育时期表达的差异。外源基因表达蛋白的组织细胞免疫定位可用来确定表达蛋白在转基因植物组织及细胞中的分布,是研究转基因植物中外源基因功能及外源蛋白稳定性的重要手段。

第六节　植物转基因的应用实例

随着转基因技术的发展,目前已有 30 多种转基因作物被批准进行商业化种植。它们是转基因大豆、棉花、油菜、玉米、烟草、马铃薯、番茄、水稻、南瓜、亚麻、小扁豆、甜瓜、甜菜、甜椒、苜蓿、番木瓜等。

一、转基因大豆

大豆是重要的油料作物和高蛋白粮饲兼用作物,含有丰富的蛋白质、脂肪和多种人体有益的生理活性物质,是蛋白质、油脂及保健活性物质的重要来源。转基因大豆是目前种植面积最大的转基因作物。2010 年,全球转基因大豆的种植面积达到 7.33×10^7 hm²,占大豆种植面积的 81%。目前转基因大豆主要有耐除草剂转基因大豆、抗虫转基因大豆、高油转基因大豆和复合性状转基因大豆等。

（一）耐除草剂转基因大豆

目前耐除草剂转基因大豆主要是过量表达 *epsps* 基因，或者导入草甘膦乙酰转移酶基因，此大豆可以抗草甘膦。第二种是抗草铵膦的转基因大豆，它含有草铵膦乙酰转移酶基因。第三种是抗咪唑啉酮类除草剂的转基因大豆，它含有乙酰羟基酸合成酶基因。耐除草剂转基因大豆的种植可以减少除草剂的使用，使产量增加，带来巨大的经济效益。

（二）抗虫转基因大豆

抗虫转基因大豆主要含有苏云金芽孢杆菌（*Bacillus thuringiensis*）的杀虫晶体蛋白基因，对鳞翅目昆虫有抗性。抗虫转基因大豆的应用不仅有效控制了虫害，还减少 70%～80% 的农药使用量，减少了农药中毒事故，保护了农田生态环境。

（三）高油转基因大豆

高油转基因大豆是利用反义技术，将大豆中编码脂肪酸脱氢酶的基因导入，内源基因沉默，阻断了脂肪酸生物合成途径，引起油酸的积累。这些转基因大豆中油酸的含量可以高达 80%，而传统大豆中油酸含量只有 24%。

（四）复合性状转基因大豆

复合性状转基因大豆可以通过杂交、共转化和再转化等方法获得，同时具有多种性状，目前已经获得高油耐除草剂的转基因大豆、抗虫抗除草剂的转基因大豆。

二、转基因玉米

玉米是全球分布最广的粮食作物，也是中国最重要的作物之一。1996 年转基因抗虫玉米开始大规模商业化种植。转基因玉米主要是耐除草剂转基因玉米、抗虫转基因玉米、高赖氨酸转基因玉米、雄性不育转基因玉米、转植酸酶基因玉米和复合性状转基因玉米。

（一）耐除草剂转基因玉米

目前耐除草剂转基因玉米主要是过量表达 *epsps* 基因，或者导入草甘膦乙酰转移酶基因，可以抗草甘膦。另一种是抗草铵膦转基因玉米，它含有草铵膦乙酰转移酶基因。

（二）抗虫转基因玉米

抗虫转基因玉米主要含有苏云金芽孢杆菌的杀虫晶体蛋白基因。它对鳞翅目昆虫有抗性。有的还可以抗线虫。

（三）高赖氨酸转基因玉米

高赖氨酸转基因玉米导入了对赖氨酸不敏感的二氢吡啶二羧酸合酶基因，使玉米籽粒中游离赖氨酸含量提高，已经在 2005 年被美国批准食用、饲用和田间释放。

（四）雄性不育转基因玉米

雄性不育转基因玉米导入的是解淀粉芽孢杆菌的雄性不育基因，编码一个核糖核酸酶，在花药绒毡层细胞中表达，扰乱正常细胞的功能，阻止早期的花粉发育，最终导致雄性不育。

（五）转植酸酶基因玉米

转植酸酶基因玉米导入了黑曲霉的一个基因，使植酸酶的表达量大大提高，从而可以高效利用植酸。

（六）复合性状转基因玉米

复合性状转基因玉米可以通过杂交、共转化和再转化等方法获得，同时具有多种性状，如抗虫抗除草剂转基因玉米。到 2010 年，全球转基因玉米的种植面积为 4.6×10^7 hm²。

三、转基因棉花

棉花是纺织工业的重要原料。棉籽可以用作油料，也可作为高蛋白粮饲的添加成分。转基因棉花是最早实现商业化种植的作物之一，在 1994 年就开始种植耐除草剂的棉花。从种植面积来说，转基因棉花是世界第三大转基因作物。目前转基因棉花主要是耐除草剂转基因棉花、抗虫转基因棉花和复合性状转基因棉花。

（一）耐除草剂转基因棉花

耐除草剂转基因棉花有耐磺酰脲类除草剂的转基因棉花、耐草甘膦的转基因棉花、耐草铵膦的转基因棉花、耐苯腈类除草剂的转基因棉花、耐麦草畏除草剂的转基因棉花、耐多种除草剂的转基因棉花。

（二）抗虫转基因棉花

抗虫转基因棉花主要含有苏云金芽孢杆菌的杀虫晶体蛋白基因，它对鳞翅目昆虫有抗性。

（三）复合性状转基因棉花

复合性状转基因棉花可以满足农户和消费者的多样化需求，是未来转基因发展的趋势。复合性状主要有三种：抗虫复合性状、耐除草剂复合性状、抗虫和耐除草剂复合性状。大部分复合转基因棉花是由杂交获得。

与传统棉花种植相比，转基因棉花的种植可减少使用的杀虫剂和劳动力，从而增加单产和降低生产成本，提高农民的经济效益。

四、转基因油菜

油菜是重要的油料作物，油菜种子的含油量占其干重的 $35\% \sim 45\%$，含有丰富的脂肪酸和维生素。1996 年转基因油菜开始商业化种植。到 2011 年，转基因油菜种植面积为 820 hm²，占全球转基因作物种植面积的 5.13%，相当于油菜种植面积的 26%。商业化的转基因油菜主要是耐除草剂转基因油菜、高油酸低亚麻酸转基因油菜、高月桂酸和高豆蔻酸转基因油菜。

（一）耐除草剂转基因油菜

耐除草剂转基因油菜主要有耐草甘膦的转基因油菜、耐草铵膦的转基因油菜、耐咪唑啉酮类除草剂的转基因油菜、耐苯腈类除草剂的转基因油菜。

（二）高油酸低亚麻酸转基因油菜

高油酸低亚麻酸转基因油菜,主要是美国先锋公司选育出来的高油酸油菜,然后回交获得的油菜品种。

（三）高月桂酸和高豆蔻酸转基因油菜

此转基因油菜含有加州月桂（*Umbellularia californica*）的硫酯酶基因。

五、转基因马铃薯

马铃薯是世界第四大粮食作物。1995 年转基因马铃薯开始商业化种植。到 2010 年,转基因马铃薯的种植面积为 250 hm²。商业化的转基因马铃薯主要是抗虫转基因马铃薯、抗病毒转基因马铃薯、提高品质转基因马铃薯和复合性状转基因马铃薯。

（一）抗虫转基因马铃薯

抗虫转基因马铃薯导入苏云金芽孢杆菌的 *cry3A* 基因,可以抗甲虫。

（二）抗病毒转基因马铃薯

抗病毒转基因马铃薯是通过基因沉默技术,导入卷叶病毒的外壳蛋白基因或 *PLRV* 复制酶基因的部分阅读框 DNA 序列。它可以抗卷叶病毒,它的种植可以减少马铃薯卷叶病毒的危害。另一种是抗 Y 病毒转基因马铃薯,它导入了外壳蛋白的基因,从而具有对 Y 病毒的抗性。

（三）提高品质转基因马铃薯

通过反义技术,敲除了马铃薯中直链淀粉关键合成酶基因,直链淀粉合成受阻。此转基因马铃薯的淀粉全部为支链淀粉。

（四）复合性状转基因马铃薯

复合性状转基因马铃薯主要是抗甲虫、抗卷叶病毒和 Y 病毒的转基因马铃薯。

六、转基因水稻

水稻是一种谷类作物,它是世界上大部分人口的主食。目前转基因水稻主要是抗除草剂转基因水稻、抗虫转基因水稻、抗花粉过敏转基因水稻和金稻。

（一）抗除草剂转基因水稻

抗除草剂转基因水稻主要为抗草丁膦的水稻,含有草丁膦乙酰转移酶。

（二）抗虫转基因水稻

抗虫转基因水稻含有 *Bt* 基因,可以抗鳞翅目的昆虫。

（三）抗花粉过敏转基因水稻

抗花粉过敏转基因水稻含有雪松花粉蛋白基因 *cryj* Ⅰ 和 *cryj* Ⅱ基因,可以引起抗原反应,降低花粉过敏反应。

（四）金稻

金稻是能合成 β-胡萝卜素的水稻。它含有水仙花（*Narcissus pseudonarcissus*）的 *psy* 基因和土壤欧文氏细菌的 *crt*1 基因，其胡萝卜素的含量比普通水稻提高了 4～5 倍。

七、转基因烟草

烟草是重要的经济作物，我国是世界上最大的烟草生产国家。转基因烟草主要是抗病毒转基因烟草、耐除草剂转基因烟草、低烟碱转基因烟草和作为生物反应器的转基因烟草。

（一）抗病毒转基因烟草

抗病毒转基因烟草导入的基因是黄瓜花叶病毒和 TMV 的外壳蛋白。2000 年我国批准了它的中间试验，但还没有批准商业化生产。

（二）耐除草剂转基因烟草

耐除草剂转基因烟草导入的是腈水解酶基因，能够抗高出常用浓度 16 倍的苯腈类化合物，但还没有进行商业化种植。

（三）低烟碱转基因烟草

低烟碱转基因烟草利用反义技术导入了喹啉酸磷酸核糖转移酶的反向序列，根部尼古丁含量明显降低。

（四）作为生物反应器的转基因烟草

作为生物反应器的转基因烟草主要用来生成疫苗、抗体、药用蛋白、保健蛋白等。生产非霍奇金淋巴瘤疫苗的烟草已经进入 I 期和 II 期临床试验。

小　　结

植物转基因技术是利用现代生物技术，将人们期望的目标基因，经过人工分离、重组后，导入并整合到植物的基因组中，或者对植物基因敲除、屏蔽，从而改善植物原有性状或赋予其新的性状。转基因过程包括外源基因的克隆、表达载体的构建、遗传转化体系的建立、遗传转化体的筛选、遗传稳定性分析等。

要进行植物细胞的遗传转化，必须建立植物受体系统。植物受体系统的建立是基因转移的基础。目前建立的各种转化方法都是以受体材料的离体培养技术为基础的。根据转化时培养材料外植体的不同，转基因的离体培养方法分为叶盘培养转化法、愈伤组织培养转化法、茎尖培养转化法、种胚培养转化法、不定芽培养转化法、单细胞培养转化法以及原生质体培养转化法等。将外源基因导入植物受体系统的方法主要有根癌农杆菌介导转化法、基因枪转化法、电击转化法、聚乙二醇转化法、花粉管通道转化法、显微注射转化法、激光微束穿孔转化法、脂质体介导转化法、生殖细胞浸泡转化法等。转基因植物的鉴定和选择的方法主要有选择标记基因检测法、报告基因检测法、分子生物学检测法、生物学性状鉴定及其他检测方法。分子生物学检测法主要包括 PCR、RT-PCR、Southern 杂交、Northern 杂交、Western 杂交和 ELISA 检测，其他检测方法还有基因芯片技术、试纸条技术和原位杂交技术等。

为了获得真正的转基因植株,进行基因转化后的筛选和鉴定工作。首先应筛选转化细胞,在选择性培养基上诱导转化细胞分化,形成转化芽,再诱导芽生长、生根,形成转基因植株。然后对转化植株进行分子生物学鉴定,通过 Southern 杂交证明外源基因在植物染色体的整合,通过原位杂交确定外源基因在染色体上整合的位点及其整入的外源基因的拷贝数;通过 Northern 杂交证明外源基因在植物细胞内是否正常转录,是否生成特异的 mRNA;通过 Western 杂交证明外源基因在植物细胞内转录及翻译是否成功,是否生成特异的蛋白质。分子生物学鉴定后要进行性状鉴定及外源基因的表达调控研究,转基因植物应具有由外源基因编码的特异蛋白质,而产生特定的目标性状,这样才达到转基因的目的。最后进行遗传学分析,分析外源目的基因及其控制的目标性状能否稳定遗传以及遵守什么遗传规律,从而获得转基因植物品种,应用于生产。

随着转基因技术的发展,目前已有 30 多种转基因作物被批准进行商业化种植,包括转基因大豆、玉米、棉花、油菜、水稻、马铃薯、烟草等。

复习思考题

1. 植物遗传转化的离体培养方法的方法有哪些?请说明各种方法的基本原理和操作步骤,并讨论各种方法的优缺点。

2. 转基因植物的转化方法有哪些?请说明各种方法的原理和操作步骤,并讨论了各种方法的优缺点。

3. 转基因植物的鉴定和选择的方法有哪些?如何利用各种鉴定方法对转基因植物进行筛选和鉴定?

4. 为什么说胚状体受体系统是最为理想的植物基因转化的受体系统?

5. 怎样看待转基因植物是否安全?请论述你的理由和根据。

6. 转基因植物的发展方向有哪些?

第十四章

植物细胞培养与次生代谢产物生产

【知识目标】

1. 了解植物细胞培养生产次生代谢产物的意义与应用价值。
2. 掌握植物高产细胞系离体培养和筛选的原理及方法。
3. 掌握植物次生代谢产物的常用提取方法与分离纯化技术。
4. 理解几种植物生物反应器的设计原理及使用技术。

【技能目标】

1. 通过学习和实践,学会几种高产细胞系的筛选方法。
2. 通过调查及实践,掌握几种经济植物利用细胞培养进行次生代谢产物生产的技术。
3. 通过工厂实践,学会几种生物反应器的使用技术。

第一节　植物次生代谢产物的类型与合成

初生代谢产物(primary metabolites)是光合作用的直接产物,是维持细胞生命活动所必需的化合物,包括碳水化合物、氨基酸、蛋白质、核酸、叶绿素、有机酸等。次生代谢产物(secondary metabolites)是糖类等有机物次生代谢衍生出来的物质,又称为天然产物(natural product)。次生代谢产物贮存在液泡或细胞壁中,是代谢的最终产物,除了极少数外,大部分不再参与代谢活动。

一、植物次生代谢产物的类型

植物次生代谢产物可分为三类:酚类(phenol)、萜类(terpene)和次生含氮化合物(secondary nitrogen-containing compound)。

酚类是芳香族环上的氢原子被羟基或功能衍生物取代后生成的化合物,种类繁多,是重要的次生代谢产物之一,有些只溶于有机溶剂;有些是水溶性羧酸和糖苷,有些是不溶的大分子多聚体。根据芳香环上带有的碳原子数目的不同,可分为6种:简单苯丙酸类、苯丙酸内酯、苯甲酸衍生物类、木质素、类黄酮类和鞣质。酚类化合物广泛分布于植物体,以糖苷或糖脂状态积存于液泡中。

萜类或类萜(terpenoid)是植物界中广泛存在的一类次生代谢产物,一般不溶于水。萜类是由异戊二烯组成的。萜类化合物的结构有链状的,也有环状的。萜类根据异戊二烯数目,有单萜、倍半萜、双萜、三萜、四萜和多萜之分。在植物细胞中,低相对分子质量的萜是挥发油,相对分子质量增高就成为树脂、胡萝卜素等较复杂的化合物,更高相对分子质量的萜则形成橡胶等高分子化合物。

次生含氮化合物是分子结构中含有氮原子的一类植物次生代谢物质,大多数是从普通氨基酸合成的。含氮化合物主要包括生物碱(alkaloids)、胺类、非蛋白质氨基酸、生氰苷、芥子油苷、甜菜素等。生物碱是一类含氮的碱性天然产物,大多具有生物活性,往往是许多药用植物的有效成分,如鸦片的镇痛成分吗啡、麻黄的抗哮喘成分麻黄碱、长春花的抗癌成分长春新碱、黄连的抗菌消炎成分黄连素等。胺类是 NH_3 中氢的不同取代产物,根据取代数目可分为伯、仲、叔胺和季铵 4 种,通常由氨基酸脱羧或醛转氨而产生,有些胺类可调节植物的生长发育;在离体培养中,加入多胺有时可促进离体成花或其他器官的分化。非蛋白质氨基酸是不属于植物蛋白质组成成分的氨基酸,已鉴定结构的这类氨基酸达 400 多种,多分布于豆科植物中,常有毒;由于其与蛋白质氨基酸类似,因而易被错误地掺入蛋白质,是一类蛋白质拮抗物。生氰苷是由脱羧氨基酸形成的 O-糖苷,是植物产生 HCN 的前体,现已鉴定出 30 种左右,如苦杏仁苷和亚麻苦苷等。

二、植物次生代谢产物的合成途径

植物次生代谢产物的合成是从初生代谢而来的(图 14-1)。酚类化合物的合成有多条途径,其中以莽草酸途径(shikimic acid pathway)和丙二酸途径(malonic acid pathway)为主;萜类的生物合成有 2 条途径:甲羟戊酸途径(mevalonic acid pathway)和甲基赤藓醇磷酸途径(isopentenyl diphosphate pathway);次生含氮化合物是由氨基酸直接合成或是经莽草酸途径形成芳香族氨基酸再进一步合成。

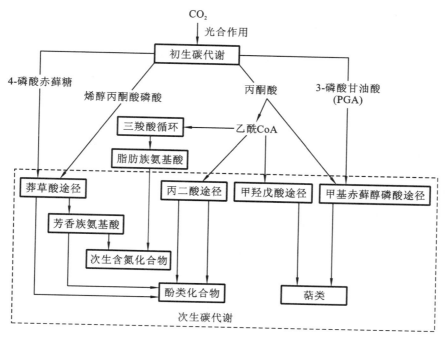

图 14-1 植物次生代谢产物的主要合成途径

(Gershenzon,2002)

三、植物细胞培养生产次生代谢产物的意义与应用价值

植物次生代谢产物是药物(如长春花碱和生物碱等)和化工原料(如橡胶等)的重要来源,对人类的生产生活具有重要的影响,其中许多是难以人工合成但有显著药用和经济价值的特殊物质。利用植物细胞培养技术来生产次生代谢产物,已受到世界各国科学工作者的极大重视。与整株植物的栽培相比较,用细胞培养方法生产次生代谢产物具有以下5个优点:①次生代谢产物的生产完全是在人工控制的条件下进行的,因此可以通过改变培养条件和选择优良细胞系的方法得到超越整株植物产量的代谢物;②培养细胞是在无菌条件下生长的,因此可以排除病菌及虫害的侵扰;③可以进行特定的生物转化反应,大规模生产人们需要的有效成分;④对有效成分合成路线进行遗传操纵,提高所需物质的产量;⑤可以探索新的合成路线和获得新的有用物质。

四、植物细胞培养生产次生代谢产物的研究进展

早在 1949 年 Caplin 和 Steward 就提出,高等植物细胞具有合成天然产物的能力。20 世纪 50 年代起,一些国家就开始了利用愈伤组织和悬浮培养细胞获得植物次生代谢产物的研究。迄今为止,利用植物细胞培养生产次生代谢产物的工作已经取得很大进展。许多植物细胞培养的实验证实,植物组织或细胞培养物经过筛选,就有可能生产出高于其完整植株几倍甚至几十倍的次生代谢产物(表 14-1)。目前应用植物细胞工程生产的次生代谢产物包括药物、香精、食品和化工产品等许多类型。利用植物细胞培养技术生产植物产品显然是工业化生产植物产品的一条有效途径。近 60 年来,利用植物细胞培养技术生产次生代谢产物的研究不断取得发展,已经对 1 000 多种植物进行了细胞培养方面的研究,从培养细胞中分离得到了 600 多种次生代谢产物,有的已经成为药品被投放到市场(表 14-2)。

表 14-1　植物细胞培养产生药用成分含量与植物体产生药用成分含量比较

产　物	植　物　种	培养物	产量/(g/L)	培养物产物干重分数/(%)	植物产物干重分数/(%)
人参皂苷	人参	愈伤组织	—	27	4.5
蒽醌	海巴戟(*Morinda citrifolia*)	悬浮组织	2.5	18	2.2
迷迭香酸	洋紫苏(*Coleus blumei*)	悬浮组织	3.6	15	3
紫草素	紫草	愈伤组织	—	12	1.5
蒽醌	决明(*Cassia tora*)	愈伤组织	—	6	0.6
薯蓣皂苷	三角叶薯蓣(*Dioscorea deltoides*)	愈伤组织	—	2	2
咖啡因	咖啡	愈伤组织	—	1.6	1.6
阿吗碱	长春花	悬浮细胞	0.26	1.0	0.3
Paniculide B	(*Andrographis paniculate*)	愈伤组织	—	0.9	0
蛇根碱	长春花	悬浮细胞	0.16	0.8	0.5
蛇根碱	长春花	愈伤组织	—	0.5	0.5
前托品	博落回(*Macleaya microcarpa*)	愈伤组织	—	0.4	0.32

续表

产　　物	植　物　种	培养物	产量/(g/L)	培养物产物干重分数/(%)	植物产物干重分数/(%)
阿密茴素	*Ammi visnaga*	愈伤组织	—	0.31	0.1
谷胱甘肽	烟草	悬浮细胞	0.22	—	0.1
泛醌	烟草	悬浮细胞	0.045	0.036	0.003

表 14-2　采用植物生物技术生产次生代谢产物的例子

化　合　物	植　物　种　类	用　　途
除虫菊酯	茼蒿（*Chrysanthemum coronarium*）	杀虫剂
烟碱	烟草	杀虫剂
鱼藤酮	毛鱼藤（*Derris elliptica*）	杀虫剂
印楝素	印楝（*Azadirachta indica*）	杀虫剂
植物蜕皮激素	假海马齿（*Trianthema portulacastrum*）	杀虫剂
酒神菊素	*Baccharis megapotamica*	抗肿瘤
鸭胆素	鸭胆子（*Brucea antidysenterica*）	抗肿瘤
Cesaline	苏木（*Caesalpinia gillisesii*）	抗肿瘤
脱氧秋水仙素	华美秋水仙（*Colchicum speciosum*）	抗肿瘤
椭圆玫瑰树碱	玫瑰树（*Ochrosia moorei*）	抗肿瘤
花椒素	美国崖椒（*Fagara zanthoxyloides*）	抗肿瘤
三尖杉树脂	日本粗榧（*Cephalotaxus harringtonia*）	抗肿瘤
N-氧化大尾摇碱	大尾摇（*Herotropium indicum*）	抗肿瘤
美登素	美登木（*Maytenus hookeri*）	抗肿瘤
足叶草霉素	足叶草	抗肿瘤
紫杉醇	短叶红豆杉（*Taxus brevifolia*）	抗肿瘤
唐松草碱	唐松草	抗肿瘤
雷公藤内酯	雷公藤（*Tripterygium wilfordii*）	抗肿瘤
长春碱	长春花	抗肿瘤
奎宁	金鸡纳树（*Cinchona officinalis*）	抗疟剂
地高辛	毛低金（*Digitalis lanata*）	强心剂、强胃剂
薯蓣皂苷元	三角叶薯蓣（*Dioscorea deltoidea*）	避孕
吗啡	罂粟	止痛
二甲基吗啡	苞罂粟（*Papaver bracteratum*）	止痛
莨菪胺	曼陀罗	抗高血压
阿托品	颠茄	肌肉松弛剂
可待因	罂粟	止痛
紫草素	紫草	染料、抗菌剂

续表

化 合 物	植 物 种 类	用 途
蒽醌	海巴戟（*Morinda citirfolia*）	染料、泻药
迷迭香酸	彩叶苏（*Coleus blumei*）	香水、抗氧化剂
茉莉油	茉莉（*Jasmium* spp）	香水
甜菊苷	甜叶菊（*Stevia rebaudiana*）	甜味剂
番红素	番红花（*Crocus sativus*）	香料
辣椒素	辣椒	辣味素
香草醛	香子兰（*Vanilla* spp）	香料

（Chawla,2002）

由于人们非常重视植物次生代谢产物的应用价值,因而有很多的工作集中在植物次生代谢过程的阐明以及植物次生代谢产物的细胞工程研究方面,其目的在于利用植物进行医药工程及天然产物的开发。近年来,随着天然药物开发的日渐兴起,天然植物资源日渐匮乏,如何有效、合理地利用天然植物资源成为需要迫切解决的问题,细胞工程和植物转基因工程为这一问题的解决提供了有效手段。但要使细胞工程和转基因工程真正应用于实际生产,就要对植物次生代谢的途径和作用进行详细的研究,同时由于植物次生代谢产物在自然状态下含量低,如何提高产物的产量也是关系到天然药物能否应用于实际生产的关键环节。

目前在植物细胞大规模培养中仍有一些需要进一步研究和解决的问题,如离体植物细胞的生长和产物的生物合成速度不够理想、细胞株在培养过程中可能发生退化或变异、植物细胞对剪切力敏感、生产成本过高等。

第二节　离体培养细胞系的筛选

利用植物细胞培养技术生产次生代谢产物的关键步骤就是获得高产稳产的细胞系。在细胞培养过程中,次生代谢产物的产量会不断降低,有时甚至会完全消失。因此,利用植物细胞的变异性,不断地筛选出高产稳产细胞系,对次生代谢产物的生产具有重要意义。要从头筛选一个具有高产性能的细胞系,除了整个过程培养条件的优化之外,还应满足下列条件:①有足够的变异源细胞群;②可成功进行单细胞克隆;③有简单、快捷、灵敏的产物分析方法;④能进行细胞系稳定性实验。

一、高产细胞系的离体培养

（一）外植体的选择

要获得更多的植物次生代谢产物,合理选择外植体是细胞离体培养成功的关键。很多研究表明,不同的外植体在愈伤组织诱导后的细胞培养中表现出较大的差异性。一般认为,次生代谢产物含量高的外植体诱导出的愈伤组织中次生代谢产物的含量也高。如在长春花细胞培养中,来自高含量植物的培养系统,每毫升培养基内吲哚生物碱的产量比来自低含量植物培养系统的平均高4～5倍。但也有例外,如在骆驼蓬（*Peganum harmala*）的细胞培养中,培养细胞生物碱的含量与母体植物来源间未观察到明显的相关性,母体植物与其诱导愈伤组织之间次生代谢产物的含量似乎并无相关,可见,从代谢产物含量低的物种寻找并建立高产细胞系也是有可能的。对于次生代谢产物合成和积累在遗传学基础方面研究得还不透彻的材料,最好采用不同遗传来源的材料建立细胞培养物,然后从中筛选出高产细胞系。

(二) 愈伤组织培养

愈伤组织培养是最简单、最容易的培养方法,也是悬浮培养和平板培养的基础,但由于愈伤组织细胞多以团块存在,个体变异的细胞不易表现出来,因此,从选择精确度上看,它又是最困难的方法。通常采用直接的目视法及间接的小细胞团法筛选高产细胞系。例如花青素、萘醌、类胡萝卜素、叶绿素等,由于这一类产物多具有颜色,含量上的变异通常在愈伤组织中就以颜色的深浅表现出来,易于用目视法筛选。

(三) 细胞悬浮培养和平板培养

与愈伤组织相比,悬浮培养物分散性好,个体变异的细胞易表现出来。平板培养是把悬浮培养的材料过滤后进行细胞计数,然后接种到平板培养基上培养。悬浮培养常常与平板培养等方法有机地结合起来使用。

二、高产细胞系的筛选方法

(一) 目测法

目测法是从愈伤组织的形状、颜色和大小等外部形态来初步判断有用代谢产物含量高低的一种快速但较粗放的筛选方法。用目测法筛选高产系的典型例子就是 Yamamoto 等对铁海棠(*Euphorbia milii*)的培养细胞中具有高产和稳产花青素细胞系的筛选。他们建立了一种简单、有效并能长时间维持的筛选方法,即首先对铁海棠进行愈伤组织诱导,然后把愈伤组织分成许多小区块并培养于相同的培养基上,对各小区块长大的愈伤组织中的一半进行分析,另一半继续继代培养。选择最红的区块继续分离和分析,这样反复筛选了近 30 代,在第 23 代之后细胞块的色素含量的平均值保持稳定,并比原细胞株含量高 7 倍。这说明一个稳定的细胞系的最后成功是要经过长时间反复筛选的。在红豆杉愈伤组织的诱导过程中,也发现愈伤组织的生长速度和紫杉醇的含量与其颜色和质地有一定的关系:颜色浅、质地松散的愈伤组织生长快,但紫杉醇的含量低;颜色深、质地较结实的愈伤组织生长较慢,但紫杉醇含量较高。赵德修等以水母雪莲的茎和叶片为外植体诱导愈伤组织,采用目测法得到浅黄色系(A 系)和红色系(B 系),用快速、灵敏的紫外分光光度法和高效液相色谱法,测得离体培养细胞 A 系中总黄酮的质量分数为 1.9%,4,5,7-三羟基-3,6-二甲氧基黄酮的质量分数为 0.42%,分别是 B 系中的 2.3 倍和 3.9 倍,原愈伤组织中的 2.6 倍和 4.2 倍。但是需要注意的是,用目测法选择的细胞系有时并不是真正的变异体,而仅仅是生理上不同状态的细胞。

(二) 小细胞团法

杜金华等采用小细胞团培养法筛选玫瑰茄(*Hibiscus sabdariffa*)组织,得到了花青素高产细胞系。具体做法是采用 B₅ 培养基,选取颜色较深的小细胞团,于培养皿中培养 20 d 后转接于 50 mL 三角瓶。在挑选出的 200 个小细胞团中成活了 163 个,经继代培养 10 次后花青素的最高质量分数为 2.66%,比筛选前提高了 16.7 倍。另外,杜金华等还对高产花色苷玫瑰茄细胞系筛选的平板培养法和小细胞团法的效果进行了比较,发现小细胞团法比平板培养法更加直观,操作也更加简洁。余斐等还以正交试验优化了小细胞团法筛选红豆杉细胞系的筛选培养基,发现培养基大量元素中的 KNO_3、NH_4NO_3、K_2HPO_4 对细胞生长影响显著。刘佳佳等以银杏优良品种种子萌发的幼苗为外植体诱导愈伤组织,采用缺氧胁迫小细胞团法从愈伤组织中选育出 7 个高产悬浮细胞系,其合成银杏内酯的能力比选育前的愈伤组织有了显著提高。

(三)抗性法

抗性筛选也是高产细胞系筛选方法中较好的方法之一。如很多植物细胞能利用庚二酸和丙氨酸合成生物素,但高浓度的庚二酸对细胞有很大毒性。以这类物质作为选择剂,常常可以筛选出具有很好抗性的高产细胞系。如许莉萍等以磷酸盐为选择剂,采用多步正筛选系统,从高产低糖的甘蔗品系福农 86/17 中筛选抗性细胞系;与对照相比,变异系具有很强的抗选择剂毒害的能力,且对其他种类的磷酸盐也具有较强的抗性,在不含选择剂的培养基上继代 3 次后,其抗性表现稳定。梅兴国等以苯丙氨酸为选择剂,筛选出红豆杉的抗性细胞系,结果表明,抗苯丙氨酸细胞系的紫杉醇含量高出原型细胞系 3～5 倍,并且抗性细胞系生长速度、细胞活性、胞内可溶性糖含量均较原型细胞系高,但抗性细胞系的 pH 增加,褐变严重。刘莉君等以不同的 NaCl 浓度对陆地棉品种新陆早 1 号和 7 号愈伤组织抗盐细胞系的筛选进行了研究,初步获得了新陆早 7 号抗 85.6 mmol/L NaCl 稳定细胞系,并通过酯酶同工酶、过氧化物酶同工酶电泳图谱得到初步证实。

(四)单细胞克隆法

单细胞克隆筛选是获得高产变异系最精确的方法。这种方法可以培养单细胞起源的培养物,所选择到的目标是同质的,这样不仅可以减少筛选的时间,而且有利于选择系的稳定。当前,主要通过平板培养、条件培养、看护培养来进行单细胞的克隆。罗建平等的研究表明,来自细胞悬浮培养物的条件培养基能显著地促进人参的单细胞在较低细胞植板密度培养时克隆的形成。每毫升含 $3×10^3$ 个细胞时,条件培养的植板率是普通平板培养的 4 倍。研究还表明,细胞悬浮培养 12～16 d 时所制备的条件培养基活性最大,在一定浓度范围内,随着条件培养基浓度的增加,细胞克隆植板率随之增加,条件培养基具有一定的生理作用专一性;对看护培养和条件培养的比较研究表明,前者在细胞密度较低时能更有效地促进细胞克隆的形成和生长。梅兴国等在采用紫外诱变紫杉醇高产细胞系时,采用了普通平板培养、条件培养和看护培养 3 种培养方式,发现看护培养明显有利于单细胞克隆的生长,条件培养次之,平板培养较差,这可能是由于看护培养除能提供植板细胞条件因子外,还可提供另一类不稳定的看护因子,这种因子对细胞克隆的生长分裂具有很强的诱导作用,而在条件培养时,培养液中的这类因子有限,且可能已在制备过程中丢失。

(五)间接分析法

间接分析法是建立在分析细胞提取物的基础上来揭示一个细胞系的合成能力的,用来检查的克隆一般分成培养继代部分和化学分析部分。由于要从大量的细胞系中进行筛选,因此必须建立一种快速分析克隆的技术手段,并且要求能够在少量的组织样品中进行。

放射免疫分析法(radio immunoassay,RIA)是比较敏感和精确的方法,它可以从无数微量细胞样品中迅速地定量测定特殊的成分。如 Zenk 等首次建立并使用半自动 RIA 技术,对长春花细胞产生的生物碱和高产系进行了精细的研究,从分批培养中的单细胞和小细胞团获得的 160 个克隆细胞中,发现蛇根碱含量为 0~1.4%,阿吗碱含量为 0~0.8%。他们成功分离的高产克隆在液体培养基中生物碱总量(干重)达 1.3%,比原植物高了 1.5 倍。此法仅需 0.1 mL 的粗提液(单细胞水平)即可,每天能处理 200 个样品,并且其特异性极高。

利用酶标免疫(enzyme-linked immunosorbent assay,ELISA)法也取得同 RIA 法一样灵敏的结果。Kanaoka 等已经建立了测定甘草苦质酸的 ELISA 法。之后 Robins 等研究者利用此法测定了 *Quassia amara*、*Q. indica* 和苦树(*Picrasma quassioides*)植株及培养物中苦木素的分布情况,指出此法能检测低至每 0.1 mL 样品仅有 5 pg 的物质。

Tam 等利用薄层层析(TLC)鉴别罂粟中可卡因的高产细胞系,是一种较好的筛选方法。Matsumoto 等利用高效液相色谱法(HPLC)分别测定了烟草和澳洲茄中泛醌-10 和茄解定的高产细胞系。Nishi 等利用生物试法从黄檗中筛选出高产小檗碱的细胞系。Ellis 等认为气相色谱-质谱(GC-MS)方法可以达到与 RIA 法同样灵敏的效果,而且不像 RIA 法只能检查单一的化学品。

Syzuki 设计了一种新的测定从微小的欧亚唐松草(*Thalictrum aquilegiifolium*)细胞克隆释放小檗碱量的方法,以便于筛选高小檗碱含量的细胞系。在这个系统中,从细胞悬浮培养获得的细胞聚集体,生长在小块的琼脂培养基上,从细胞释放到琼脂小块中的小檗碱量,通过抗细菌的活性作对比来分析。采用这种琼脂小块法,他们从 1 000 个细胞克隆中分离出 4 个高小檗碱含量的细胞系。Adamse 设计了一套流动细胞测定装置,并成功地对培养的万寿菊(*Tagetes erecta*)细胞进行了高噻吩含量细胞系的筛选。这一方法可在单细胞或原生质体水平上进行筛选。另外,电细胞分类法可从细胞群中迅速筛选高产细胞,培养物的细胞能通过分类器并使细胞所含某成分的荧光在所设计的波长下加强。由于此方法仅需小的并且唯一的细胞单位作为筛选目标,因此原生质体是最适合的供试材料。Browm 利用流式细胞仪法分析长春花原生质体的蛇根碱,认为可以通过每秒分类 1 000 个细胞的高速率来筛选高含量蛇根碱的亚细胞群体。由于电细胞分类法对细胞无任何副作用,并能直接从选择的细胞中建立,因此,已越来越受到研究者们的重视。

三、诱变处理在高产细胞系筛选上的应用

梅兴国等在紫外诱变筛选高产紫杉醇红豆杉细胞系中发现,诱变处理可大大地丰富细胞变异的程度,无论从单细胞的存活率,还是从单细胞克隆的植板率,无论从生长速度和次生代谢产物含量的变异程度,还是从两者在传代中表现出的稳定性,红豆杉细胞对紫外辐射均非常敏感。其实不仅仅是红豆杉,许多植物细胞在诱变处理后都表现出了良好的变异率。植物细胞一般自发突变频率为 10^{-7}~10^{-6},而诱变处理可使突变频率增大到 10^{-3},可见诱变处理可显著提高高产突变体筛选的成功率。

应用各种物理的和化学的方法诱变处理,已在不少培养细胞中获得所需性状的突变体,有些突变体表现出了良好的生产能力。用化学诱变剂 N-甲基-N-硝基-亚硝基胍处理胡萝卜的细胞,获得了很多变异克隆,这些克隆的胡萝卜素含量比原来的细胞系高 3 倍,比原植物根增加 4 倍。Furuya 等用亚硝基胍和 γ 射线处理人参愈伤组织,得到了一个含粗皂苷 25.5%的突变体(对照为 21.1%)。郑光植等利用 4 kR/h 的 ^{60}Co γ 射线照射三分三(*Anisodus acutangulus*)愈伤组织,诱导出一个愈伤组织突变系,其东莨菪碱含量比亲本高

30%,且很稳定。Watanbe 等利用[60] Co γ 射线（10 kR/h）照射薰衣草（*Lavandula angusti folia*）细胞也获得了生物素,且含量比亲本高 7 倍。利用[137] Cs X 射线照射长春花细胞,也获得一个含量（干重）达 2‰蛇根碱的突变系。郭斌等采用 He-Ne 激光诱变葡萄皮诱导的愈伤组织的方法,选育高产白藜芦醇细胞系,产量比对照提高了 40%左右。随着对产物合成途径的调控水平及酶水平认识的不断深入,利用诱变剂诱导高产目的化合物的突变体将会有很大的潜力。

四、高产细胞系的稳定与保存

高产细胞系的稳定性可分为两种类型:一类是能够多年稳产、高产的,如继代 25 年的大豆的细胞悬浮系仍具有高产黄酮类化合物的能力,这类细胞通常是一开始就具有高产量,不必经筛选、克隆就能稳定多年;另一类如红豆杉等细胞系,其高产性是不稳定的,造成高产系不稳定的原因尚不清楚,很可能是在培养过程中植物细胞染色体的数目或组型发生改变,也可能是在继代过程中培养成分的微小变化造成产物的不稳定。

高产细胞系不稳定性是阻碍向工业化生产的一个极大问题,因此必须寻找合适的解决方法,主要有以下 3 种:①从高产系中再不断克隆形成新的高产细胞系;②高产系出现不可逆退化时重新开始筛选;③尽量减少继代次数,因此可用矿物油包埋法、低温保存法（0～4 ℃）和超低温保存法（－196 ℃）保存高产细胞系。

此外,在继代时应严格遵守一种已定的方案,任何偏离都会使产生的代谢产物在质和量上发生显著变化。超低温保存法在保存植物细胞的研究中已经得到越来越广泛的使用,所保存的植物细胞已经证明有能力恢复其合成次生代谢产物的能力。李国凤等在对新疆紫草（*Arnebia euchroma*）细胞大量培养的研究中,采用超低温的方法保存新疆紫草高产细胞系获得成功。他们对继代生长 10 d 的愈伤组织,采用 7.5%二甲亚砜（DMSO）＋5%甘油＋5%蔗糖作保护剂,并应用逐步降温的冰冻程序,液氮罐（－196 ℃）中保存几个月后,愈伤组织经解冻后仍能恢复正常生长和保持合成紫草宁衍生物的能力。种质超低温保存技术的突破,无疑对植物细胞大量培养的工业化生产具有重要意义。

第三节 植物次生代谢产物的提取与分离纯化

植物次生代谢产物的提取与分离纯化步骤主要包括破碎细胞、次生代谢产物的提取、提取物的分离、提取物的结晶、提取物的浓缩和干燥。

一、破碎细胞

通过细胞获得次生代谢产物,首先就要收集植物的组织、细胞并进行组织或细胞破碎,使细胞的外层结构被破坏,然后再进行次生代谢产物的提取和分离纯化。细胞破碎方法很多,可分为物理破碎法、化学破碎法和酶促破碎法等。在实际使用时应根据植物细胞和所需的次生代谢产物的特性等具体情况,选用适宜的细胞破碎方法,有时也将两种或两种以上的方法联合使用,以达到更好的细胞破碎效果。

二、次生代谢产物的提取

植物细胞次生代谢产物的提取,又称为抽提,是指在一定的条件下,用适当的溶剂处理原料,使所需的次生代谢产物充分溶解到溶剂中的过程。提取时首先应根据次生代谢产物的结构和溶解性质,选择适当的溶剂。一般来说,极性物质易溶于极性溶剂中,而非极性物质如生物碱、萜类、甾体、香豆素、黄酮和蒽醌等易溶于非极性的有机溶剂中;酸性物质易溶于碱性溶剂中,碱性物质易溶于酸性溶剂中;还有一些可采用水蒸气蒸馏法提取,如大蒜素、丹皮酚和麻黄碱等。

从细胞、细胞碎片或其他原料中提取次生代谢产物的过程还受到扩散作用的影响。一般来说,提高温度、降低溶液黏度、增加扩散面积、缩短扩散距离和增大浓度差等都有利于提高分子的扩散速度,从而增加提取效果。为了提高代谢产物的提取率,并防止某些次生代谢产物的变性失活,在提取过程中还要注意控制好温度和 pH 等提取条件。

三、提取物的分离

(一)沉淀分离

沉淀分离是通过改变某些条件或添加某种物质,使次生代谢产物在溶液中的溶解度降低,从溶液中沉淀析出,而与其他化合物相分离的技术过程。沉淀分离的方法有多种,如金属盐沉淀法、等电点沉淀法、有机溶剂沉淀法、盐析沉淀法、复合沉淀法和选择性变性沉淀法等。

(二)层析分离

层析分离是利用混合液中各组分的物理化学性质(分子的大小和形状、分子极性、吸附力、分子亲和力和分配系数等)的不同,使各组分以不同比例分布在两相中。其中一个相是固定的,称为固定相;另一个相是流动的,称为流动相。当流动相流经固定相时,各组分以不同的速度移动,从而使不同的组分分离纯化。

层析分离设备简单、操作方便,在实验室和工业化生产中均广泛应用。植物细胞次生代谢产物可以采用不同的层析方法进行分离纯化,常用的有吸附层析、分配层析、离子交换层析、凝胶层析和亲和层析等。

(三)萃取分离

萃取分离是利用物质在两相中的溶解度不同而使其分离的技术。在植物次生代谢产物的分离纯化中广泛使用。萃取分离中的两相一般为互不相溶的两个液相,有时也可采用其他流体。萃取分离按照两相的组成不同,可分为有机溶剂萃取、双水相萃取和超临界萃取等。

四、提取物的结晶

结晶是溶质以晶体形式从溶液中析出的过程。结晶是植物次生代谢产物分离纯化的一种手段。它不仅为次生代谢产物的结构与功能等的研究提供了适宜的样品,而且为较高纯度化合物的获得和应用创造了条件。

在结晶时,溶液中次生代谢产物应达到一定的浓度。浓度过低无法析出结晶。一般来说,浓度越高,越容易结晶。但是浓度过高时,会形成许多小晶核,结晶小,不易长大。所以结晶时溶液浓度应当控制在介稳区,即溶质浓度处于稍微过饱和的状态。此外,在结晶过程中还要控制好温度、pH、离子强度等结晶条件,才能得到结构完整和大小均一的晶体。

五、提取物的浓缩和干燥

浓缩是从低浓度溶液中除去部分水或其他溶剂而成为高浓度溶液的过程。浓缩的方法有很多,如离心分离、过滤与膜分离、沉淀分离和层析分离等。用各种吸水剂,如硅胶、聚乙二醇、干燥凝胶等吸去水分,也可以达到浓缩效果。目前常用的浓缩方法是蒸发浓缩。蒸发浓缩是通过加热或者减压方法使溶液中的部分溶剂蒸发,使溶液得以浓缩的过程。如在一定的真空条件下,使溶液在 60 ℃ 以下进行浓缩。影响蒸发速度的因素很多,除了溶剂和溶液的特性以外,还有温度、压力和蒸发面积等。一般来说,在不影响酶活力的前提下,适当提高温度、降低压力和增大蒸发面积都可以使蒸发速度提高。蒸发装置多种多样,在溶液浓缩中主要采用各种真空蒸发器和薄膜蒸发器。可以根据实际情况选择使用。

干燥是将固体、半固体或浓缩液中的水分或其他溶剂除去一部分,以获得含水分较少固体物质的过程。在固体植物次生代谢产物的生产过程中,为了便于保存、运输和使用,一般进行干燥。常用的干燥方法有真空干燥、冷冻干燥、喷雾干燥、气流干燥和吸附干燥等。次生物质经过干燥以后,可以提高产品的稳定性,有利于产品的保存、运输和使用。干燥过程中,溶剂首先从物料的表面蒸发,随后物料内部的水分子扩散到物料表面继续蒸发。因此,干燥速度与蒸发表面积成正比。增大蒸发面积,可以显著提高蒸发速度。此外,在不影响物质稳定性的前提下,适当升高温度、降低压力、加快空气流通等都可以加快干燥速度。但干燥速度并非越高越好,而是要控制在一定的范围内,因为干燥速度过快时,表面水分迅速蒸发,可以使物料表面黏结形成一层硬壳,妨碍内部水分子扩散到表面,反而影响蒸发效果。

第四节　植物生物反应器及其生产技术

植物生物反应器(bioreactor)又称"植物基因药厂",是指以植物细胞、组织或整株植物为加工场所,通过植物基因工程途径,大量生产具有高经济附加值的医用蛋白(疫苗或抗体等)、工农业用酶、特殊碳水化合物、生物可降解塑料、脂类及其他一些次生代谢产物等生物制剂。植物生物反应器主要有机械搅拌式生物反应器、非搅拌式生物反应器,另外还有植物细胞固定化反应器和膜生物反应器等。

一、机械搅拌式生物反应器

机械搅拌式生物反应器(stirred-tank bioreactor)是由传统的微生物发酵罐改进而来的,用于植物悬浮细胞培养。这类反应器利用机械搅动使细胞得以悬浮和通气(图 14-2)。它有搅拌充分、供养和混合程度高,反应器内的温度、pH、溶解氧及营养物质浓度较其他反应器更易控制等优点。但搅拌罐中产生的剪切力大,容易损伤细胞,直接影响细胞的生长和代谢,特别对于次生代谢产物生成影响极大。对于某些剪切力耐受性较强的细胞系,如烟草细胞和水母雪莲细胞等,使用机械搅拌式生物反应器进行细胞悬浮培养,可以取得较好的效果。

在植物细胞培养过程中,采用机械搅拌式反应器,需要对搅拌罐进行改进,力求减少产生

的剪切力,同时满足供氧与混合的要求,通常搅拌速度也
要控制在一定的范围。一般而言,在搅拌桨较薄而面积较
大或搅拌角较大而搅拌速度较低的情况下,可显著降低剪
切力。Tanaka 等比较了几种不同类型的搅拌器,结果显
示,桨形板搅拌器既能满足植物细胞的溶解氧需求,其搅
拌剪切力强度又不至于对植物细胞造成伤害。Kreis 等
在金花小檗(Berberis wilsonii)的细胞培养中,比较了不
同机械搅拌式生物反应器和气升式生物反应器中细胞生
长与小檗碱合成的效果。结果显示,平叶型搅拌器加挡
板的反应器,其培养效果与气升式生物反应器相当,但培
养成本可显著降低。目前,利用机械搅拌式生物反应器已
成功培养了烟草、葡萄、长春花、三角薯蓣、紫草和毛茛等

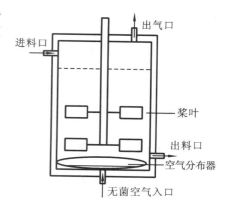

图 14-2　机械搅拌式生物反应器

植物细胞。有些实验还表明,植物细胞的抗剪切能力,可以在细胞水平上得以驯化增强。
Scragg 和 Allan 等使用 3 L 机械搅拌式生物反应器培养苦树(Picrasma quassioides)细胞生产
苦木素时发现,经过几年的驯化后,苦树细胞对剪切力的耐性大大提高。Leckie 等在 12 L 机
械搅拌式生物反应器培养长春花细胞时发现,Ruston 涡流推进器转速达 300 r/min 时,生物
碱累积速度增加,当转速在 300～700 r/min 时,生物碱累积速度明显下降。

二、气升式生物反应器

气升式生物反应器(air-lift bioreactor)是利用通入反应器的无菌空气的上升气流带动培
养液进行循环,起供氧和混合两种作用的一类生物反应器(图 14-3)。根据反应器内部结构与
气体分布器的位置不同,可分为内循环和外循环两种。气升式生物反应器的优点是剪切力较
小,对植物细胞的伤害较小。由于反应器内的培养液不断循环,混合效果较好,有利于提高细
胞浓度和次生代谢产物的产量,且反应器本身结构简单,不具反应液泄漏点和死角等,在植物
细胞培养中经常采用。例如,Fowler 等使用气升式生物反应器培养长春花细胞,细胞浓度可

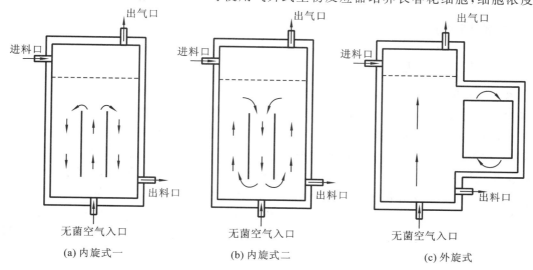

图 14-3　气升式生物反应器

以显著提高,达到 30 g/L;Alfermann 等采用气升式生物反应器培养毛地黄细胞,甲基异羟基毛地黄毒苷的产量高达 430 mg/L。但其缺点是在气流量较小、细胞密度较大、培养液黏度较高的情况下,混合效果会受到影响。

为了强化气升式生物反应器的混合效果,可以采用带有低速搅拌装置的气升式生物反应器,在需要的时候启动低速搅拌器,在植物细胞不受破坏的前提下,强化混合效果。这种强化型的气升式生物反应器在紫草、西洋参等细胞培养中取得了较为理想的效果。

三、鼓泡式生物反应器

鼓泡式生物反应器(bubble column bioreactor)是利用从反应器底部通入的无菌空气产生的大量气泡,在上升过程中起到供氧和混合两种作用的一类生物反应器(图 14-4)。它不同于气升式生物反应器,液体在反应器内部呈无规律的湍流状态。鼓泡式生物反应器的结构简单,操作容易,剪切力小,氧的传递效率高,是植物细胞培养常用的一种反应器。郭勇等采用鼓泡式生物反应器进行玫瑰茄细胞、胡萝卜细胞、黄花蒿细胞、大蒜细胞、番木瓜细胞等的悬浮培养,取得了良好效果。

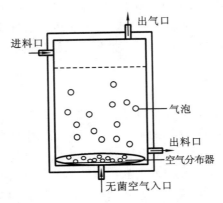

进料口　出气口　气泡　出料口　空气分布器　无菌空气入口

图 14-4　鼓泡式生物反应器

四、植物细胞固定化反应器

(一) 填充床式生物反应器

填充床式生物反应器(packed column bioreactor)是一种用于植物细胞团和固定化细胞培养的生物反应器(图 14-5)。填充床式生物反应器中的细胞团或者固定化植物细胞堆叠在一起,固定不动,通过培养液的流动,实现物质的传递和混合。其优点是单位体积的细胞密度大,对于具有群体生长特性的植物细胞,由于改善了细胞之间的接触和相互作用,可以提高次生代谢产物的产量。例如,Kargi 等采用填充床式生物反应器培养固定化长春花细胞,其生物碱的产量明显高于悬浮细胞培养。缺点是混合效果低,对必要的氧传递、pH、温度的控制和气体产物的排除造成困难,影响细胞的培养。此外,填充床底层细胞所受到的压力较大,容易变形或者破碎,为了减少底层细胞所受的压力,可以在反应器中间用托板分隔成 2 层或多层。

（二）流化床式生物反应器

流化床式生物反应器(fluidized bed bioreactor)是通过培养液和无菌空气的流动使细胞团或者固定化细胞处于悬浮状态的一种生物反应器(图 14-6)。流化床式生物反应器的优点是细胞团或者固定化细胞以及气泡在培养液中悬浮翻动,混合均匀,传质效果好,有利于细胞生长和次生代谢产物的产生。其缺点是流体流动产生的剪切力以及细胞团或固定化细胞的碰撞会使颗粒受到破坏。此外,流体动力学变化较大,参数复杂,使放大较为困难。Hamilton 等采用流化床式生物反应器进行固定化胡萝卜细胞产生转化酶的研究,结果获得很高的转化酶活力。

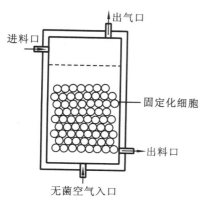

图 14-5　填充床式生物反应器

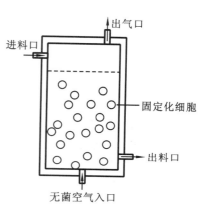

图 14-6　流化床式生物反应器

五、膜生物反应器

膜生物反应器(membrane bioreactor)是将植物细胞固定在具有一定孔径的多孔薄膜中制成的一种生物反应器。用于植物细胞培养的膜反应器通常为中空纤维生物反应器(hollow fiber bioreactor)(图 14-7)。

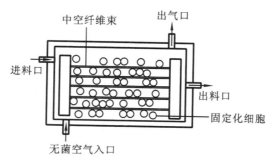

图 14-7　中空纤维生物反应器

中空纤维生物反应器由外壳和醋酸纤维等高分子聚合物制成的中空纤维组成,中空纤维的壁上分布许多孔径均匀的微孔,可以截留植物细胞而允许小分子物质通过。植物细胞被固定在外壳和中空纤维的外壁之间,培养液和空气在中空纤维管内流动,营养物质和氧气透过中空纤维的微孔供细胞生长和新陈代谢之需。植物细胞生成的次生代谢产物分泌到细胞外以后,再透过中空纤维微孔,进入中空纤维管,随着培养液流出反应器。收集流出液,可以从中分离得到所需的次生代谢产物,分离后的流出液可以循环使用。

中空纤维生物反应器的优点是结构紧凑,集反应与分离于一体,有利于连续化生产。其缺点是清洗比较困难,只适用于植物细胞胞外代谢产物的生产。

第五节 植物细胞培养与次生代谢产物生产的应用实例

一、银杏愈伤组织培养及黄酮类化合物的测定

银杏叶中含有多种植物次生代谢物质,例如黄酮类、萜类、酚类。其中黄酮类有效成分含量最高,为 2.5%~3.8%,其药理作用主要是扩张血管,增加血流量,改善心脑血管循环;降低血清胆固醇,同时升高血磷脂;解除气管平滑肌痉挛,松弛支气管,治疗喘息性气管炎。

(一)愈伤组织的诱导

用 0.1%升汞溶液将新鲜种子及苗叶(3 个月苗龄)进行表面消毒,将种子去壳,取出胚(注意保持胚的完整)。将胚、胚乳、叶片分别接种到培养基上,置于黑暗条件下培养,培养温度为 (25 ± 1) ℃,待培养物脱分化后,转入光暗周期为 12 h 光照/12 h 黑暗的条件下培养,温度为 (25 ± 1) ℃,光强为 1 500 lx。

(二)愈伤组织诱导率和生长量的测定

分别统计接种 1 周与 4 周后的胚与胚乳及叶片的愈伤组织诱导率。

愈伤组织诱导频率=出现愈伤组织的外植体数/总的接种外植体数×100%

培养 3 周后分别测定它们的愈伤组织生长量。

接种量=接种后瓶重-接种前瓶重

收获量=收获后瓶重-收获前瓶重

愈伤组织生长量=收获量-接种量

胚愈伤组织 2 周继代 1 次,而胚乳愈伤组织、叶愈伤组织均为 3 周继代 1 次。

(三)愈伤组织中黄酮类化合物的提取与检测

精密称取芦丁 20 mg,置于 100 mL 容量瓶中,用 30%乙醇稀释成梯度浓度,绘制标准曲线。分别准确称取 100 g(鲜重)继代培养的胚愈伤组织、胚乳愈伤组织、叶愈伤组织,于索氏提取器中用 50%乙醇提取 8 h,浓缩并转入容量瓶中,用 30%乙醇定容至 50 mL,摇匀后作为样品液供分析。取 1 mL 样品液(愈伤组织鲜重 2 g/mL),用 30%乙醇稀释成各种浓度,作为待测液,然后各取 1 mL 置于 10 mL 具塞试管中,加 30%乙醇至 5 mL,取蒸馏水 5 mL 作为空白对照,然后按标准曲线法操作,在 510 nm 波长处测量吸光度,利用标准曲线计算含量。

二、红豆杉细胞培养及次生代谢产物紫杉醇的分离提取及检测

红豆杉含有抗癌药物紫杉醇,但仅从红豆杉树皮、树叶中提取紫杉醇已无法满足市场需要,因此利用红豆杉细胞培养是实现紫杉醇大规模制备的有效途径。

（一）培养基的配制

按照 MS 培养基配方配制基本培养基，同时添加 2,4-D、6-BA、NAA、蔗糖和抗坏血酸，调节 pH 至 5.8。将培养基在 121 ℃下高压蒸汽灭菌 20 min。

（二）细胞接种

接种时，先将布氏漏斗、抽滤瓶和真空水循环泵连接好，开启循环泵。然后将种子细胞倒入布氏漏斗内，滤去原先的培养基。将种子细胞接入新鲜培养基中，放入光照摇床上进行培养。

（三）细胞生长曲线的绘制

在细胞生长过程中，在不同培养天数时，取培养的细胞，用布氏漏斗滤去培养基，再用蒸馏水冲洗 2～3 次，即得新鲜细胞。称量并记录下新鲜细胞的质量（FW），将细胞放入 50 ℃高温干燥箱进行干燥，直至恒重为止，即为细胞的干重（DW）。以培养时间为横坐标，分别以细胞鲜重、细胞干重为纵坐标，绘制细胞的生长曲线。

（四）紫杉醇的分离提取

准确称取干燥至恒重的细胞 0.1 g，放入干净的试管中，加入甲醇（分析纯）2 mL，用封口膜密封管口。将试管放入超声波清洗器中处理 30 min。取处理好的细胞 10 000 r/min 离心 10 min，弃去细胞残渣，取上清液，放入 40 ℃真空干燥箱中干燥。待甲醇完全挥发后，取出试管，加入 2 mL 二氯甲烷和 2 mL 超纯水，涡旋振荡让其充分混合，静置 3 min 后 10 000 r/min 离心 10 min，弃去上层，取下层二氯甲烷相放入真空干燥箱中 40 ℃真空干燥。待二氯甲烷完全挥发后，取出试管。

（五）紫杉醇的 HPLC 检测

在二氯甲烷完全挥发后的试管中加入 1 mL HPLC 级甲醇，旋涡振荡使其中固体溶解，1 000 r/min离心 10 min，使固体不溶物沉降，取上清液 20 μL 进行分析。分析条件如下。色谱柱：Inertsil 苯基柱（4.6 mm×250 mm，5 μm）；流动相：乙腈、水体积比为 58∶42；流量：1 mL/min；柱温：25 ℃。

小　　结

植物次生代谢产物是糖类等有机物次生代谢衍生出来的物质，包括酚类、萜类和次生含氮化合物三类，可作为医药、香料、色素等的重要来源，在制造业、食品工业等方面都有广泛的应用。由于次生代谢产物在植物体内的含量极低，直接提取或人工合成存在很大的困难，因此，常用植物细胞代替植株进行工业化生产。

利用植物细胞培养技术生产次生代谢产物的关键是获得高产稳产的细胞系。高产细胞系的离体培养首先要进行外植体的选择，然后经过愈伤组织培养、细胞悬浮培养和平板培养后进行筛选，筛选的方法有目测法、小细胞团法、抗性法、单细胞克隆法以及间接分析法等。在进行细胞系筛选时，还可以通过诱变处理得到有益的细胞突变体。筛选后的细胞系要进行稳定与保存。

利用高产的细胞系进行次生代谢产物的提取与分离纯化首先要破碎细胞，然后进行次生代谢产物的提取,提取后用沉淀法、层析法或萃取法进行分离,然后将提取物结晶并进行干燥浓缩。

　　植物生物反应器则是细胞培养所用的装置,其作用是为细胞生长和代谢提供适宜的环境。目前常用的植物生物反应器有机械搅拌式生物反应器、气升式生物反应器、鼓泡式生物反应器、植物细胞固定化反应器、膜生物反应器等。

复习思考题

　　1. 植物细胞培养生产次生代谢产物有什么意义与应用价值?

　　2. 植物高产细胞系的筛选有哪些方法?

　　3. 植物次生代谢产物分离纯化有哪些方法?

　　4. 植物细胞或器官大规模培养有哪些培养系统? 各有什么特点?

附　　录

附录 A　植物组织培养常用缩略语

缩　略　语	英　　　文	中　　文
2,4-D	2,4-dichlorophenoxy acetic acid	2,4-二氯苯氧乙酸
2-ip	6-(γ,γ-dimethylallylamino)purine 或 2-isopentenyladenine	二甲基丙烯嘌呤或异戊烯腺嘌呤
2,4,5-T	2,4,5-trichlorophenoxy acetic acid	2,4,5-三氯苯氧乙酸
6-BA	6-benzyladenine	6-苄基腺嘌呤
ABA	abscisic acid	脱落酸
AC	activated charcoal	活性炭
ACLSV	apple chlorotic leaf spot virus	苹果褪绿叶斑病毒
Ad	adenine	腺嘌呤
AdSO$_4$	adenine sulfate	硫酸腺嘌呤
ADH	alcohol dehydrogenase	醇脱氢酶
ASGV	apple stem grooving virus	苹果茎沟病毒
Asn	asparagine	天冬酰胺
ASPV	apple stem pitting virus	苹果茎痘病毒
BA	6-benzyladenine	6-苄基腺嘌呤
BAP	6-benzylaminopurine	6-苄氨基嘌呤
CaM	calmodulin	钙调蛋白
cAMP	cyclic adenosine monophosphate	环腺苷酸
CaMV	cauliflower mosaic virus	花椰菜花叶病毒
CAT	catalase from micrococcus	过氧化氢酶
CCC	chlorocholine chloride	氯化氯胆碱（矮壮素）
CH	casein hydrolysate	水解酪蛋白
CM	coconut milk	椰子汁

缩 略 语	英 文	中 文
CMV	cucumber mosaic virus	黄瓜花叶病毒
CPW	cell-protoplast washing solution	细胞-原生质体清洗液
DAS-ELISA	double antibody enzyme-linked immunosorbent assay	双抗体夹心酶联免疫吸附法
DMSO	dimethylsulfoxide	二甲基亚砜
DTBIA	direct tissue blot immuno-assay	直接组织印迹免疫法
EDTA	ethylenediamine tetraacetate	乙二胺四乙酸盐
ELISA	enzyme-linked immunosorbent assay	酶联免疫吸附法
FDA	fluorescein diacetate	荧光素双醋酸酯
GA_3	gibberellic acid	赤霉酸
GC-MS	gas chromatography-mass spectrometer	气相色谱-质谱联用仪
GFLV	grapevine fan leaf virus	葡萄扇叶病毒
GFP	green fluorescent protein	绿色荧光蛋白
GISH	genomic in situ hybridization	基因组原位杂交
Gln	glutamine	谷氨酰胺
Gly	glycine	甘氨酸
GUS	β-glucuroidase	β-葡萄糖醛酸苷酶基因
GSH	glutathione	谷胱甘肽
HPLC	high performance liquid chromatography	高效液相色谱法
IA	iodoacetic acid	碘乙酸
IAA	indole-3-acetic acid	吲哚乙酸
IBA	indole-3-butyric acid	吲哚丁酸
IEM	immune electron microscopy technology	免疫电镜技术检测
IOA	iodoacetamide	碘乙酰胺
IPCR	inverse PCR	反向 PCR
in vitro		离体
in vivo		活体
KT	kinetin	激动素
LH	lactalbumin hydrolysate	水解乳蛋白
LMoV	lily mottle virus	百合斑驳病毒
LN	liquid nitrogen	液氮
LOS	low oxygen partial pressure system	低氧分压系统

缩　略　语	英　文	中　文
LPS	low pressure system	低气压系统
LRV	lily rosette virus	百合丛簇病毒
LSV	lily symptomless virus	百合潜隐病毒、百合无症病毒
lx	lux	勒克斯(照度单位)
mC	5-methylcytosine	5-甲基胞嘧啶
McGISH	multi-color genome in situ hybridization	多色基因组原位杂交
MCs	micro-cuttings	微切段
ME	malt extract	麦芽浸出物
MES	ethanesulfonic acid	乙基磺酸
mol	mole	摩尔
MPCR	multiplex PCR	多重 PCR
mtDNA	mitochondrial DNA	线粒体 DNA
NAA	α-naphthaleneacetic acid	萘乙酸
NCM-ELISA	three nitrocellulose membrane-ELISA	三硝酸纤维素膜-酶联免疫吸附法
NOA	naphthoxyacetic acid	萘氧乙酸
NUPs	natural unipolar propagules	天然单极性繁殖体
ORV	odontoglossum ringspot virus	齿舌兰环斑病毒
p-CPA	p-chlorophenoxyacetic acid	对氯苯氧乙酸
PCR	polymerase chain reaction	聚合酶链式反应
PAGE	polyacrylamide gel electrophoresis	聚丙烯酰胺凝胶电泳
PCV	packed cell volume	细胞密实体积
PEG	polyethylene glycol	聚乙二醇
PG	phloroglucinol	间苯三酚
PLRV	potato leaf roll virus	马铃薯卷叶病毒
PMTV	potato mop-top virus	马铃薯帚顶病毒
PP_{333}	paclobutrazol	多效唑
Pro	proline	脯氨酸
PSTV	potato spindle tuber virus	马铃薯纺锤形块茎病类病毒
PVP	polyvinyl pyrrolidone	聚乙烯吡咯烷酮
RAPD	random amplified polymorphic DNA	随机扩增多态性 DNA 标记
RIA	radio immunoassay	放射免疫分析法

缩　略　语	英　文	中　文
r/min	rotation per minute	每分钟转数
RFLP	restriction fragment length polymorphism	限制性片段长度多态性
Ri	root-inducing plasmid	Ri 质粒
RT-PCR	real-time quantitative-PCR	实时荧光定量 PCR
Ser	serine; β-hydroxyalanine	丝氨酸
SSR	simple sequence repeat	简单重复序列
TAS-ELISA	antibody sandwich-ELISA	抗体夹心酶联免疫吸附法
TBV	tulip breaking virus	郁金香碎花病毒
T-DNA	transferred DNA	转移 DNA
TD-PCR	touchdown PCR	降落 PCR
TDZ	thidiazuron	N-苯基-N'-1,2,3-噻二唑-5-脲
Ti	tumor-inducing plasmid	Ti 质粒
TIBA	2,3,5-triiodobenzoic acid	三碘苯甲酸
TJ	tomato juice	番茄汁
TLC	thin layer chromatography	薄层层析
TMV	tobacco mosaic virus	烟草花叶病毒
Tn	transposon	转座子
TuMV	turnip mosaic virus	芜菁花叶病毒
Tyr	tyrosine	酪氨酸
UV	ultraviolet(light)	紫外光
VB_1	vitamin B_1 (thiamine hydrochloride)	盐酸硫胺素
VB_2	vitamin B_2 (riboflavin)	核黄素
VB_3	vitamin B_3 (nicotinic acid)	烟酸
VB_6	vitamin B_6 (pyridoxine hydrochloride)	盐酸吡哆醇
VB_9	vitamin B_9 (folic acid)	叶酸
VB_{12}	vitamin B_{12} (cobalamin)	钴胺素
VC	vitamin C(ascorbic acid)	抗坏血酸
VH	vitamin H (biotin)	生物素
YE	yeast extract	酵母浸提物
ZT	zeatin	玉米素

附录 B　植物组织培养基常用化合物相对分子质量

化合物		分子式	相对分子质量
大量元素	硝酸铵	NH_4NO_3	80.04
	硫酸铵	$(NH_4)_2SO_4$	132.15
	氯化钙	$CaCl_2 \cdot 2H_2O$	147.02
	硝酸钙	$Ca(NO_3)_2 \cdot 4H_2O$	236.16
	硫酸镁	$MnSO_4 \cdot 7H_2O$	246.47
	氯化钾	KCl	74.55
	硝酸钾	KNO_3	101.11
	磷酸二氢钾	KH_2PO_4	136.09
	磷酸二氢钠	$NaH_2PO_4 \cdot 2H_2O$	156.01
微量元素	硼酸	H_3BO_3	61.83
	氯化钴	$CoCl_2 \cdot 6H_2O$	237.93
	硫酸铜	$CuSO_4 \cdot 5H_2O$	249.68
	硫酸锰	$MnSO_4 \cdot 4H_2O$	223.01
	碘化钾	KI	166.01
	钼酸钠	$Na_2MoO_4 \cdot 2H_2O$	241.95
	硫酸锌	$ZnSO_4 \cdot 7H_2O$	287.54
	乙二胺四乙酸二钠	$Na_2EDTA \cdot 2H_2O(C_{10}H_{14}N_2O_8Na_2 \cdot 2H_2O)$	372.25
	硫酸亚铁	$FeSO_4 \cdot 7H_2O$	278.03
	乙二胺四乙酸铁钠	$FeNaEDTA(C_{10}H_{12}FeN_2NaO_6)$	367.07
糖和糖醇	果糖	$C_6H_{12}O_6$	180.15
	葡萄糖	$C_6H_{12}O_6$	180.15
	甘露糖	$C_6H_{14}O_6$	182.17
	山梨醇	$C_6H_{14}O_6$	182.17
	蔗糖	$C_{12}H_{22}O_{11}$	342.31
维生素和氨基酸	VC	$C_6H_8O_8$	176.12
	VH	$C_{10}H_{16}N_2O_3S$	244.31
	泛酸钙	$(C_9H_{16}NO_5)_2Ca$	476.53

	化合物	分子式	相对分子质量
维生素和氨基酸	VB_{12}	$C_{63}H_{88}CoN_{14}O_{14}P$	1357.64
	L-盐酸半胱氨酸	$C_3H_7NO_2S \cdot HCl$	157.63
	VB_9	$C_{19}H_{19}N_7O_6$	441.40
	肌醇	$C_6H_{12}O_6$	180.13
	VB_3	$C_6H_5NO_2$	123.11
	VB_6	$C_8H_{11}NO_3 \cdot HCl$	205.64
	VB_1	$C_{12}H_{17}ClN_4OS \cdot HCl$	337.29
	Gly	$C_2H_5NO_2$	75.07
	Gln	$C_5H_{10}N_2O_3$	146.15
	Ser	$HOCH_2CH(NH_2)COOH$	105.07
	Pro	$C_5H_9NO_2$	115.14
	GSH	$C_{10}H_{17}N_3S$	307.33
植物生长调节剂	生长素类		
	p-CPA	$C_8H_7O_3Cl$	186.59
	2,4-D	$C_8H_6O_3Cl_2$	221.04
	IAA	$C_{10}H_9NO_2$	175.18
	IBA	$C_{12}H_{13}NO_2$	203.23
	NAA	$C_{12}H_{10}O_2$	186.20
	NOA	$C_{12}H_{10}O_3$	202.20
	细胞分裂素类/嘌呤		
	Ad	$C_5H_5N_5 \cdot 3H_2O$	189.13
	$AdSO_4$	$(C_5H_5N_5)_2 \cdot H_2SO_4 \cdot 2H_2O$	404.37
	BA 或 BAP	$C_{12}H_{11}N_5$	225.26
	2-ip	$C_{10}H_{13}N_5$	203.25
	KT	$C_{10}H_9N_5O$	215.21
	ZT	$C_{10}H_{13}N_5O$	219.25
	TDZ	$C_9H_8N_4OS/C_9H_{14}N_4SO$	220.2/226.31
	赤霉素 GA_3	$C_{19}H_{22}O_6$	346.37
	脱落酸 ABA	$C_{15}H_{20}O_4$	264.31
其他化合物	秋水仙素	$C_{22}H_{25}NO_6$	399.43
	间苯三酚	$C_6H_6O_3$	126.11

附录 C　常用植物生长调节物质浓度单位换算表

1. mg/L→μmol/L

mg/L	μmol/L								
	NAA	2,4-D	IAA	IBA	BA	KT	ZT	2-ip	GA$_3$
1	5.371	4.524	5.708	4.921	4.439	4.647	4.561	4.920	2.887
2	10.741	9.048	11.417	9.841	8.879	9.293	9.122	9.840	5.774
3	16.112	13.572	17.125	14.762	13.318	13.940	13.683	14.760	8.661
4	21.482	18.096	22.834	19.682	17.757	18.586	18.244	19.680	11.548
5	26.853	22.620	28.542	24.603	22.197	23.233	22.805	24.600	14.435
6	32.223	27.144	34.250	29.523	26.636	27.880	27.366	29.520	17.322
7	37.594	31.668	39.959	34.444	31.075	32.526	31.927	34.440	20.210
8	42.964	39.192	45.667	39.364	35.514	37.173	36.488	39.360	23.096
9	48.335	40.716	51.376	44.285	39.954	41.820	41.049	44.280	25.984

2. μmol/L→mg/L

μmol/L	mg/L								
	NAA	2,4-D	IAA	IBA	BA	KT	ZT	2-ip	GA$_3$
1	0.1862	0.2210	0.1752	0.2032	0.2253	0.2152	0.2192	0.2032	0.3464
2	0.3724	0.4421	0.3504	0.4064	0.4505	0.4304	0.4384	0.4064	0.6927
3	0.5586	0.6631	0.5255	0.6094	0.6758	0.6456	0.6567	0.6996	1.0391
4	0.7448	0.8842	0.7008	0.8128	0.9010	0.8608	0.8788	0.8128	1.3855
5	0.9310	1.1052	0.8759	1.0160	1.1263	1.0761	1.0960	1.0160	1.7319
6	1.1172	1.3262	1.0511	1.2192	1.3516	1.2913	1.3152	1.2190	2.0782
7	1.3034	1.5473	1.2263	1.4224	1.5768	1.5065	1.5344	1.4224	2.4246
8	1.4896	1.7683	1.4014	1.6256	1.8021	1.7217	1.7536	1.6256	2.7712
9	1.6758	1.9894	1.5768	1.8288	2.0273	1.9369	1.9728	1.8288	3.1176

附录 D　相对原子质量表

名称	符号	相对原子质量	名称	符号	相对原子质量	名称	符号	相对原子质量
铝	Al	26.98	氢	H	1.008	氮	N	14.008
硼	B	10.82	碘	I	126.91	氧	O	16.00
钙	Ca	40.08	铁	Fe	55.85	磷	P	30.975
碳	C	12.011	镁	Mg	24.32	钾	K	39.10
氯	Cl	35.457	锰	Mn	54.94	钠	Na	22.991
钴	Co	58.94	钼	Mo	95.59	硫	S	32.066
铜	Cu	63.54	镍	Ni	58.71	锌	Zn	65.38

附录 E 培养基成分

（成分浓度单位：mg/L）

培养基成分	Knop K (1865)	Mecown-Lloyd WPM (1933)	Tukey T-34 (1934)	Knudson KN (1943)	Morel MO (1948)	Vauin-Went VW (1949)	Heller H-53 (1953)	Miller-Skoog MIS (1953)	Braun-Wood BW (1961)
$(NH_4)_2SO_4$	—	—	—	500	—	500	—	—	—
KNO_3	125	136	136	—	125	525	—	80	—
$Ca(NO_3)_2 \cdot 4H_2O$	500	—	—	1 000	500	—	—	100	—
$Ca_3(PO_4)_2$	—	—	—	—	—	200	—	—	—
$CaSO_4$	—	—	170	—	—	—	—	—	—
$MgSO_4 \cdot 7H_2O$	125	187	170	250	125	250	250	35	—
KH_2PO_4	125	170		250	125	—	—	37.5	—
KCl	—	900	680	—	125	—	750	65	—
$CaCl_2 \cdot 2H_2O$	—	900	—	—	—	—	75	—	—
$FePO_4 \cdot 4H_2O$	—	—	170	50	—	—	—	2.5	—
$FeSO_4 \cdot 7H_2O$	—	27.8	—	—	—	—	—	—	—
FeEDTA	—	—	—	—	—	28	—	—	—
Na_2EDTA	—	37.3	—	—	—	—	—	—	—
$NaNO_3$	—	—	—	—	—	—	600	—	—
$NaH_2PO_4 \cdot H_2O$	—	—	—	—	—	250	125	—	—
$Na_2MoO_4 \cdot 2H_2O$	—	0.25	—	—	—	—	—	—	—
$MnSO_4 \cdot 4H_2O$	—	22.3	—	—	—	75	0.1	4.4	—
$MnSO_4 \cdot 7H_2O$	—	—	—	—	0.05	7.5	—	—	—
$ZnSO_4 \cdot 7H_2O$	—	8.6	—	—	—	—	1	0.05	—
H_3BO_3	—	6.2	—	—	0.025	—	1	1.6	—
KI	—	—	—	—	0.25	—	0.01	0.75	—
$CuSO_4 \cdot 5H_2O$	—	—	—	—	0.025	—	0.03	—	—
$CoCl_2 \cdot 6H_2O$	—	—	—	—	0.025	—	—	—	—
$AlCl_3$	—	—	—	—	—	—	0.03	—	—
$NiCl_2 \cdot 6H_2O$	—	—	—	—	0.025	—	0.03	—	天冬酰胺 200
VB_1	—	1	—	—	10	—	—	0.1	0.1
VB_3	—	0.5	—	—	—	—	—	0.5	0.5
VB_6	—	0.5	—	—	1	—	—	0.5	0.1

续表

培养基成分	Knop K (1865)	Mecown-Lloyd WPM (1933)	Tukey T-34 (1934)	Knudson KN (1943)	Morel MO (1948)	Vauin-Went VW (1949)	Heller H-53 (1953)	Miller-Skoog MIS (1953)	Braun-Wood BW (1961)
VH	—	—	—	—	0.01	—	—	—	鸟氨酸100
VC	—	—	—	—	0.1	—	—	2	谷酰胺200
Gly	—	2	—	—	—	—	—	—	胞嘧啶100
肌醇	—	100	—	—	1	—	—	0.5	100
蔗糖	—	20 000	50 000	2 0000	20 000	20 000	20 000	30 000	—
琼脂	—	6 000	7 000~10 000	—	10 000	16 000	—	—	—
pH	—	5.2	5.8	—	—	5.1	5.8	—	—

（成分浓度单位：mg/L）

培养基成分	Murashige-Skoog MS (1962)	White W-63 (1963)	Miller M (1963)	Linsmaier-Skoog LS (1965)	Eriksson ER (1965)	Wolter-Skoog WS (1966)	Bourgin H (1967)	Gamborg B5 (1968)	Ringe-Nitsch RN (1968)	Murashige-Tucher MT (1969)
$(NH_4)_2SO_4$	—	—	—	—	—	—	—	134	—	—
NH_4NO_3	1650	—	1 000	1650	1200	50	720	—	—	1 650
KNO_3	1 900	80	1 000	1 900	1 900	170	950	2 500	125	1 900
$Ca(NO_3)_2 \cdot 4H_2O$	—	300	347	—	—	425	—	—	500	—
$MgSO_4 \cdot 7H_2O$	370	720	35	370	370	—	185	250	125	370
KH_2PO_4	170	—	300	170	340	—	68	—	125	170
NH_4Cl	—	—	—	—	—	35	—	—	—	—
KCl	—	65	65	—	—	140	—	—	—	—
$CaCl_2 \cdot 2H_2O$	440	—	—	440	400	—	166	150	—	440
$FeSO_4 \cdot 7H_2O$	27.8	—	—	27.8	27.8	27.8	27.8	27.8	27.8	27.8
$Fe_2(SO_4)_3$	—	2.5	—	—	—	—	—	—	—	—
FeEDTA	—	—	—	—	5 mL	—	—	—	—	—
草酸铁	—	—	—	—	—	28	—	—	—	—
$NaH_2PO_4 \cdot H_2O$	—	16.5	—	—	—	—	—	150	—	—

培养基成分	Murashige-Skoog MS (1962)	White W-63 (1963)	Miller M (1963)	Linsmaier-Skoog LS (1965)	Eriksson ER (1965)	Wolter-Skoog WS (1966)	Bourgin H (1967)	Gamborg B_5 (1968)	Ringe-Nitsch RN (1968)	Murashige-Tucher MT (1969)
$Na_2HPO_4 \cdot 12H_2O$	—	—	—	—	—	35				
Na_2SO_4	—	200	—	—	—	425	—			
Na_2EDTA	37.3	—	—	37.3	—	37.3	37.3	37.3	37.3	37.3
NaFeEDTA	—	—	32							
$Na_2MoO_4 \cdot 2H_2O$	0.25	—	—	0.25	0.025	—	0.25	0.25	0.25	—
$MnSO_4 \cdot 4H_2O$	22.3	5	4.4	22.3	2.23	7.5	25	10	25	22.3
$ZnSO_4 \cdot 7H_2O$	8.6	3	1.5	8.6	—	3.2	10	2	10	8.6
Zn(螯合体)	—	—	—	—	15	—				
H_3BO_3	6.2	1.5	1.6	6.2	0.63	—	10	3	10	6.2
KI	0.83	0.75	0.8	0.83	—	1.6	—	0.75	1	0.83
MoO_3	—	0.001	—							
$CuSO_4 \cdot 5H_2O$	0.025	—	—	0.025	0.0025	—	0.025	0.025	0.025	0.025
$CoCl_2 \cdot 6H_2O$	0.025	—	—	0.025	0.0025	—		0.025	0.025	0.025
VB_1	0.1	0.1	0.1	0.4	0.5	0.1	0.5	10	0.5	—
VB_3	0.5	0.3	0.5	—	0.5	0.5	5	1	5	0.5
VB_6	0.5	0.1	0.1	—	0.5	0.1	0.5	1	0.5	0.5
VB_{12}	—	—	—	—	—	—	0.5	—	0.5	—
VC	—	—	—	—	2	—				
VH	—	—	—	—	—	—	0.05	—	0.05	
Gly	2	3	—	—	2	—	2	—	2	2
肌醇	100	—	—	100	0.5	100	100	100	100	100
蔗糖	30 000	20 000	30 000	30 000	40 000	20 000	20 000	20 000	40 000	50 000
琼脂	10 000	10 000	—	10 000	—	10 000	8 000	10 000	—	—
pH	5.8	5.6	6	5.8	5.8	—	5.5			

续表

（成分浓度单位：mg/L）

培养基成分	Schenk-Hildebrandt SH (1972)	Fujii-Nito FN (1972)	Chaturvedi-Mitra CM (1974)	朱至清 N_6 (1974)	Campbell-Durzan CD (1975)	Lyrene LY (1979)	Skirvin-Chu SC (1980)	Skirvin MS-H (1982)	王培等 C_{17} (1986)
$(NH_4)_2SO_4$	—	—	—	463	—	—	—	—	—
NH_4NO_3	—	60	1 500	—	800	—	1 650	1 650	300
KNO_3	2 500	—	1 500	2 830	340	190	1 900	1 900	1 400
$Ca(NO_3)_2 \cdot 4H_2O$	—	170	—	—	980	1 140	—	—	—
$MgSO_4 \cdot 7H_2O$	400	240	360	185	370	370	370	370	150
KH_2PO_4	—	40	150	400	170	170	170	170	400
$NH_4H_2PO_4$	300	—	—	—	—	—	—	—	—
$CaCl_2 \cdot 2H_2O$	200	—	400	166	—	—	440	440	150
KCl	—	80	—	—	65	—	—	—	—
$FeSO_4 \cdot 7H_2O$	20	—	27.8	27.8	27.8	55.6	27.8	27.8	
柠檬酸铁	—	10	—	—	—	—	—	—	—
$Na_2MoO_4 \cdot 2H_2O$	0.1	—	0.25	—	0.25	0.25	0.25	0.25	0.012
Na_2EDTA	15	—	37.3	37.3	37.3	74.6	37.3	37.3	37.25
$MnSO_4 \cdot 2H_2O$	—	—	—	—	—	—	—	—	5
$MnSO_4 \cdot H_2O$	10	0.4	—	—	16.9	—	—	—	—
$MnSO_4 \cdot 4H_2O$	—	—	22.3	4.4	—	22.3	22.3	22.3	—
$MnSO_4 \cdot 7H_2O$	—	—	—	—	—	—	—	—	11.2
$ZnSO_4 \cdot 7H_2O$	1.0	0.05	8.6	1.5	8.6	8.6	8.6	8.6	—
$ZnSO_4$	—	—	—	—	—	—	—	—	8.6
KI	1	—	0.83	0.8	0.83	0.83	0.83	0.83	0.1
H_3BO_3	5.0	0.6	6.2	1.6	6.2	6.2	6.2	6.2	6.2
MoO_3	—	0.02	—	—	—	—	—	—	—
$CuSO_4 \cdot 5H_2O$	0.2	0.05	0.025	—	0.025	0.02	0.025	0.025	0.012
$CoCl_2 \cdot 6H_2O$	0.1	—	0.025	—	0.025	0.02	0.025	0.025	0.012
VB_1	5	1	5	1.0	—	0.1	1	2	1
VB_2	—	—	0.1	—	—	—	—	—	—
VB_{12}	—	—	—	—	—	—	0.0015	—	—
VB_3	5	—	0.5	0.5	—	—	2	2.5	0.5
VB_6	5	1	1.25	0.5	—	0.5	2	0.25	0.5
VB_9	—	—	0.1	—	—	—	0.5	0.25	—
VC	—	—	5	—	—	2	50	CH 100	—

培养基成分	Schenk-Hildebrandt SH (1972)	Fujii-Nito FN (1972)	Chaturvedi-Mitra CM (1974)	朱至清 N_6 (1974)	Campbell-Durzan CD (1975)	Lyrene LY (1979)	Skirvin-Chu SC (1980)	Skirvin MS-H (1982)	王培等 C_{17} (1986)
VH	—	0.01	0.1	—	—	—	1	0.05	—
Gly	—	—	2	2	—	100	2	2	2
泛酸	—	—	—	—	—	—	—	0.5	—
氯化胆碱	—	—	—	—	—	—	1	1	—
对氨基苯甲酸	—	—	—	—	—	—	0.5	1	—
肌醇	1 000	0.1	100	—	—	0.5	100	200	—
蔗糖	30 000	20 000	50 000	50 000	30 000	30 000	30 000	20 000	90 000
琼脂	—	—	—	10 000	—	—	—	6 000	7 000
pH	5.8	—	—	5.8	—	—	—	5.7	—

参考文献

[1] 安国立. 细胞工程[M]. 2版. 北京：科学出版社，2009.

[2] 曹孜义，刘国民. 实用植物组织培养技术教程[M]. 兰州：甘肃科学技术出版社，1996.

[3] 陈世昌. 植物组织培养[M]. 北京：科学出版社，2006.

[4] 陈世昌. 植物组织培养[M]. 北京：高等教育出版社，2012.

[5] 陈维纶. 植物生物技术[M]. 北京：科学出版社，1987.

[6] 邓秀新，胡春根. 园艺植物生物技术[M]. 北京：高等教育出版社，2005.

[7] 龚一富. 植物组织培养实验指导[M]. 北京：科学出版社，2011.

[8] 巩振辉，申书兴. 植物组织培养[M]. 北京：化学工业出版社，2013.

[9] 巩振辉. 园艺植物生物技术[M]. 北京：科学出版社，2009.

[10] 胡孔峰，胡如善，张慎举. 植物组织培养技术及应用[M]. 郑州：河南科学技术出版社，2006.

[11] 胡颂平，刘选明. 植物细胞组织培养技术[M]. 北京：中国农业大学出版社，2014.

[12] 黄百渠. 植物体细胞遗传学简明教程[M]. 长春：东北师范大学出版社，1991.

[13] 李俊明，朱登云. 植物组织培养教程[M]. 3版. 北京：中国农业大学出版社，2005.

[14] 李永文，刘新波. 植物组织培养技术[M]. 北京：北京大学出版社，2007.

[15] 李志勇. 细胞工程[M]. 2版. 北京：科学出版社，2010.

[16] 利容千，王明全. 植物组织培养简明教程[M]. 武汉：武汉大学出版社，2004.

[17] 连勇. 植物组织与细胞离体培养技术[M]. 北京：中国科学技术出版社，2011.

[18] 刘进平. 植物细胞工程简明教程[M]. 北京：中国农业出版社，2005.

[19] 刘庆昌，吴国良. 植物细胞组织培养[M]. 北京：中国农业大学出版社，2012.

[20] 刘士旺. 细胞工程[M]. 北京：科学出版社，2013.

[21] M K Razdan 编著. 植物组织培养导论[M]. 肖尊安，祝扬译. 北京：化学工业出版社，2006.

[22] 潘瑞炽. 植物细胞工程[M]. 2版. 广东：广东高等教育出版社，2008.

[23] 沈海龙. 植物组织培养[M]. 北京：中国林业出版社，2009.

[24] 孙敬三，桂耀林. 植物细胞工程实验技术[M]. 北京：科学出版社，1995.

[25] 孙勇如，安锡培. 植物原生质体培养[M]. 北京：科学出版社，1991.

[26] 王蒂. 植物组织培养[M]. 北京：中国农业出版社，2004.

[27] 王关林，方宏筠. 植物基因工程[M]. 2版. 北京：科学出版社，2002.

[28] 王金刚，张兴. 园林植物组织培养技术[M]. 北京：中国农业科学技术出版社，2008.

[29] 吴乃虎. 基因工程原理(下册)[M]. 2版. 北京：科学出版社，2001.

[30] 谢从华，刘俊. 植物细胞工程[M]. 北京：高等教育出版社，2004.

[31] 杨鹏鸣，周俊国. 园林植物遗传育种学[M]. 郑州：郑州大学出版社，2010.

［32］　杨淑慎. 细胞工程［M］. 北京：科学出版社，2009.

［33］　俞新大，张富国，李建萍. 细胞工程［M］. 北京：科学普及出版社，1988.

［34］　张东方. 植物组织培养技术［M］. 哈尔滨：东北林业大学出版社，2004.

［35］　郑永娟，汤春梅. 植物组织培养［M］. 北京：中国水利水电出版社，2012.

［36］　周维燕. 植物细胞工程原理与技术［M］. 北京：中国农业大学出版社，2001.